“课程思政+核心素养+分层教学”立体化新理念·新课标教材

动画设计软件应用

（Animate 2023）

主　编　◎　王萍萍

副主编　◎　孙　强　刘彤彦　江永春

電子工業出版社

Publishing House of Electronics Industry

北京•BEIJING

内 容 简 介

本书按照学生学习软件的认知规律，循序渐进地介绍 Animate 2023 的基本功能及操作方法。主要内容包括图形绘制、工具应用、文本应用、基础动画、高级动画、3D 动画、骨骼动画、摄像机动画、多媒体素材应用、脚本交互等，最后按照动画制作流程进行综合实训，注重职业技能的培养。本书针对每章的内容设计了实用的教学案例，通过具体案例引领的方式对动画制作过程中需要掌握的技能进行讲解，结合举一反三、进阶训练、知识拓展、课后实训模块的学习，由浅入深、由易到难、循序渐进地帮助读者迅速掌握相关知识，快速提高实践能力。

本书内容翔实、条理清晰、通俗易懂、简单实用，以增强职业素养为中心，以满足应用需求为导向，完善教学环节中的思想与技能教育，强化德技并修的育人途径，将思想性、技术性、人文性、趣味性与实用性有机结合，既是一本专业课教材，也是一本职业工作手册。

图书在版编目（CIP）数据

动画设计软件应用：Animate 2023 / 王萍萍主编. —北京：电子工业出版社，2024.5

ISBN 978-7-121-47872-7

Ⅰ. ①动… Ⅱ. ①王… Ⅲ. ①动画制作软件－中等专业学校－教材 Ⅳ. ①TP391.414

中国国家版本馆 CIP 数据核字（2024）第 101006 号

责任编辑：罗美娜
印　　刷：中国电影出版社印刷厂
装　　订：中国电影出版社印刷厂
出版发行：电子工业出版社
　　　　　北京市海淀区万寿路 173 信箱　　　邮编：100036
开　　本：880×1230　1/16　印张：13.75　字数：320 千字
版　　次：2024 年 5 月第 1 版
印　　次：2025 年 4 月第 3 次印刷
定　　价：49.80 元

凡所购买电子工业出版社图书有缺损问题，请向购买书店调换。若书店售缺，请与本社发行部联系，联系及邮购电话：（010）88254888，88258888。

质量投诉请发邮件至 zlts@phei.com.cn，盗版侵权举报请发邮件至 dbqq@phei.com.cn。

本书咨询联系方式：（010）88254617，luomn@phei.com.cn。

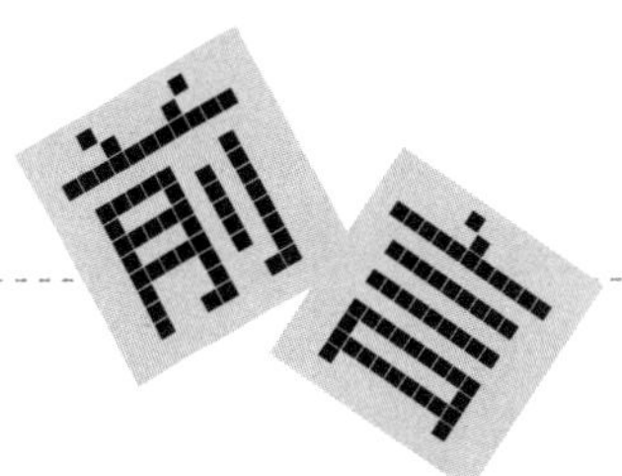

PREFACE

本书以党的二十大精神为统领，全面贯彻党的教育方针，落实立德树人根本任务，践行社会主义核心价值观，铸魂育人，坚定理想信念，坚定“四个自信”，为以中国式现代化全面推进中华民族伟大复兴而培育技能型人才。

本书在整体规划与内容编排方面独具匠心，形成了具有鲜明特色的知识框架，具体阐述如下。

1. 内容覆盖全面，结构清晰合理

本书以培养职业能力为核心，以实践为主线，以满足应用需求为导向，采用案例式教学，由浅入深、由易到难、循序渐进地呈现内容，帮助读者迅速掌握相关知识，快速提高实践能力。

第 1 章主要介绍动画的基本制作流程，以及 Animate 动画的特点和应用领域，通过一个简单的实例介绍 Animate 的基本操作。第 2～4 章主要是矢量图绘制工具的使用，包括工具箱中的矢量图绘制工具、文本工具及“对齐”“颜色”“变形”等面板的使用。第 5～8 章为动画制作相关知识，包括元件和库、逐帧动画、补间动画、遮罩动画、引导线动画、3D 动画、骨骼动画及摄像机动画，通过相关案例介绍使用 Animate 制作动画的操作技能。第 9 章为外部素材的应用。第 10 章主要介绍 ActionScript 3.0 动作脚本的应用方法，实现交互式动画的创建。第 11 章主要介绍将动画作品进行优化处理，以及发布为不同类型的文件等内容。第 12 章按照动画制作流程进行综合实训，注重职业技能的培养。

2. 课程思政、职业素养与技能相融合

本书提供了大量的实训案例，如“C919 飞机”“绘制京剧脸谱”“绘制校车”“绘制‘芒种’主题手机壁纸”“复兴号”“绿水青山”“低碳出行”“垃圾分类”“无偿献血”“贴‘福’字”“皮影戏”等，还包括与中国传统节日相关的“端午节”“清明节”等课程思政案例，不仅培养学生良好的职业技能、职业习惯和团队协作能力，还将课程思政融入职业技能的培养过程中，培养学生的人文素养、道德修养和社会责任感。

3. 体系结构完整

本书以“案例制作+基本知识+进阶训练+课后实训”的形式，将学生的学习过程融入书中，通过一个或几个案例的制作，对知识点进行讲解，同时对每个案例进行“举一反三”，利用相似的案例引导学生进行学习。在每个案例之后，进一步对所涉及的知识加以提炼和讲解，使之上升到理论高度，使学生加深对所学内容的理解，学以致用。在各个案例后面添加“进阶训练”模块，提高案例的难度，可供学生拓展学习或者小组协作完成。在同类型动画基础之上的创新案例，可扩展视野，激发学生的创新思维。“课后实训”模块针对本章的重点知识进行综合实训，帮助学生巩固所学知识。

4. 可灵活安排日常教学和自主学习

本书的设计宗旨之一是便于不同层次的学生开展自主学习与自主探索。但由于 Animate 动画设计软件本身的特点，本书建议将教学课时设置为 48～64 课时，知识点课时与实训课时占比为1∶2，教师可根据自身情况与培养需要，灵活安排授课时间。例如，教师可重点讲解书中的知识要点，学生可参考书本讲解或教学视频，针对实训内容开展自主学习，教师进行必要的辅导，并根据课后习题安排必要的巩固训练、随堂测试与考核评价，以锻炼学生自主学习和解决问题的能力。

5. 适合中高职学校融通化教学

本书根据实践应用的难易顺序和学生的心理接受过程，努力将“知”与“行”进行融合并交替展开，兼顾中高职学校的计算机培养需求，不仅可作为中专、中职、技工学校“计算机软件”课程的教材，还可作为高职高专院校计算机专业相关课程的教材。

6. 提供丰富的配套教学资源

本书提供教学参考资料包，包括各个章节的PPT课件、课程思政案例PPT课件、教案、教学指南、操作视频、考试样卷与参考答案等，以方便教师开展日常教学。如果有需要，读者可登录华信教育资源网免费下载，具体内容如下。

- 素材：本书所有调用的素材文件。
- 效果：本书所有案例的最后效果文件。
- 操作视频：本书实例操作的视频讲解文件。
- 知识拓展：本书知识拓展内容。
- PPT 课件：本书 PPT 课件。
- 课程思政案例 PPT 课程：本书配套的课程思政文件。
- 考试样卷与参考答案：本书配套的试卷及课后习题参考答案。
- 教案与教学指南：本书配套的教案与教学指南文件。

本书由王萍萍担任主编，孙强、刘彤彦、江永春担任副主编。王萍萍负责统筹与安排本书所有章节内容，孙强、刘彤彦、江永春负责教学资料的制作等工作。

虽然编者在设计和编写本书的过程中倾注了大量的精力与心血，但由于能力有限，书中难免存在疏漏和不足之处，恳请广大读者不吝提出批评和建议，以便编者进行更改和完善。编者联系 E-mail：fuping0226@126.com。

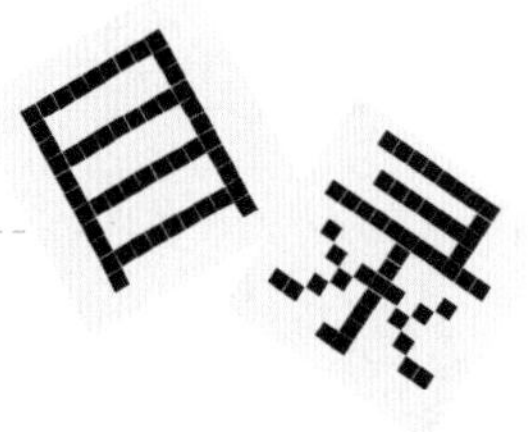

CONTENTS

第 1 章　Animate 基础入门........................001

1.1　Animate 动画基础........................001

1.1.1　Animate 动画的特点........................001

1.1.2　Animate 动画的应用领域........................002

1.1.3　Animate 动画的基本概念........................003

1.1.4　Animate 动画的制作流程........................004

1.2　第一个 Animate 动画——奔跑的马........................005

1.3　Animate 2023 的操作界面........................010

1.3.1　菜单栏........................010

1.3.2　工具箱........................011

1.3.3　舞台........................011

1.3.4　时间轴........................011

1.3.5　“属性”面板........................012

1.3.6　“浮动”面板........................012

1.4　Animate 2023 的基本操作........................012

1.4.1　新建文档........................012

1.4.2　打开文档........................013

1.4.3　保存文档........................013

1.4.4　关闭文档........................013

1.4.5　设置文档属性........................014

1.4.6　设置首选参数........................014

1.4.7　辅助功能........................015

1.4.8　缩放舞台........................015

1.4.9　导入图片........................016

1.4.10　元件与库........................017

知识拓展　矢量图和位图........................017

本章小结........................017

课后实训 1........................017

课后习题 1........................018

第 2 章　图形绘制与编辑........................019

2.1　选择图形和线条绘制........................019

2.1.1　课堂实例 1——绘制京剧脸谱........................019

2.1.2　选择工具........................022

2.1.3　部分选择工具........................022

2.1.4　套索工具........................023

2.1.5　线条工具........................023

2.1.6　宽度工具........................025

2.1.7　铅笔工具........................025

2.1.8　画笔工具组........................026

2.1.9　钢笔工具组........................027

2.2　基本图形绘制........................027

2.2.1　课堂实例 2——绘制校车........................027

2.2.2　矩形工具和基本矩形工具........................030

2.2.3　椭圆工具和基本椭圆工具........................031

2.2.4　多角星形工具........................032

2.2.5　橡皮擦工具........................032

2.3　颜色填充........................033

2.3.1　课堂实例 3——绘制“芒种”主题手机壁纸........................033

2.3.2 墨水瓶工具......036
2.3.3 颜料桶工具......037
2.3.4 “颜色”面板......037
2.3.5 渐变变形工具......038
2.3.6 滴管工具......039
知识拓展 RGB 和 HSB 色彩模式......039
本章小结......040
课后实训 2......040
课后习题 2......040

第 3 章 对象的编辑与修饰......042

3.1 对象的编辑......042
3.1.1 课堂实例 1——复兴号......042
3.1.2 绘制对象与形状......046
3.1.3 合并对象......047
3.1.4 组合对象......048
3.1.5 分离对象......048
3.1.6 变形对象......049
3.1.7 排列对象......051
3.1.8 对齐对象......051
3.2 对象的修饰......052
3.2.1 课堂实例 2——青花瓷......052
3.2.2 优化曲线......055
3.2.3 将线条转换为填充......056
3.2.4 扩展填充......056
3.2.5 柔化填充边缘......057
知识拓展 根据早晚和季节变化选择相应的渐变颜色......057
本章小结......058
课后实训 3......058
课后习题 3......058

第 4 章 文本的编辑......060

4.1 文本的输入与编辑......060
4.1.1 课堂实例——绿水青山......060
4.1.2 创建文本......063
4.1.3 文本属性......063
4.1.4 文本滤镜......065
4.2 文本类型......066
知识拓展 解决缺少字体的问题......068
本章小结......068
课后实训 4......068
课后习题 4......069

第 5 章 元件和库......070

5.1 影片剪辑元件的应用和“库”面板的基本操作......070
5.1.1 课堂实例 1——校车行驶动画效果......070
5.1.2 元件的类型......074
5.1.3 创建元件......074
5.1.4 转换元件......074
5.1.5 编辑元件......075
5.1.6 直接复制元件......076
5.1.7 “库”面板的操作......076
5.1.8 元件与元件实例的关系......077
5.1.9 改变元件实例的元件类型......078
5.1.10 影片剪辑元件......078
5.2 图形元件的应用......079
5.2.1 课堂实例 2——瑞雪兆丰年......079
5.2.2 图形元件属性设置......082
5.2.3 嘴型同步......083
5.2.4 影片剪辑元件与图形元件的区别......084
5.3 按钮元件的应用......085
5.3.1 课堂实例 3——制作水晶按钮......085
5.3.2 按钮元件关键帧设置......088
5.3.3 按钮元件属性设置......088

知识拓展　雨雪的动画运动规律......089
本章小结......089
课后实训 5......089
课后习题 5......090
第 6 章　基本动画的制作......091
6.1　逐帧动画......091
6.1.1　课堂实例 1——低碳出行......091
6.1.2　制作逐帧动画......095
6.1.3　“时间轴”面板......095
6.1.4　帧与关键帧......096
6.1.5　帧的基本操作......097
6.2　动作补间动画......098
6.2.1　课堂实例 2——垃圾分类......098
6.2.2　传统补间动画基本操作......104
6.2.3　补间动画基本操作......106
6.2.4　动画预设......109
6.3　形状补间动画......109
6.3.1　课堂实例 3——元宵节......109
6.3.2　形状补间动画基本操作......113
知识拓展　补间动画、形状补间动画、传统补间动画之间的区别......115
本章小结......115
课后实训 6......115
课后习题 6......116
第 7 章　图层与高级动画......118
7.1　图层基本操作与遮罩动画......118
7.1.1　课堂实例 1——无偿献血......118
7.1.2　图层基本操作......121
7.1.3　图层文件夹基本操作......123
7.1.4　遮罩动画......124
7.2　引导线动画和摄像机动画......125
7.2.1　课堂实例 2——贴“福”字......125
7.2.2　引导线动画......129
7.2.3　摄像机动画......130
知识拓展　运动镜头......132
本章小结......132
课后实训 7......132
课后习题 7......132
第 8 章　3D 动画和骨骼动画......134
8.1　3D 动画......134
8.1.1　课堂实例 1——老师您辛苦了......134
8.1.2　Animate 3D 空间基本概念......138
8.1.3　3D 平移......140
8.1.4　3D 旋转......140
8.2　骨骼动画......141
8.2.1　课堂实例 2——皮影戏......141
8.2.2　添加骨骼......143
8.2.3　编辑骨骼......145
8.2.4　骨骼动画基本操作......147
知识拓展　透视......148
本章小结......148
课后实训 8......148
课后习题 8......149
第 9 章　外部素材的应用......150
9.1　导入外部素材......150
9.1.1　课堂实例 1——电闪雷鸣......150
9.1.2　导入图像素材......153
9.1.3　导入视频素材......155
9.1.4　导入声音素材......157
9.2　素材文件的应用......157
9.2.1　位图文件的处理......157
9.2.2　导入序列图片制作逐帧动画......159
9.2.3　声音属性的设置......159

知识拓展　声音的基本知识..............160
本章小结..............160
课后实训 9..............160
课后习题 9..............161

第 10 章　ActionScript 3.0 编程基础..............162

10.1　时间轴导航..............162
10.1.1　课堂实例 1——我的作品..............162
10.1.2　“动作”面板..............167
10.1.3　“代码片段”面板..............167
10.1.4　事件监听..............168
10.1.5　时间轴导航常用方法..............169
10.2　影片剪辑属性设置..............170
10.2.1　课堂实例 2——风力发电..............170
10.2.2　常见的动画效果..............173
知识拓展　MovieClip 类常用的方法和属性..............176
本章小结..............176
课后实训 10..............176
课后习题 10..............176

第 11 章　动画的输出与发布..............178

11.1　测试动画..............178
11.1.1　在编辑环境中测试动画..............178
11.1.2　在测试环境中测试动画..............179
11.2　优化动画..............179
11.2.1　优化动画..............180
11.2.2　优化图形、线条、颜色..............180
11.2.3　优化文本..............181
11.3　发布动画..............181
11.4　导出动画..............185
知识拓展　常见的图片格式..............187
本章小结..............187
课后实训 11..............187
课后习题 11..............188

第 12 章　综合实训..............189

12.1　《春节童谣》分镜设计..............189
12.2　角色设计与角色动作制作..............191
12.3　场景设计..............192
12.4　素材设计..............193
12.5　声音与字幕同步..............195
12.6　场景动画的设计制作..............197
12.6.1　场景 1——片头制作..............197
12.6.2　场景 2——喝腊八粥..............200
12.6.3　场景 3——二十三，糖瓜粘..............202
12.6.4　场景 4——二十四，扫房子..............202
12.6.5　场景 5——二十五，磨豆腐..............204
12.6.6　场景 6——二十六，去买肉..............205
12.6.7　场景 7——二十七，宰公鸡..............206
12.6.8　场景 8——二十八，把面发..............207
12.6.9　场景 9——二十九，蒸馒头..............208
12.6.10　场景 10——三十晚上熬一宿..............209
12.6.11　场景 11——初一初二满街走..............210
12.6.12　场景 12——满街走..............210
12.6.13　场景 13——春节快乐..............211
知识拓展　角色的运动规律..............211
本章小结..............211
课后实训 12..............212
课后习题 12..............212

Animate 基础入门

第 1 章

学习目标

本章主要介绍 Animate 动画的特点、基本概念和 Animate 操作界面的基本操作。

- 了解什么是 Animate 动画。
- 熟悉并掌握 Animate 动画的基本概念。
- 了解 Animate 动画的制作流程。
- 熟悉并掌握 Animate 操作界面的基本操作。
- 制作简单的 Animate 动画。

重点难点

- 在 Animate 中导入图片。
- 制作简单的传统补间动画。
- 发布影片。
- “库”面板的简单操作。

1.1 Animate 动画基础

1.1.1 Animate 动画的特点

Animate 是由 Adobe 公司推出的一款专业的动画软件，它旨在为用户提供高效、易用的动画制作工具，支持多种文件格式的输出。Animate 在游戏制作、广告设计、角色动画、电视节目和 Web 的交互式动画等方面有广泛的应用。

2015 年 12 月 2 日，Adobe 宣布将 Flash Professional CC 更名为 Animate CC，在继续支持 Flash SWF 文件的基础上，加入了对 HTML5 的支持。目前 Animate 2023 是最新版本，它在之前版本的基础上增加了许多新功能并对旧功能进行了一些改进。

Animate 动画继承了 Flash 动画的特点，具有文件数据量小、便于网络传播、制作成本低、交互性强等特点，下面详细介绍 Animate 动画的特点。

（1）文件数据量小，图像质量高。Animate 使用矢量图，矢量图以数学公式存储图形，需要占用的存储空间小。同时，矢量图在放大的情况下，图像不失真，动画的图像质量高。

（2）便于网络传播。Animate 采用流式技术，支持边下载边播放，适合网络传播。

（3）简单易学。Animate 具有可视化的操作界面，简单易学，为动画爱好者提供了一个方便、快捷的动画制作平台。

（4）制作成本低。相较于传统的 2D 动画，Animate 动画采用无纸化制作，大大减少了人力、物力资源的消耗，降低了制作成本。

（5）交互性强。Animate 中内置了 ActionScript 3.0 脚本语言，用于为 Animate 动画添加交互动作，可以借助它制作多媒体课件、游戏等交互性强的作品。

（6）较好的传播性。Animate 作品可以在传统媒体或新媒体中播放，拓宽了 Animate 的应用领域。

1.1.2 Animate 动画的应用领域

随着网络热潮的不断掀起，Animate 动画软件的版本开始逐渐升级，其强大的动画编辑功能及可视化的操作界面更是深受用户的喜爱，这使得 Animate 动画的应用领域越来越广泛，Animate 动画主要应用在以下几个领域。

1．动画短片

动画短片的制作是 Animate 动画的主要应用之一，Animate 动画在形式上主要包括动画短片、音乐动画、MG 动画等。Animate 采用矢量图绘制图形，同时支持对视频、音频等多媒体素材的处理。使用 Animate 制作动画作品，对于初学者来说简单易学且效果好。例如，初学者可以使用 Animate 制作音乐动画、寓言故事等动画作品，如图 1-1 所示。

2．Web 应用

Animate 除了维持对原有 Flash 开发工具的支持，还新增了 HTML5 创作工具，为网页开发者提供了更适用的创作支持，例如，开发者可以使用 Animate 制作网页的引导页、Banner、广告等元素，如图 1-2 所示，还可以给用户带来全新的互动体验和视觉享受。

图 1-1　《春节童谣》动画作品

图 1-2　网页截图

3．教学课件

使用 Animate 制作教学课件，可以使课件具有形象性、趣味性、直观性、交互性等特点，能有效激发学生的学习兴趣，如图 1-3 所示。

4．交互性游戏

Animate 使用 ActionScript 3.0 脚本语言，具有很好的交互功能，可以制作出画面精美、趣味性强的交互性游戏，如益智类、设计类、棋牌类、休闲类游戏等，如图 1-4 所示。

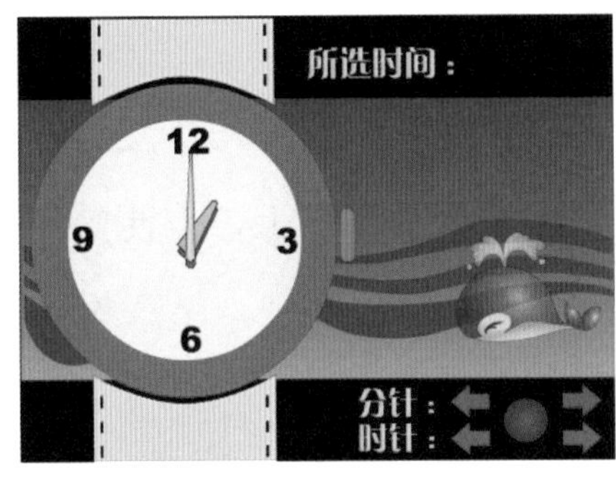

图 1-3　教学课件

图 1-4　《连连看》游戏

5．广告

使用 Animate 制作的广告，具有短小精悍、表现力强等特点，适合网络传播，如图 1-5 所示。

图 1-5　公益广告

1.1.3　Animate 动画的基本概念

使用 Animate 制作动画，需要理解帧、帧速率、图层、元件等的基本概念。

1．帧与帧速率

根据人的视觉暂留原理，人眼所看到的视觉影像，会在视网膜上停留 0.1 秒左右。按照一定的速度连续播放一系列静止画面，就形成了视觉上的动态画面。通常将每个静态画面称为一帧。

帧速率指动画播放的速度，也就是每秒播放的帧数，单位为 fps（帧/秒）。帧速率低，动画每秒包含的帧画面少，会影响动画的流畅性。帧速率高，动画每秒包含的帧画面多，动画更流畅、更逼真。一般来说，帧速率越高，动画越流畅，但动画每秒包含的帧画面就越多，动画制作成本也会增加。通常电影每秒播放 24 帧画面，电视剧每秒播放 25 帧画面，呈现的是非常流畅、自然的运动过程。在制作 Animate 动画时，可根据播放载体设置相应的帧速率。

2．关键帧与普通帧

在 Animate 动画编辑中，最小的时间单位是帧。根据帧的作用可将帧分为普通帧和关键帧。关键帧是指在动画制作的过程中，呈现关键性动作的帧。而普通帧的作用则是将关键帧的状态在时间上进行延续。

3．图层

图层是指将动画进行分层制作，将不同的对象放置在不同的图层上，方便操作，最后叠加在一起实现最终的动画效果。

4．元件

在制作动画的过程中，可以将动画所用的素材放置在库元件中，反复使用，以减小 Animate 文件的容量。元件包括图形、按钮、影片剪辑等元素。

5．时间轴

帧和图层是时间轴的主要组成部分，是 Animate 进行动画制作的主要场所。连续帧的动画内容按照设置的帧速率进行播放，就形成了 Animate 动画。

6．舞台

舞台是用来放置元件、声音、图片、动画等元素的地方。放置在舞台上的内容在 Animate 影片发布后可以呈现，放置在舞台外部区域的内容则在 Animate 影片发布后不能呈现。

1.1.4　Animate 动画的制作流程

Animate 动画与传统的 2D 动画的制作流程类似。在通常情况下，制作一个 Animate 动画要经历前期策划、素材准备、动画制作、后期调试、发布作品这几个阶段，根据制作动画题材的不同，制作流程会有所调整。下面以一个动画短片题材为例，简单地介绍各个阶段的主要任务。

1．前期策划

明确制作动画的目的及要达到的效果，确定剧本和影片风格，进行场景和角色设计，完成动画的分镜头台本绘制。

2．素材准备

素材包括场景素材、角色素材、道具素材等。结合 Animate 的功能特点，在准备素材时，有条理地对素材进行分类管理，并转换为库元件，以方便后面动画的制作。

3．动画制作

素材准备就绪后就可以开始制作动画了。制作动画的内容主要包括为角色造型添加动作、角色与背景的合成、声音与动画的同步等。

4．后期调试

后期调试包括调试动画和测试动画。调试动画主要是对动画细节进行调整，使动画显得流畅、和谐；测试动画是对动画的播放效果进行检测，以保证动画能完美地展现在欣赏者面前。

5．发布作品

动画制作完成并调试无误后，可以将其导出为“.swf”格式的文档或者其他格式的文档，传到网络上供人们欣赏及下载。

1.2 第一个 Animate 动画——奔跑的马

实例分析

奔跑的马动画效果如图 1-6 所示，在草原上奔跑着 3 匹马。奔跑的马动画效果通过导入序列帧图片实现，并保存为影片剪辑元件。马在草原上的位置移动是通过创建传统补间动画实现的。下面让我们通过本实例的学习，熟悉 Animate 的界面、布局和基本操作。

图 1-6　奔跑的马动画效果

操作步骤

1．新建 Animate 文档

双击 Animate 快捷方式，启动 Animate 2023，在“新建文档”对话框（见图 1-7）的第一行中有“角色动画”“社交”“游戏”“教育”“广告”“Web”等分类应用，用户可根据制作的作品类型选择一些预设选项。制作动画一般选择“角色动画”选项，选择“角色动画”选项后在“预设”中可以选择适合的分辨率。本实例选择“高清”选项，设置文档大小为 1280 像素×720 像素，帧速率为 24fps。

2．保存文档

为了防止制作的动画丢失，可以将文档进行保存。选择“文件”—“保存”命令，或者按 Ctrl+S 快捷键，弹出“另存为”对话框，如图 1-8 所示，输入文件名“实例 1-马儿奔跑.fla”，单击“保存”按钮即可。

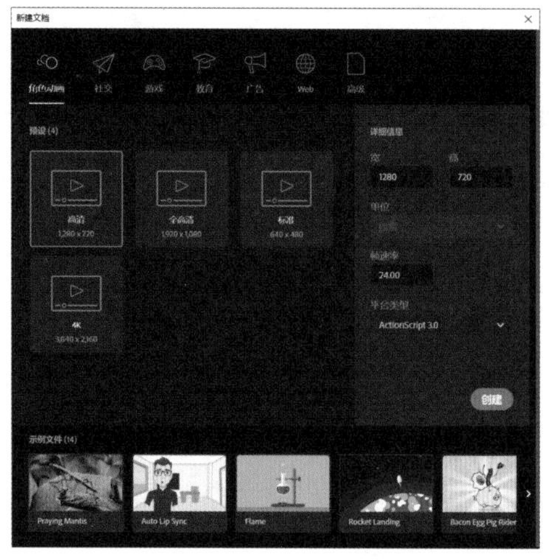

图 1-7 “新建文档”对话框

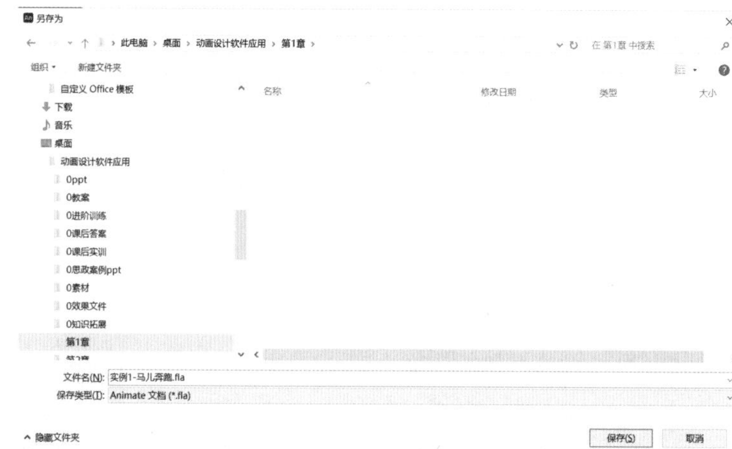

图 1-8 “另存为”对话框

注意

“.fla”是 Animate 软件的原始文档，只能使用 Animate 相应版本的软件才可以打开，并进行编辑。“.swf”是 Animate 软件的发布文档，是一个完整的影片格式，使用 Flash Player、网页或者播放器即可观看，但不能被编辑。

3．导入素材

本实例中需要导入草原背景图片，具体操作如图 1-9 所示，选择“文件”—“导入”—“导入到舞台”命令，弹出“导入”对话框，选择“实例 1 马儿奔跑”素材文件夹中的“草原.jpg”文件，单击“打开”按钮，将其导入舞台上。

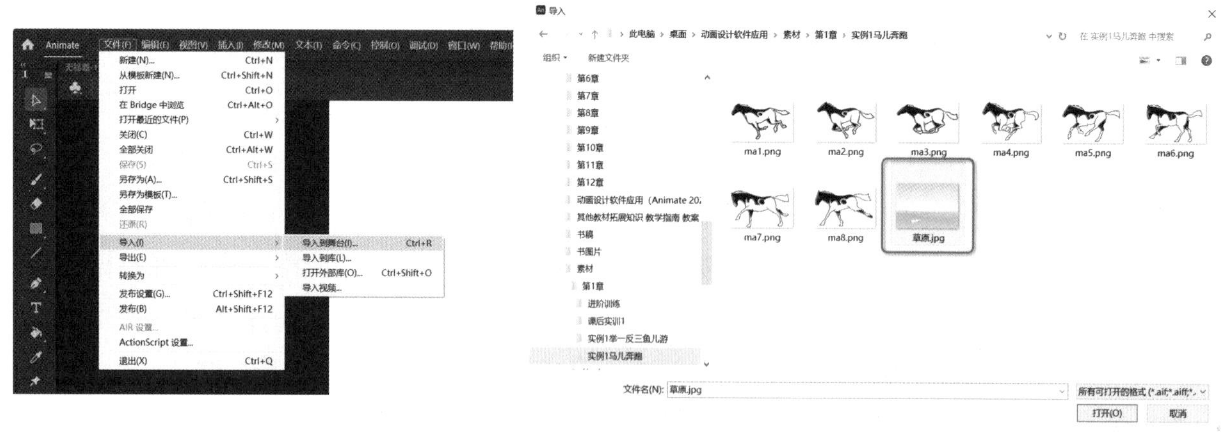

图 1-9 导入素材

在将“草原.jpg”图片导入舞台上后，需要将图片大小设置为与舞台大小一致，具体操作如图 1-10 所示。选择图片，在“属性”面板中将图片大小设置为与舞台大小一致，将 X、Y 坐标值设置为 0。

图 1-10　设置图片大小

注意

在“宽”和“高”属性设置后有一个“锁定”按钮。当单击“锁定”按钮呈现（锁定）状态时，“宽”和“高”的值按照原来位图的比例进行改变。当单击“锁定”按钮呈现（解锁）状态时，“宽”和“高”的值可以不按照原来位图的比例进行改变。

4．制作马奔跑的影片剪辑元件

本实例制作的是多匹马奔跑的动画效果，可以将马奔跑的动画保存为影片剪辑元件，以实现重复使用，具体操作如下。

（1）新建元件。选择“插入”—“新建元件”命令，在弹出的对话框中，选择类型为“影片剪辑”，输入名称“马跑”，单击“确定”按钮，如图 1-11 所示，即可建立一个影片剪辑元件，同时进入影片剪辑的编辑窗口。

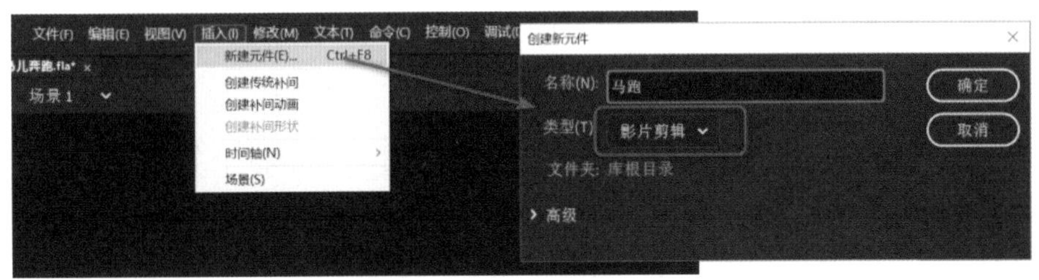

图 1-11　新建元件

（2）导入序列图片。在“马跑”的影片剪辑编辑窗口中，选择“文件”—“导入”—“导入到舞台”命令，在弹出的对话框中，选择素材文件夹中的 ma1.png 素材，单击“打开”按钮，会弹出提示框提示“此文件看起来是图像序列的组成部分，是否导入序列中的所有图像？”，单击“是”按钮，将马跑的序列图片导入舞台上，并形成序列图片组成的动画片段，如图 1-12 所示。

（3）切换主场景编辑窗口。如图 1-13 所示，在时间轴上添加了序列图片，形成了逐帧动画，拖动播放头可以看到马奔跑的效果。在影片剪辑元件制作完成后，单击舞台左上方的按钮，可以切换到主场景中。

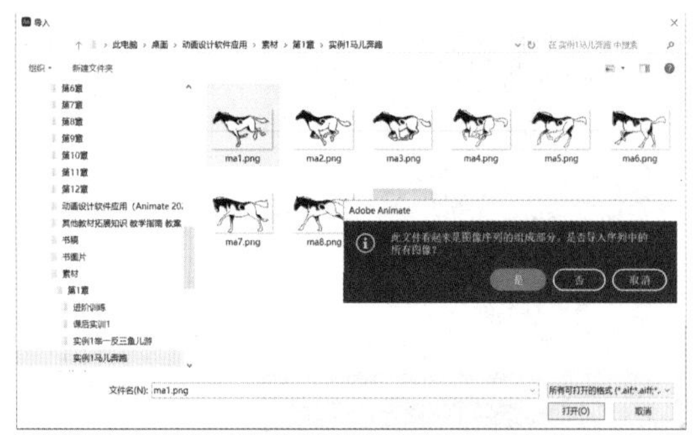

图 1-12　导入序列图片

图 1-13　形成逐帧动画

5．图层操作

双击图层名称，将“图层 1”重命名为“背景”，单击“图层”面板下面的“新建图层”按钮，新建一个图层，并重命名为“马跑”，如图 1-14 所示。

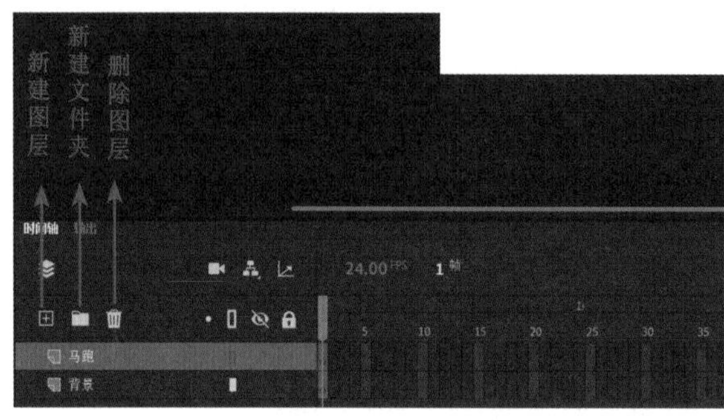

图 1-14　重命名图层

6．制作马奔跑的效果

（1）选中“马跑”图层的第 1 帧，从“库”面板中将“马跑”的影片剪辑元件拖动到舞台上，在舞台上会出现“马跑”的影片剪辑实例。

（2）如图 1-15 所示，选中“马跑”图层的第 1 帧并单击鼠标右键，在弹出的快捷菜单中选择“创建传统补间”命令。创建传统补间动画需要设置起始关键帧和结束关键帧，Animate 会根据两个关键帧之间的差别，自动补上中间帧的动画变换过程。在本实例中需要改变结束关键帧中马的位置。

图 1-15　创建传统补间动画

（3）选中第 60 帧并单击鼠标右键，在弹出的快捷菜单中选择“插入关键帧”命令，或者选中第 60 帧，按 F6 键插入关键帧。在舞台上选择“马跑”影片剪辑实例，将其移动到左侧。

（4）同时在“背景”图层的第 60 帧上单击鼠标右键，在弹出的快捷菜单中选择“插入帧”命令，将背景图片在时间轴上进行延续，如图 1-16 所示。

同理，按照前面的操作步骤，添加两个图层，增加另外两匹马的奔跑效果，如图 1-17 所示。

图 1-16 制作马位置移动动画

图 1-17 重复动画效果

7．发布动画

按 Ctrl+Enter 快捷键，或者选择“控制”—“测试”命令，测试影片的播放效果，同时在源文件同一目录下，会生成一个同名的“.swf”文件，本实例会生成“实例 1-马儿奔跑.swf”文件。如果觉得节奏动作不合适，则可以再次进行修改，修改完成后需要重新按 Ctrl+Enter 快捷键测试文件。

举一反三

根据上面实例的操作过程，制作相似的动画效果。制作“鱼游动”影片剪辑元件，将“鱼游动”的影片剪辑元件放置在舞台上，并使用“创建传统补间”命令，制作鱼游动的效果。效果如图 1-18 所示。

进阶训练

在奔跑的马动画实例中可以观察到，马的奔跑节奏、步调都是一致的，下面对实例动画进行优化处理，实现每匹马按照各自节奏奔跑的效果，如图 1-19 所示。具体操作可参考配套教学资源中的“进阶训练 1”文档。

图 1-18 鱼游动效果

图 1-19 奔跑的马动画优化效果

1.3 Animate 2023 的操作界面

Animate 2023 的操作界面由菜单栏、工具箱、时间轴、舞台、“属性”面板和“浮动”面板组成，如图 1-20 所示。下面详细介绍各个部分的功能。

图 1-20　Animate 2023 的操作界面

图 1-20 所示为“基本”界面，用户可以根据需要切换到“动画”“基本功能”“传统”“小屏幕”“开发人员”“设计人员”“调试”界面，初学者可以切换到“基本功能”界面来进行学习。具体操作可以单击软件右上角的“工作区”按钮，在下拉列表中进行操作界面的选择，如图 1-21 所示。或者选择“窗口”—“工作区”命令，在“工作区”的下拉菜单中进行选择。

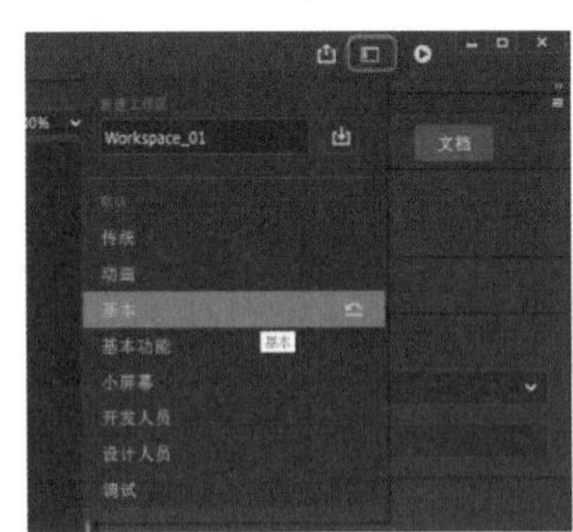

图 1-21　切换操作界面

1.3.1　菜单栏

菜单栏如图 1-22 所示，包括“文件”“编辑”“视图”“插入”“修改”“文本”“命令”“控制”“调试”“窗口”“帮助”菜单。

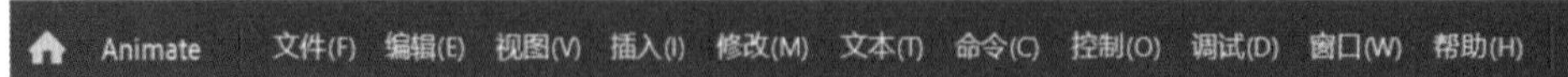

图 1-22　菜单栏

“文件”菜单主要包括“新建”“保存”“另存为”“导入”“导出”“发布”“发布设置”等命令，其中“新建”“保存”“导入”“导出”命令的使用频率较高。

“编辑”菜单主要包括“复制”“粘贴”“撤销”“重做”等编辑命令。

“视图”菜单主要包括“放大”“缩小”“显示比例”等设置命令，同时提供辅助线、标尺等辅助功能。

“插入”菜单主要包括“插入元件”“场景”“图层”“帧”等命令，其中“插入元件”命令的使用频率较高。

“修改”菜单主要提供对动画形状、位图、元件等进行修改的功能。

“文本”菜单主要提供对文本的样式、字体进行设置的功能。

“命令”菜单主要提供管理保存的命令、运行命令及 XML 的导入、导出命令。

“控制”菜单主要用于对影片进行测试、播放。

“调试”菜单主要用于对 ActionScript 脚本语言进行调试。

“窗口”菜单主要实现工作界面的布局、选择控制窗口。

“帮助”菜单提供帮助文档及在线帮助等。

1.3.2 工具箱

工具箱是 Animate 中重要的面板，它包含选择工具、绘制工具、颜色填充工具、视图工具和选项区等。Animate 2023 版本的工具箱在使用上更加灵活，用户可以单击“…”按钮对工具箱进行管理，将不常用的工具进行隐藏或组合，如图 1-23 所示。

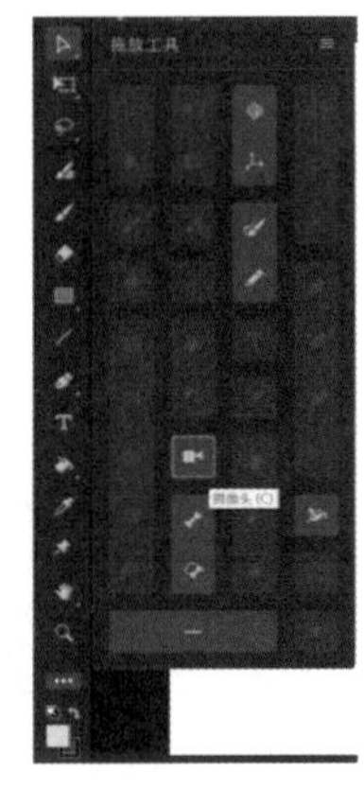

图 1-23 工具箱

1.3.3 舞台

Animate 操作界面中的白色区域被称为舞台。舞台上面的按钮提供了舞台内容的切换功能，如切换编辑场景、切换编辑元件等，也包括缩放视图、舞台居中等设置功能，如图 1-24 所示。

图 1-24 舞台

1.3.4 时间轴

帧和图层是时间轴的主要组成部分，是 Animate 进行动画制作的主要场所，如图 1-25 所示。图层就像堆叠在一起的多张透明胶片一样，上面图层中有内容的区域会遮挡下面图层的内容，而上面图层中没有内容的区域，将呈现透明状态并显示其下面图层中的内容，上下图层叠放在一起呈现最后的动画效果。用户可以将舞台上的不同元素放置在不同的图层上进行操作，以避免相互影响。时间轴左侧为图层管理，提供了图层的添加、删除等选项。其中，图层右上角的四个按钮，分别表示对图层进行突出显示、显示轮廓、隐藏和锁定。

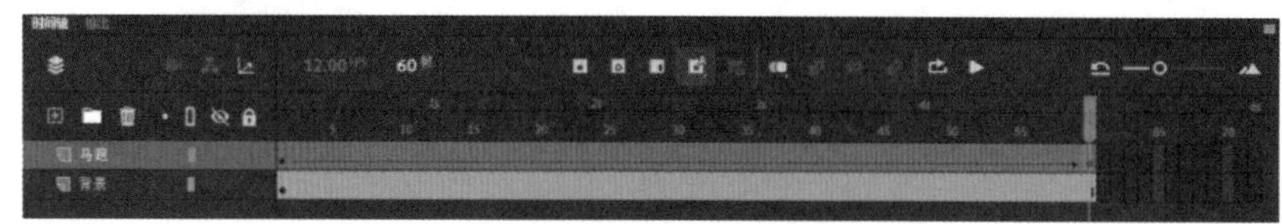

图 1-25　时间轴

时间轴右侧为帧管理，每个小格子表示一帧，而蓝色的图形加一条蓝色的指示线表示播放头。播放头指到哪一帧，舞台上就显示哪一帧的图像内容。

1.3.5　“属性”面板

Animate 软件的“属性”面板是动态变换的，会根据选择对象的不同，显示不同的属性设置，用户可以在“属性”面板中对所选对象的属性进行修改和编辑。如图 1-26 所示，选择图形元件，“属性”面板显示为图形元件的“属性”面板。

图 1-26　图形元件的“属性”面板

1.3.6　“浮动”面板

“浮动”面板是由各种不同功能的面板组成的，包括“颜色”面板、“样本”面板、“对齐”面板、“信息”面板、“变形”面板、“库”面板和“动画预设”面板等。用户可通过“窗口”菜单，对“浮动”面板的显示、隐藏进行设置。

1.4　Animate 2023 的基本操作

1.4.1　新建文档

选择“文件”—“新建”命令（快捷键为 Ctrl+N），在弹出的“新建文档”对话框中，选择所需的文档类型，并单击“确定”按钮。在“新建文档”对话框中，根据新建文档的要求，可以选择软件预设好的画布大小，例如，在“角色动画”分类中有“高清”“标准”“全高清”“4K”等常用影视动画的分辨率可供选择。

如果自定义画布大小，则可以选择“高级”选项中的 ActionScript 3.0，在右侧的“宽”“高”“帧速率”文本框中重新设置“宽”“高”“帧速率”属性的值。默认的“宽”是 550 像素，“高”是 400 像素，“帧速率”是 24fps，单击“创建”按钮即可创建一个新的文档，如图 1-27 所示。

选择“文件”—“从模板新建”命令，在弹出的“从模板新建”对话框中，选择“模板”标签，里面提供了一些范例文件，可以简单方便地创建一些动画效果。如图 1-28 所示，从模板中创建了一个嘴形同步动画。

图 1-27 创建文档（自定义画布大小）

图 1-28 从模板中创建嘴形同步动画

1.4.2 打开文档

打开文档的方式有如下 3 种。

（1）选择“文件”—“打开”命令（快捷键为 Ctrl+O），弹出“打开”对话框，选择需要打开的文档，单击“打开”按钮即可。

（2）选择“文件”—“打开最近的文档”命令，在下一级菜单中，选择最近操作的 Animate 文档即可打开该文档。

（3）双击选中的文件，即可启动 Animate 软件，打开文档。

1.4.3 保存文档

在编辑 Animate 文档的过程中，为了防止文档丢失，最好养成及时保存文档的习惯。

（1）选择“文件”—“保存”命令（快捷键为 Ctrl+S）。

（2）如果要将文档保存到另一个位置或用不同的名称保存，则选择“文件”—“另存为”命令。

（3）如果要还原到上次保存的文档版本，则选择“文件”—“还原”命令。

1.4.4 关闭文档

Animate 软件支持同时打开多个文档，关闭文档可以通过如下方式进行。

（1）单击文档标题栏右侧的“×”按钮。

（2）选择“文件”—“关闭”命令（快捷键为 Ctrl+W）。如果要关闭多个文档，则可以选择“文件”—“全部关闭”命令。

1.4.5 设置文档属性

当单击舞台空白处时，“属性”面板中呈现的是文档的属性，可以设置帧速率、舞台大小、舞台颜色等属性，如图 1-29 所示。单击“更多设置”按钮，弹出“文档设置”对话框，可以详细地设置文档属性。

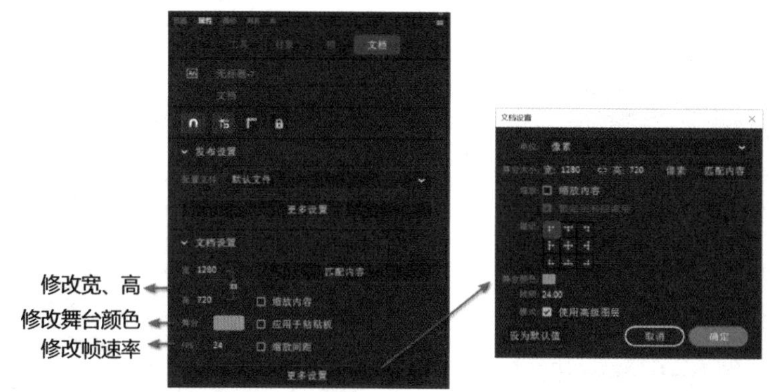

图 1-29 设置文档属性

1.4.6 设置首选参数

初次进入 Animate 操作界面，可以对软件的一些参数进行设置。选择“编辑”—“首选参数”—“编辑”命令，弹出“首选参数”对话框，如图 1-30 所示。在此对话框中可以设置“常规”“代码编辑器”“脚本文本”“绘制”等选项的参数，为后面的动画制作提供方便。例如，将 UI 主题设置为“浅”，UI 外观设置为“紧凑”，修改软件操作界面的颜色。读者可根据个人喜好进行首选参数的设置。

图 1-30 “首选参数”对话框

1.4.7 辅助功能

Animate 提供了标尺、辅助线、网格等辅助功能，以便准确地定位对象，下面分别进行介绍。

1．标尺和辅助线

（1）显示标尺：标尺在舞台的上面和左侧。选择“视图”—“标尺”命令，显示标尺，再次选择此命令，则隐藏标尺。

（2）添加辅助线：在标尺上按住鼠标左键不放向舞台中拖曳，会添加辅助线，默认颜色为绿色，如图 1-31 所示。

（3）显示/隐藏辅助线：选择“视图”—“辅助线”—“显示辅助线”命令，可显示或隐藏辅助线。

（4）删除辅助线：将辅助线拖动到舞台外部或选择“视图”—“辅助线”—“清除辅助线”命令即可删除辅助线。

（5）编辑辅助线：选择“视图”—“辅助线”—“编辑辅助线”命令，在弹出的对话框中可以设置辅助线的“颜色”“贴紧至辅助线”等选项。

2．网格

网格是由一组水平线和垂直线组成的，主要用于精确对齐和放置对象，网格只在编辑区域内容时显示，在影片中不会显示。

（1）显示网格：选择“视图”—“网格”—“显示网格”命令，舞台上即可显示网格。在编辑舞台上的对象时，其会被吸附到网格交叉的点上。

（2）编辑网格：如果觉得默认的网格设置不合适，则可以选择“视图”—“网格”—“编辑网格”命令，在弹出的“网格”对话框中，编辑网格信息，如图 1-32 所示。

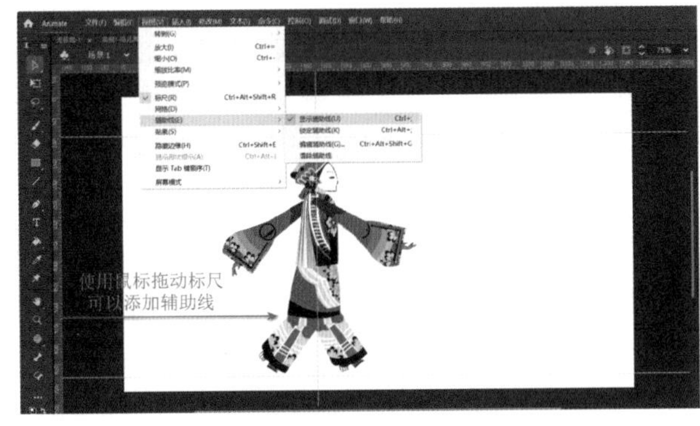

图 1-31　设置辅助线

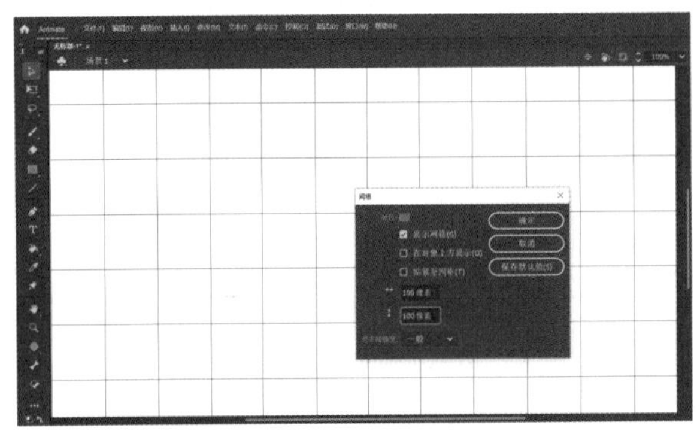

图 1-32　编辑网格信息

1.4.8 缩放舞台

在舞台上编辑对象时，为了方便操作，需要对舞台视图进行放大或缩小操作，可以使用以下几种方法实现。

（1）在“视图”菜单下，选择“放大”、“缩小”或“缩放比率”命令可以对舞台大小进行缩放，如图 1-33 所示。

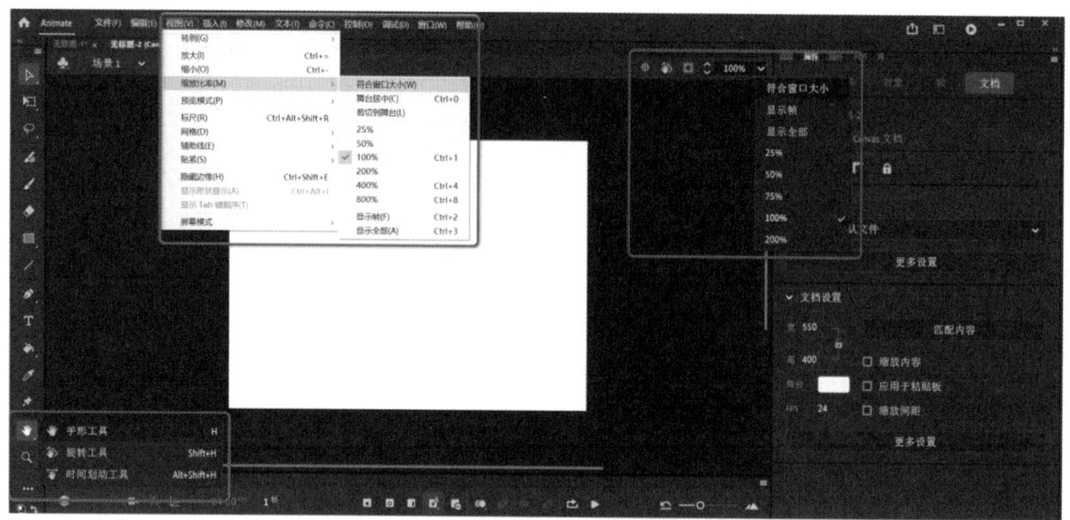

图 1-33 设置舞台视图

（2）在舞台右上角的下拉列表中可以选择舞台的显示比例。

（3）使用工具箱视图工具中的手形工具、缩放工具、旋转工具和时间划动工具可以对舞台视图内容及显示比例进行改变。

- 手形工具：快捷键为 Space（空格键），按空格键后，鼠标指针变成手形，按住鼠标左键并拖动即可移动舞台。
- 缩放工具：选择缩放工具后，单击视图可以实现放大舞台视图的效果。按住 Alt 键并单击视图可以实现缩小舞台视图的效果。如果要对某个部分进行精细调整，则可以使用鼠标进行框选，软件将根据所框选的范围进行放大显示。
- 旋转工具：使用旋转工具可以将舞台旋转不同角度。
- 时间划动工具：使用时间划动工具在舞台上拖动鼠标可以查看动画效果，而不用拖动播放头，使用起来更加灵活方便。

注意

对舞台进行缩放后，按 Ctrl+1 快捷键，舞台的缩放比例将快速恢复到 100%。

1.4.9 导入图片

在制作 Animate 动画时，选择“文件”—“导入”命令可以从素材文件夹中导入需要的素材文件。“导入”菜单包括“导入到舞台”“导入到库”“导入视频”“打开外部库”4 个命令。

在导入图片时，“导入”菜单中的“导入到舞台”和“导入到库”两个命令可用。它们的主要区别在于，“导入到舞台”命令是将导入的图片放置在舞台上的同时也将图片导入“库”面板中；而“导入到库”命令是将图片导入“库”面板中，而不放置在舞台上。

如果图片是序列图片，则导入后会被逐帧放置在时间轴上，形成逐帧动画。例如，在“奔跑的马”实例中，就是将马奔跑的序列图片导入舞台中。

1.4.10 元件与库

在制作动画的过程中，可以将动画所用的素材放置在“库”面板中进行反复使用，以减小 Animate 文件的容量。元件包括图形、按钮、影片剪辑、声音、视频等元素。选择“插入”—“新建元件”命令。在弹出的“创建新元件”对话框中，可以选择元件类型，如图 1-34 所示。

新建的元件被保存在“库”面板中，当需要使用时，把元件拖动到舞台上即可。元件与库的具体内容将在本书的第 5 章中进行详细说明。

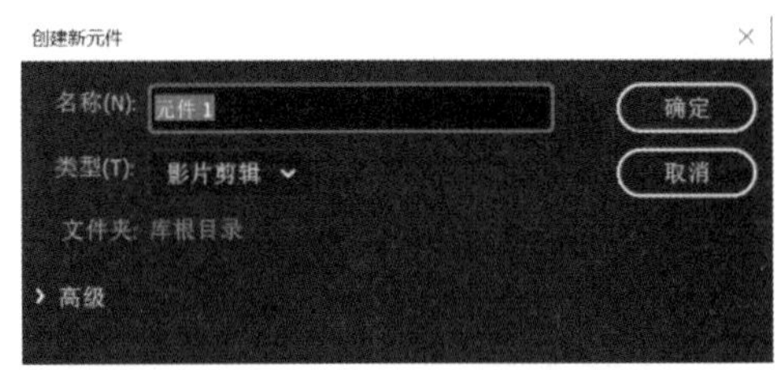

图 1-34 选择元件类型

知识拓展 矢量图和位图

计算机中显示的图形一般可以分为两大类——矢量图和位图。关于矢量图和位图的具体区别，读者可参考配套教学资源中的“知识拓展 1”文档。

本章小结

本章主要讲解了 Animate 2023 的基本操作，包括新建 Animate 文档、保存文档、发布测试、设置舞台大小、改变帧速率、新建元件、导入素材、创建传统补间动画等基本操作，用户还可以根据动画制作的需要设置标尺和辅助线等辅助功能。

课后实训 1

C919 飞机，全称 COMAC C919，是我国自行研制、具有自主知识产权的大型喷气式民用飞机。C919 飞机正式商用，是中国航空制造业发展的重要历史节点，展示了中国大飞机参与全球竞争的信心和实力。

下面制作 C919 飞机的飞行动画，效果如图 1-35 所示。

图 1-35 课后实训效果

操作提示

（1）设置舞台背景大小为 1920 像素×1080 像素；

（2）导入背景图片“背景.png”；

（3）新建图层，导入飞机图片“飞机.png”；

（4）在飞机所在的图层上创建传统补间动画，实现飞机的位置移动。

具体操作可参考配套教学资源中的“课后实训 1”文档。

课后习题 1

1. 选择题

（1）创建新文档的快捷键是（　　）。

A. Ctrl+A　　B. Ctrl+D　　C. Ctrl+N　　D. Ctrl+S

（2）保存文档的快捷键是（　　）。

A. Ctrl+A　　B. Ctrl+D　　C. Ctrl+N　　D. Ctrl+S

（3）要直接在舞台上预览动画效果，应该按（　　）快捷键。

A. Ctrl+Enter　　B. Ctrl+Shift+Enter

C. Enter　　D. Ctrl+Alt+Enter

（4）下列关于“属性”面板的说法正确的是（　　）。

A.“属性”面板可以根据选择的对象或工具，智能地显示出对应的属性

B. 调出“属性”面板的快捷键是 Ctrl+F3

C. 单击舞台空白区域，“属性”面板显示出文档的属性设置

D. 以上说法都对

（5）Animate 动画源文件的存储格式是（　　）。

A. *.swf　　B. *.fla　　C. *.avi　　D. *.txt

2. 填空题

（1）Animate 文档源文件的后缀是____________，发布文件的后缀是____________。

（2）Animate 软件的辅助功能包括____________、____________和____________。

（3）____________是组成位图图像的基本单位。

3. 简答题

（1）简述 Animate 动画的特点。

（2）简述 Animate 操作界面主要由哪几个部分组成。

图形绘制与编辑

第 2 章

学习目标

Animate 主要用于绘制矢量图，在 Animate 操作界面的工具箱中提供了大量用于绘制线条和形状的工具，主要包括图形的选择工具、线条的绘制工具、基本几何图形的绘制工具、颜色的填充工具等。本章通过京剧脸谱、校车、“芒种”主题手机壁纸等实例的制作，讲解如何使用 Animate 工具箱提供的工具绘制矢量图形，并结合使用“颜色”面板来进行颜色填充操作。

- 熟悉并掌握多种选择图形的方法。
- 熟悉并掌握多种绘图工具的使用方法及技巧。
- 熟悉并掌握传统画笔工具及橡皮擦工具的使用。
- 掌握如何填充颜色，设置填充样式。

重点难点

- 选择工具的功能和作用。
- 颜色填充工具及渐变变形工具的综合应用。
- 选择工具结合线条工具绘制图形轮廓。
- 传统画笔工具和橡皮擦工具的几种绘制模式的区别。

2.1 选择图形和线条绘制

2.1.1 课堂实例 1——绘制京剧脸谱

实例分析

京剧脸谱是一种具有中国特色的化妆艺术，它以面部为载体，通过色彩、图案和形状的变化来表现人物的性格、身份和命运。京剧脸谱通常分为红色、黄色、黑色、白色 4 种颜色，每种颜色都有其特定的含义和象征意义。通常，红色代表忠诚、正义和勇气；黄色代表凶狠、狡猾和威严；黑色代表刚直、粗犷和威武；白色代表阴险、奸诈和狠毒。

京剧脸谱的起源可以追溯到清朝乾隆年间，经过多年的发展，它已经成为中国传统文化中不可或缺的一部分。如今，京剧脸谱不仅被广泛运用于舞台上，还被广泛应用于电影、电视、动漫等领域，成为中国文化的代表之一。

本实例主要使用椭圆工具、线条工具和钢笔工具绘制京剧脸谱的轮廓，使用颜色填充工具进行颜色填充，效果如图 2-1 所示。

图 2-1　孙悟空京剧脸谱效果

操作步骤

1．新建文档并保存

新建“角色动画”类型的文档，选择预设的“高清”分辨率，设置文档大小为 1280 像素×720 像素，并将文档保存为“京剧脸谱.fla”。

2．绘制京剧脸谱的脸形

京剧脸谱的绘制主要分为轮廓、眼睛、鼻子等部分，为了方便调整各个部分的层级关系，可以单击工具箱中的“对象绘制”按钮，将绘制的图形的属性转换为“绘制对象”。分别使用椭圆工具、线条工具绘制脸部轮廓，使用选择工具进行调整，绘制过程如图 2-2 所示。

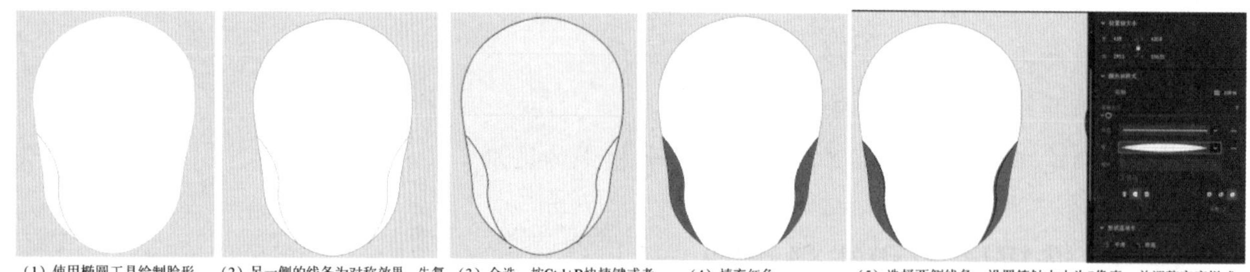

（1）使用椭圆工具绘制脸形，使用线条工具绘制下方曲线，绘制后使用选择工具进行调整。

（2）另一侧的线条为对称效果，先复制左侧线条然后选择“修改”—“变形”—“水平翻转”命令并调整位置。

（3）全选，按Ctrl+B快捷键或者单击鼠标右键，在弹出的快捷菜单中选择“分散”命令进行分散。

（4）填充红色。

（5）选择两侧线条，设置笔触大小为7像素，并调整宽度样式，将绘制效果组合（快捷键为Ctrl+G）。

图 2-2　绘制脸部轮廓

由于绘制的线条是“绘制对象”类型，因此组合的图形不能被填充，需要先使用“分散”命令，将图形的属性转换为形状，然后使用颜料桶进行填充。

京剧脸谱中间的红色区域，首先使用钢笔工具勾勒出线条，然后使用选择工具进行调节，最后填充颜色和删除线条，如图 2-3 所示。

3．绘制眼睛和鼻子

眼睛分为眼部轮廓、眉毛和眼球，可使用椭圆工具绘制主体；使用传统画笔工具绘制眉毛。鼻子主要使用钢笔工具进行调节绘制。效果如图 2-4 所示。

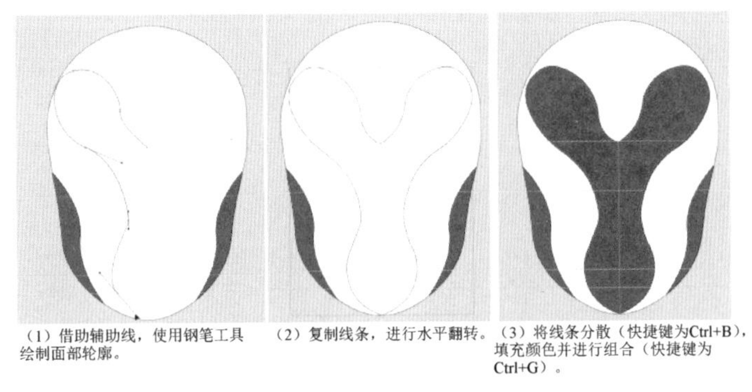

（1）借助辅助线，使用钢笔工具绘制面部轮廓。（2）复制线条，进行水平翻转。（3）将线条分散（快捷键为Ctrl+B），填充颜色并进行组合（快捷键为Ctrl+G）。

图 2-3　绘制脸部形状

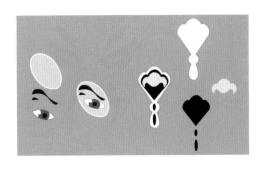

图 2-4　绘制眼睛和鼻子

4．绘制京剧脸谱的线条

京剧脸谱的线条主要使用传统画笔工具进行绘制，在“属性”面板中设置笔触大小和宽度样式，使用鼠标进行绘制。在绘制时注意线条的流畅性，可使用平滑工具进行平滑处理。京剧脸谱的线条是左右对称的，绘制完一侧后，可进行复制、粘贴，并水平翻转，如图 2-5 所示。

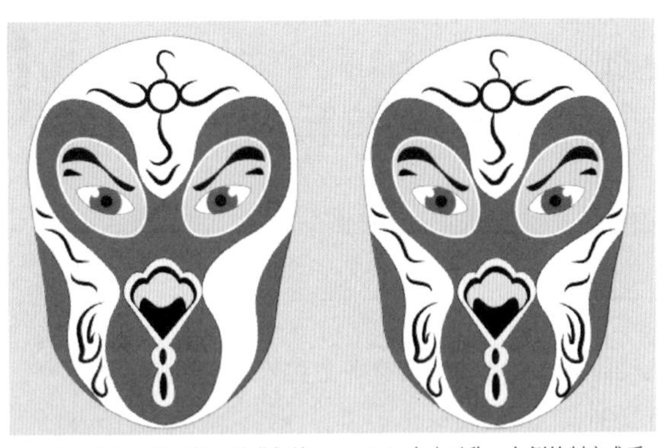

（1）选择传统画笔工具，在“属性”面板中设置笔触大小和宽度样式。

（2）使用传统画笔工具进行绘制，可适当进行平滑处理。

（3）左右对称，左侧绘制完成后，进行复制、粘贴，并水平翻转，放置在合适的位置上。

图 2-5　绘制京剧脸谱的线条

5．保存文档

选择“文件”—“保存”命令（快捷键为 Ctrl+S）保存文档。

6．测试并发布影片

按 Ctrl+Enter 快捷键测试并发布影片。

举一反三

按照上述实例的操作步骤，完成如图 2-6 所示京剧脸谱的绘制。

进阶训练

卡通角色设计是动画制作的基础，本实例主要使用椭圆工具、线条工具、钢笔工具和铅笔工具绘制一个卡通小青蛙的角色，如图 2-7 所示。具体操作可参考配套教学资源中的“进阶训练 2”文档。

图 2-6　京剧脸谱

图 2-7　卡通小青蛙

2.1.2　选择工具

选择工具的快捷键为 V，是工具箱中使用频率很高的一个工具，可以对舞台上的形状、对象等进行选择、移动、变形等操作。选择工具的操作说明如表 2-1 所示。

表 2-1　选择工具的操作说明

操　作	说　明	图　解
选择对象	单击填充区域，可选择一个填充区域的色块。 单击线条，可选择单条线段。 双击线条，可选择连续的线条	选择填充　单击线条　双击线条
选择多个对象	按住 Shift 键并单击可选择多个对象	
框选	拖动鼠标进行框选可选择多个对象，也可对形状进行切割	
移动	选择一个对象，鼠标指针变为 形状时，表示可以向 4 个方向移动对象	
复制	选择一个对象后，按住 Alt 键并移动对象可进行复制	
移动节点	当鼠标指针放在线条或填充图像的节点处，鼠标指针变为 形状时，表示可以移动节点	
调整线条、填充形状的边线	当鼠标指针放在线条或填充图像边缘处，鼠标指针变为 形状时，表示可以改变线条的弯曲度	

2.1.3　部分选择工具

部分选择工具的快捷键为 A，主要作用是通过移动线条上的锚点位置和控制柄调整曲线的弧度，可以结合钢笔工具中的添加锚点、删除锚点等功能来绘制矢量图。部分选择工具的操作说明如表 2-2 所示。

表 2-2　部分选择工具的操作说明

操　作	说　明	图　解
移动锚点	当鼠标指针移动到某个锚点处，变为↖▫形状时，单击并拖动锚点，可改变锚点的位置，从而修改所绘制图形的形状	
移动位置	当鼠标指针放在没有锚点的位置处，变为↖▪形状时，单击并拖动图形可以移动图形的位置	
改变曲线	单击曲线锚点，在锚点两侧会出现控制柄，将鼠标指针移动到控制柄处，可以改变曲线路径。 配合使用 Alt 键可以单独调整一侧的控制柄	

2.1.4　套索工具

套索工具用于选择对象的不规则区域。例如，可以在分离的图形上选择不规则区域。如图 2-8 所示，利用套索工具选择图形上的小熊图案。

（1）选取范围为鼠标绘制区域。（2）选取范围为鼠标单击的多边形。（3）选取范围为相近颜色色块。

图 2-8　利用套索工具选择图形上的小熊图案

套索工具右下方有一个小三角，说明该工具为一个工作组，包含 3 个工具选项，分别是套索工具、多边形工具和魔术棒。

2.1.5　线条工具

线条工具是 Animate 中既简单又实用的绘图工具，可以用于绘制直线和各种样式的线条，也可与选择工具结合使用来绘制曲线。选择线条工具后，在“属性”面板中可以设置线条的属性，如图 2-9 所示。

- 笔触颜色：单击“笔触”前面的色块，可以通过颜色面板设置线条的颜色。
- 笔触大小：可以设置笔触的粗细，拖动滑动杆的圆圈即可修改笔触的数值大小，也可在数值框中直接修改数值大小。
- 笔触样式：可以设置线条为极细线、实线、虚线、点状线、锯齿线、点刻线和斑马线。单击样式最右侧的“设置”⋯按钮，在弹出的面板中可以选择“编辑笔触样式”选项，进行自定义设置。例如，选择斑马线后，单击“设置” 按钮，在弹出的下拉列表中选择“编辑笔触样式”选项，在弹出的“笔触样式”对话框中设置斑马线的属性，如图 2-10 所示，模仿绘制草的效果（设置粗细为“中”，间隔为“非常远”，微动为“松散”，旋转为“轻微”，曲线为“中等弯曲”，长度为“随机”，在舞台上绘制直线，即可出现草的效果）。

也可以单击“设置” 按钮，在弹出的下拉列表中选择“画笔库”选项，在弹出的“画笔库”面板中选择已经设置好的画笔效果。如图 2-11 所示，在样式中添加一个箭的画笔，在舞台上可以很容易地绘制出箭的效果。

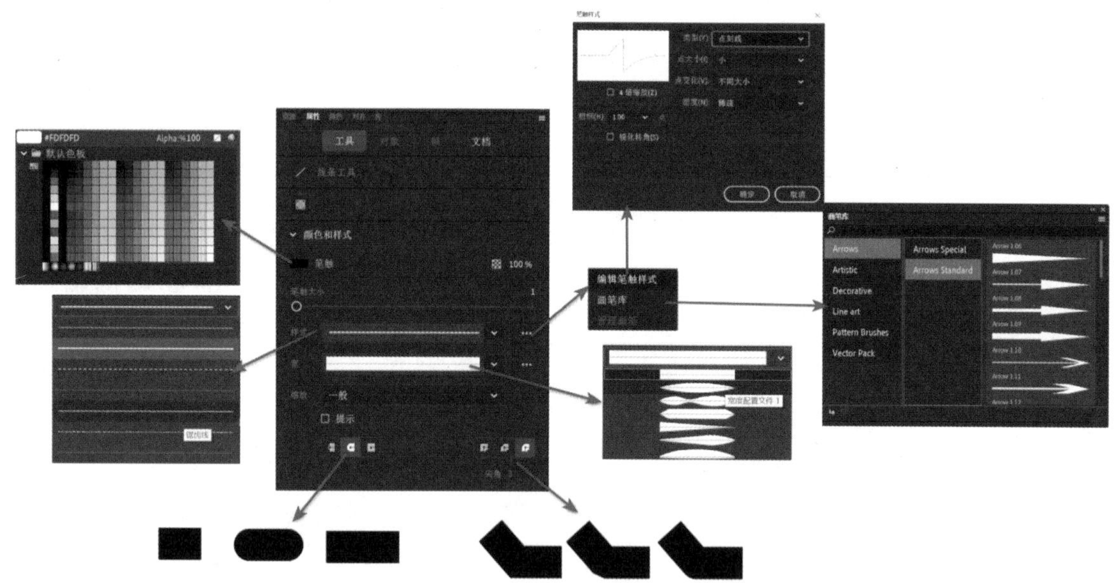

图 2-9　线条属性设置

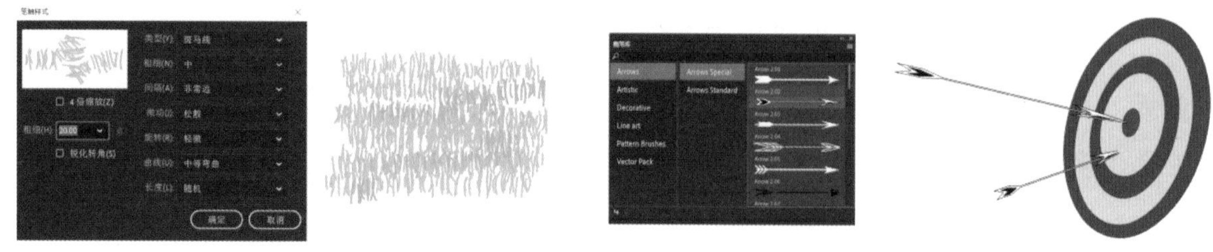

图 2-10　设置斑马线的属性　　图 2-11　箭

- 宽：在“宽”下拉列表中可以选择线条的宽度样式，并结合宽度工具使用。
- 端点：有 3 个选项，分别为无、圆角和矩形。
- 接合：设置两条线段接触点的样式，有尖角、斜角和圆角。

注意

在绘制直线时，按住 Shift 键可以绘制水平线、垂直线，或者绘制倾斜 45° 的直线。

2.1.6 宽度工具

宽度工具可以通过改变线条的粗细来修饰笔触，也可以将调整好的宽度笔触样式另存为宽度配置文件，应用到其他笔触上。选定宽度工具后，当鼠标指针悬停在一个笔触上时，会显示带有手柄（宽度手柄）的点数（宽度点数），用户可以通过调整手柄和添加、删除点数来改变线条的粗细。

宽度工具的操作说明如表 2-3 所示。下面以修改一条粗细为 100 像素的线条为例来讲解宽度工具的用法。首先使用线条工具创建笔触，将笔触大小设置为 100，将样式设置为“实线”，并且使用“宽度配置文件 1”，然后绘制线条，使用宽度工具进行调节。

表 2-3 宽度工具的操作说明

操 作	说 明	图 解
移动宽度点数	从工具箱中选择宽度工具后，将鼠标指针悬停在笔触上，则显示线条的宽度点数和宽度手柄。将鼠标指针放在中间的宽度点数上，按住鼠标并拖动，即可将该宽度点数移动到其他位置	宽度点数 宽度手柄
调整线条粗细	使用宽度工具选定宽度点数后，使用鼠标拖动宽度手柄，即可改变线条的粗细	
宽度不对称调整	使用宽度工具选定宽度点数后，使用鼠标拖动宽度手柄，线条粗细是对称同步调整的，按住 Alt 键并拖动鼠标，则可进行不对称调整	
添加宽度点数	将鼠标指针悬停在笔触上，鼠标指针将变为▶+，表示可以增加宽度点数。按住鼠标并拖动，会显示新的宽度点数和宽度手柄	
复制宽度点数	将鼠标指针悬停在笔触上，则显示已有的宽度点数，选择想要复制的宽度点数，按住 Alt 键并沿笔触拖动宽度点数，即可复制选中的宽度点数	
删除宽度点数	将鼠标指针悬停在笔触上并选择要删除的宽度点数，按 Backspace 键或 Delete 键删除宽度点数	

2.1.7 铅笔工具

铅笔工具的“属性”面板与线条工具的一样。使用铅笔工具可以绘制直线和曲线。选择铅笔工具后，在工具箱下方的选项区中，包括平滑、伸直和墨水 3 个选项，“平滑”用于对绘制的线条进行平滑处理，“伸直”用于对绘制的线条进行伸直处理，“墨水”表示鼠标移动笔触的路径是什么，绘制的曲线就是什么，不做特殊处理。铅笔工具的属性设置如图 2-12 所示。

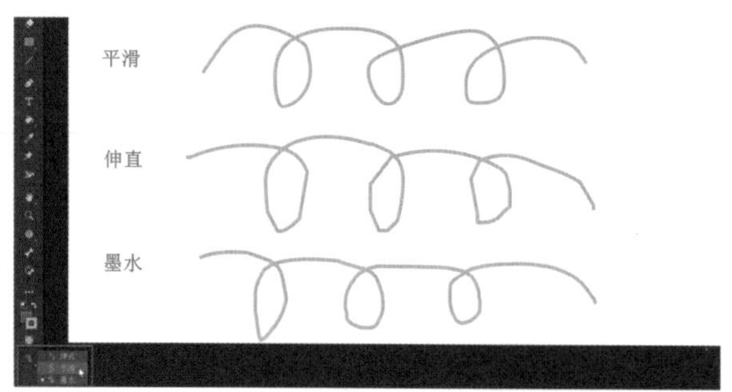

图 2-12　铅笔工具的属性设置

2.1.8　画笔工具组

在 Animate 2023 中，画笔工具组中包括传统画笔工具、画笔工具和流畅画笔工具。

1．传统画笔工具

传统画笔工具绘制的是填充区域而不是线条，主要用于设置颜料桶的颜色。选择传统画笔工具后，在工具箱的选项区中，可以进行画笔模式、画笔类型、画笔大小的属性设置，如图 2-13 所示。

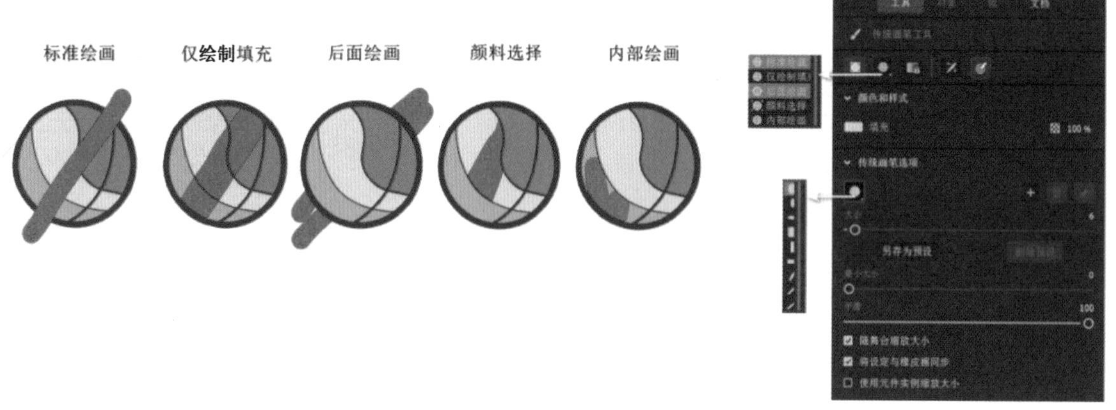

图 2-13　传统画笔工具的属性设置

- 标准绘画：可以在同一图层的线条和填充区域中进行绘制，将覆盖已绘制的对象。
- 仅绘制填充：可以在填充区域和空白区域中进行绘制，绘制后线条不受影响，填充区域将被覆盖。
- 后面绘画：绘制的对象将呈现在已绘制的线条和填充区域下面。
- 颜料选择：在该模式下，需要先选择一个填充区域，绘制的内容只在选择的区域内显示，而未选择的区域，不会呈现绘制效果。
- 内部绘画：该模式将画笔笔触开始的封闭区域作为绘制区域，在这个绘制区域以外的部分不能进行绘制。如果在空白区域中开始绘制，则不会影响任何现有的填充区域。

2．画笔工具

画笔工具常用于绘制线稿，可以选择是绘制线条还是绘制填充。在绘制形状时，结合

"使用倾斜"和"使用压力"两个选项，可根据绘制笔触的倾斜程度和压力来自动调整线条形态。

3．流畅画笔工具

流畅画笔工具在传统画笔的基础上配置了线条样式的选项，如画笔的大小、稳定器、曲线平滑、圆度、角度、锥度、速度、压力等，使绘制的效果更加连贯、美观。

2.1.9 钢笔工具组

钢笔工具可以绘制直线和曲线，钢笔工具的"属性"面板与线条工具的一样。使用钢笔工具，将鼠标指针移到舞台上，在起点位置单击，舞台上会出现一个小圆圈，移动鼠标指针在另一处单击，并按住鼠标左键拖动，调整线条的形状，依次类推，绘制形状，如图2-14所示。

图2-14 使用钢笔工具绘制形状

钢笔工具组还包括添加锚点工具、删除锚点工具和转换锚点工具，可以结合部分选择工具来修改绘制的图形形状。

- 添加锚点工具：单击该按钮，在路径上添加一个锚点。
- 删除锚点工具：单击该按钮，在路径上删除一个锚点。
- 转换锚点工具：单击该按钮，拖动直线上的锚点可将直线调节为曲线，单击曲线上的锚点，可将曲线变成直线。

2.2 基本图形绘制

2.2.1 课堂实例2——绘制校车

实例分析

校车是学生们上下学不可缺少的交通工具。校车可以集中接送学生上下学，从而减少公共交通的拥堵，提高公共交通运行效率。校车可以提供安全、舒适的交通环境，降低学生的出行风险，保障学生的出行安全。

车辆安全非常重要，专用校车应符合国家规定的标准，从自身的层面保障学生的安全。现行《校车标识》国家标准中规定校车车身通体底色必须为黄色，并可以配备警示灯和警报器。选用黄色的主要原因是人眼对绿黄色的光最敏感，只要黄色校车一出现在人们的视野范围内，就很容易被注意到。黄色的波长较长，在雾天等能见度较低的天气中能够传播更远的距离。

下面通过Animate中的基本绘图工具，绘制一辆校车。本实例主要使用矩形工具、基本矩形工具、椭圆工具、基本椭圆工具、多角星形工具等来绘制校车，效果如图2-15所示。

图 2-15　绘制的校车效果

操作步骤

1．新建文档并保存

新建文档，设置文档大小为 1280 像素×720 像素，并保存文档。

2．导入素材文件

（1）选择“文件”—“导入”—“导入外部库”命令，在弹出的“导入”对话框中选择素材文件夹中的“第 2 章\校车素材.fla”文件，将背景元件导入舞台上，调整大小，覆盖舞台，如图 2-16 所示。

图 2-16　导入外部素材

3．绘制校车主体

使用矩形工具绘制校车主体，设置不同的圆角参数，将其组合。绘制过程如图 2-17 所示。

4．绘制车轮

车轮由 3 个部分组成，绘制半圆形，表示车身凹陷部分，绘制同心圆表示轮胎，轮毂采用旋转变形来绘制。绘制过程如图 2-18 所示。

绘制好车轮的各个部分后，选择“修改”—“组合”命令（快捷键为 Ctrl+G），将它们组合为一个整体，以方便操作。将组合好的车轮再复制一个，并放置在合适的位置。

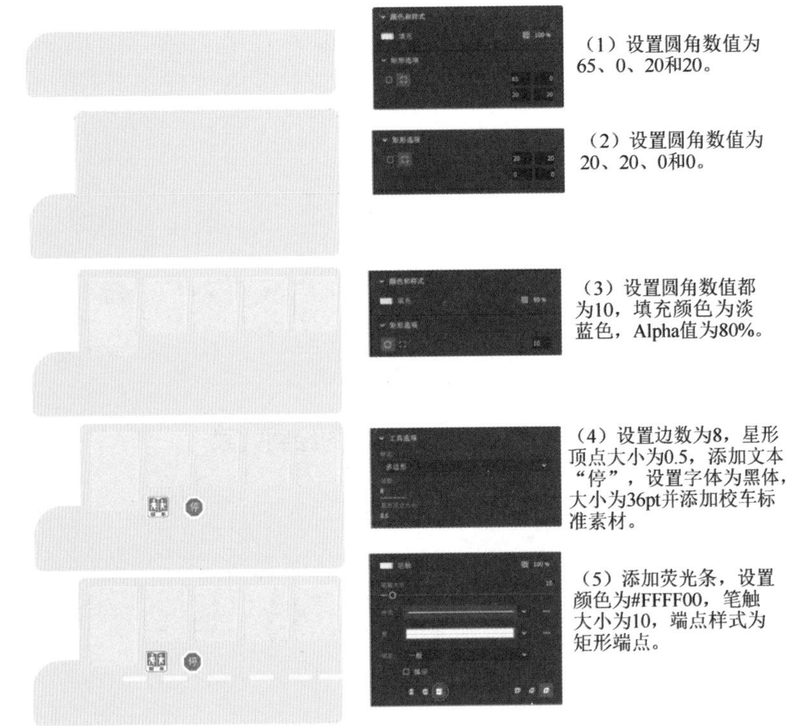

（1）设置圆角数值为65、0、20和20。
（2）设置圆角数值为20、20、0和0。
（3）设置圆角数值都为10，填充颜色为淡蓝色，Alpha值为80%。
（4）设置边数为8，星形顶点大小为0.5，添加文本“停”，设置字体为黑体，大小为36pt并添加校车标准素材。
（5）添加荧光条，设置颜色为#FFFF00，笔触大小为10，端点样式为矩形端点。

图 2-17　校车主体的绘制过程

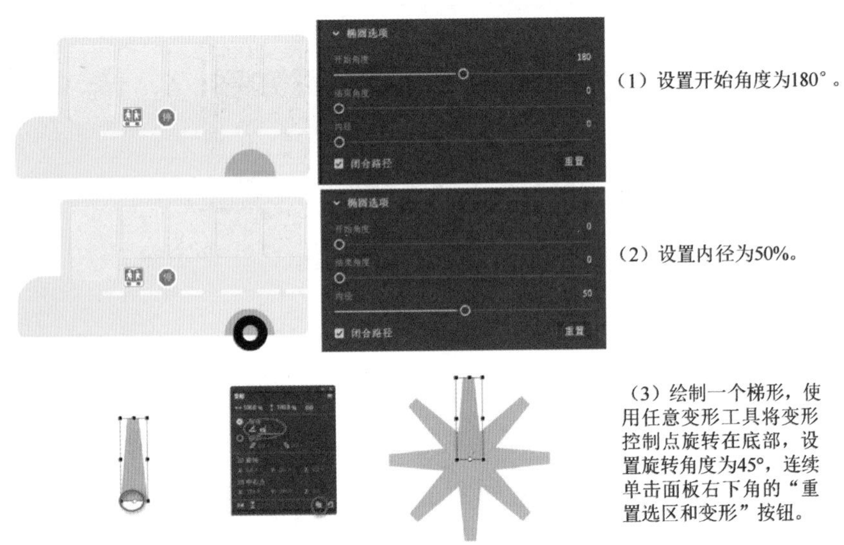

（1）设置开始角度为180°。
（2）设置内径为50%。
（3）绘制一个梯形，使用任意变形工具将变形控制点旋转在底部，设置旋转角度为45°，连续单击面板右下角的“重置选区和变形”按钮。

图 2-18　车轮的绘制过程

5．绘制警示灯、后视镜等部件

使用矩形工具绘制保险杠。绘制深灰色与浅灰色的矩形并将其叠加。绘制半圆形来表示车灯，设置笔触颜色为灰色，填充颜色为红色。警示灯由矩形和圆角矩形组成。后视镜由线条和圆角矩形组成。绘制效果如图 2-19 所示。

6．添加校车元件

在舞台窗口上方的 ← 校车 中，单击“←”按钮，切换到主场景中进行编辑。

新建一个图层，重命名为“校车”，打开“库”面板，将校车元件拖动到舞台上，并在“属性”面板中设置 X、Y、宽和高的值，使校车的元件实例大小与背景街道的比例相当，并添加路灯元件。

图 2-19　警示灯等部件的绘制效果

7．保存文档并发布影片

选择“文件”—“保存”命令（快捷键为 Ctrl+S）保存文档。按 Ctrl+Enter 快捷键测试并发布影片。

举一反三

同理，使用与绘制校车实例类似的方法绘制公交车，并将其添加到街道上，如图 2-20 所示。

图 2-20　绘制公交车

进阶训练

复兴号高铁包括车头和车厢两个部分，主要使用矩形工具、线条工具、钢笔工具和铅笔工具等矢量图绘制工具来进行绘制，效果如图 2-21 所示。具体操作可参考配套教学资源中的“进阶训练 3”文档。

图 2-21　绘制的高铁效果

2.2.2　矩形工具和基本矩形工具

工具箱中的矩形工具和基本矩形工具可以绘制矩形、正方形和圆角矩形。“属性”面板中的“矩形选项”参数设置可以改变圆角矩形的形状，值越大，圆角矩形的半径越大，当值为 0 时角度为直角，当值为负数时，角度向内弯曲，如图 2-22 所示。

矩形工具和基本矩形工具都是用来绘制矩形或正方形的，属性设置也相同。两者最主要的区别是，矩形工具先设定参数，然后在舞台上绘制，绘制完成后“矩形选项”参数就不再起作用了，绘制的图形的属性为“形状”或“绘制对象”，而基本矩形工具绘制在舞台上的图形的属性为“基本矩形”，用户可以修改矩形边角半径的值，在舞台上可以使用鼠标拖动控制点调节矩形的形状。

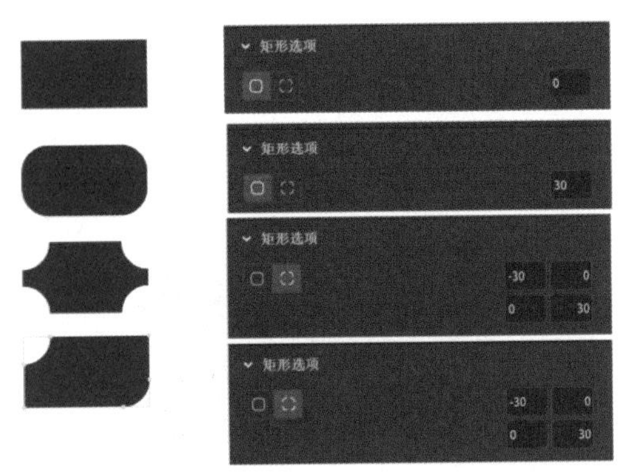

图 2-22 矩形工具和基本矩形工具的属性设置

注意

按住 Shift 键，在舞台上拖动鼠标，可以绘制正方形。

2.2.3 椭圆工具和基本椭圆工具

使用工具箱中的椭圆工具和基本椭圆工具可以绘制圆形、椭圆形。绘制的图形由填充和线条组成。“椭圆选项”的参数设置可以改变椭圆形为扇形、同心圆等形状。“开始角度”和“结束角度”值的范围为0°～360°，用于设置扇形的形状。“内径”值的范围为0～100%，用于表示内径所占圆形的百分比。属性设置如图 2-23 所示。

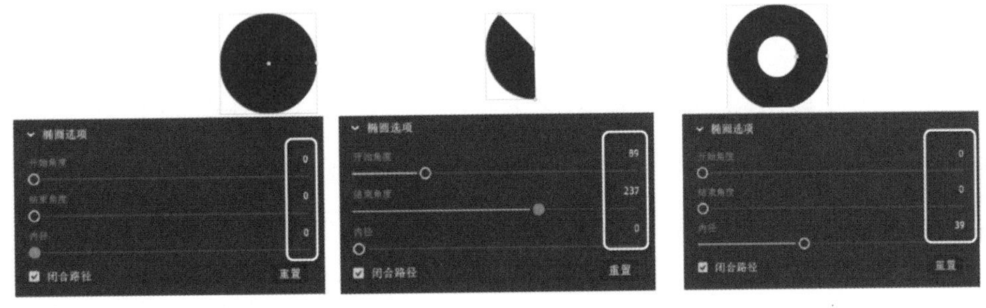

图 2-23 椭圆工具和基本椭圆工具的属性设置

椭圆工具和基本椭圆工具都是用来绘制圆形或椭圆形的，两者的区别是，椭圆工具先设定参数，然后在舞台上绘制，绘制完成后“椭圆选项”参数就不再起作用了，绘制的图形的属性为“形状”或“绘制对象”，而基本椭圆工具绘制在舞台上的图形的属性为“基本椭圆”，用户可以进行参数修改，在舞台上可以使用鼠标拖动控制点调节椭圆形的形状。

2.2.4 多角星形工具

使用多角星形工具可以绘制多边形和星形，在工具箱中选择多角星形工具后，在“属性”面板中可以设置其属性，在“工具选项”中可以设置选择绘制的样式、边数、星形顶点大小等，顶点值越小，星形的角越尖。属性设置如图 2-24 所示。

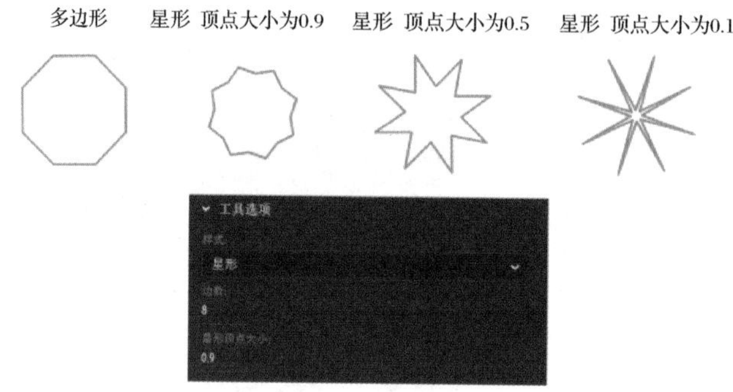

图 2-24 多角星形工具的属性设置

2.2.5 橡皮擦工具

使用橡皮擦工具可以擦除图形的填充颜色和路径。选择橡皮擦工具，在工具箱的选项区中可以选择橡皮擦工具的橡皮擦模式、橡皮擦类型和水龙头模式，如图 2-25 所示。

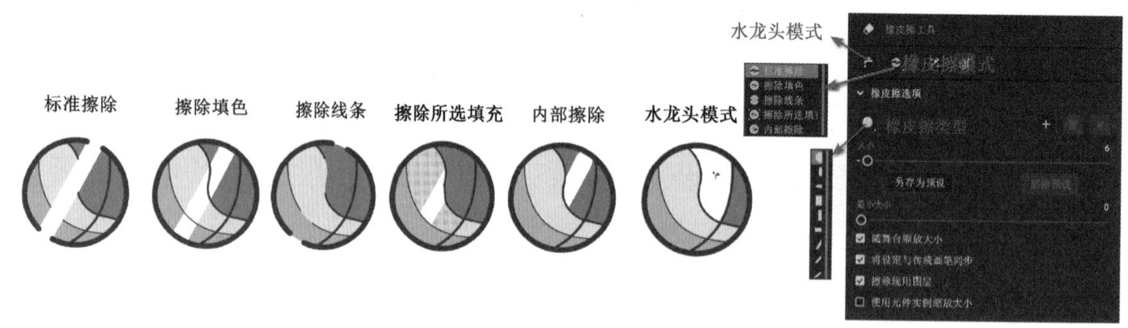

图 2-25 橡皮擦工具的属性设置

橡皮擦工具包括 5 种不同的橡皮擦模式（见图 2-25），具体功能如下。

- 标准擦除：擦除舞台上的矢量图、形状、分散位图、分散文本等。
- 擦除填色：只能擦除舞台形状对象的填充颜色，而不能擦除线条。
- 擦除线条：与擦除填色模式相反，只能擦除线条，不能擦除填充颜色。
- 擦除所选填充：只能擦除所选择的区域内的填充颜色，而不能擦除其他区域的填充颜色。在操作时，先选择填充区域，然后选择橡皮擦工具进行擦除。
- 内部擦除：将橡皮擦笔触开始的封闭区域作为擦除区域，在这个区域以外的区域不能进行擦除。

水龙头模式：使用水龙头模式的橡皮擦工具可以单击删除整个路径和填充区域。也就是将图形的填充颜色整体擦除，或者将路径全部擦除。

2.3 颜色填充

2.3.1 课堂实例 3——绘制“芒种”主题手机壁纸

实例分析

“二十四节气”是上古农耕文明的产物，它科学地揭示了天文气象变化的规律，将天文、农事、物候和民俗实现了巧妙的结合，衍生了大量与之相关的时令文化。“二十四节气”于 2016 年 11 月列入联合国教科文组织人类非物质文化遗产代表作名录。

芒种是“二十四节气”中的第 9 个节气，夏季的第 3 个节气。芒种正是南方种稻与北方收麦之时，也有将“芒种”的含义解释为“有芒的麦子快收，有芒的稻子可种”。大家都忙得不亦乐乎，因此，芒种又叫“忙种”。

本实例以“二十四节气”中的“芒种”为主题，绘制手机壁纸。手机壁纸的常见尺寸为 480 像素×800 像素、720 像素×1280 像素、1080 像素×1920 像素、1440 像素×2560 像素。本实例采用 1080 像素×1920 像素大小，在制作的过程中主要使用线条工具、矩形工具、椭圆工具等绘制基本形状，使用颜料桶工具、墨水瓶工具、任意变形工具、渐变变形工具等进行颜色填充，使用文本工具添加文本说明。效果如图 2-26 所示。

图 2-26 “芒种”主题手机壁纸效果

操作步骤

1．新建文档并保存

新建文档并保存为“芒种.fla”，设置文档大小为 1080 像素×1920 像素，帧速率为 24fps。

2．绘制天空

使用矩形工具绘制 1080 像素×1000 像素的矩形，在“颜色”面板中，选择“线性渐变”填充，并设置渐变的颜色。使用工具箱中的渐变变形工具调整渐变变形的渐变方向、范围和大小。把鼠标指针放在渐变区域右上角的小圆上，当鼠标指针变成圆形时，拖动鼠标调整填充方向，拖动边线处的横向箭头，可以调整渐变区域的大小，如图 2-27 所示。

3．绘制阳光及光照效果

新建图层，重命名为“阳光”。阳光的绘制包括太阳、光圈和光线。绘制过程如图 2-28 所示，主要对图形进行渐变填充。

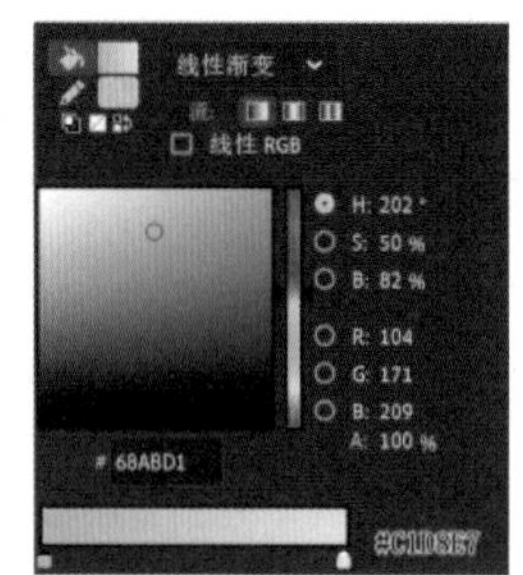

图 2-27　背景颜色渐变

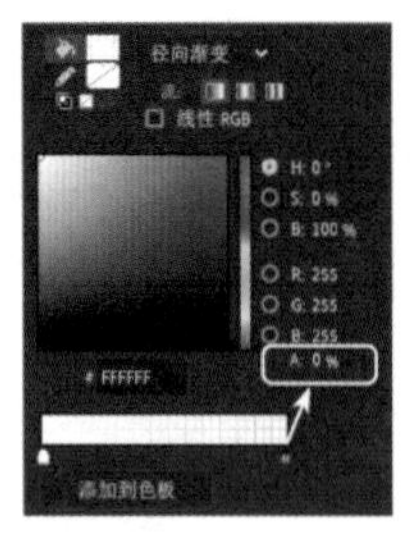

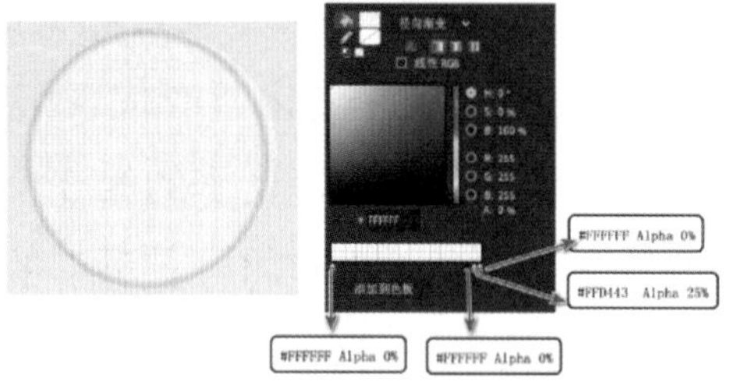

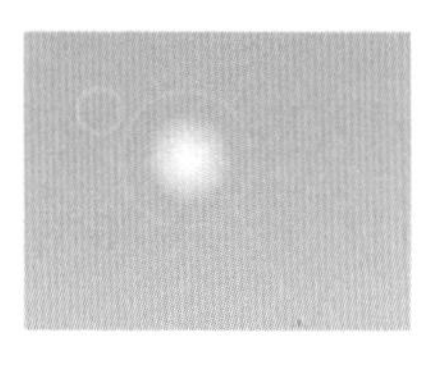

（1）绘制太阳，采用“径向渐变”填充，设置颜色为白色，左侧的Alpha值为100%，右侧的Alpha值为0%，形成从中心向外扩散的渐变效果。

（2）绘制光圈，采用“径向渐变”填充。
①白色（#FFFFFF），Alpha值为0%。
②白色（#FFFFFF），Alpha值为0%。
③黄色（#FFD443），Alpha值为25%。
④白色（#FFFFFF），Alpha值为0%。
形成一个光圈效果。

（3）绘制光线，使用线条工具，设置粗细为1像素，颜色为白色，Alpha值为10%，在太阳上绘制一些放射线即可。

图 2-28　绘制阳光及光照效果的过程

4. 绘制白云

新建图层，重命名为“白云”，锁定其他图层。白云可以由大小不同的椭圆形组成。首先选择椭圆工具，设置笔触颜色为无，填充颜色为白色；然后在舞台上绘制大小不同的椭圆形，全选绘制的椭圆形，按 Ctrl+B 快捷键将这些椭圆形“分离”，椭圆形的属性变成“形状”，取消选择后会组合成一个整体；最后对白云进行线性渐变填充，“线性渐变”的两端都是白色，将右侧白色的 Alpha 值设置为 50%，左侧白色的 Alpha 值设置为 100%。效果如图 2-29 所示。

图 2-29　绘制的白云效果

5. 绘制远山

新建图层，重命名为“远山”，使用钢笔工具勾勒线条，并填充颜色。本实例中设置的颜色为#69A7C7 和#5C869B。效果如图 2-30 所示。

图 2-30 绘制的远山效果

6．绘制远处麦田

麦田的绘制首先使用矩形工具绘制轮廓，使用选择工具进行变形，然后进行渐变填充，渐变颜色从#F1C84D 到#CE6E1D（读者可根据情况自行设定渐变颜色），最后添加房子素材。效果如图 2-31 所示。

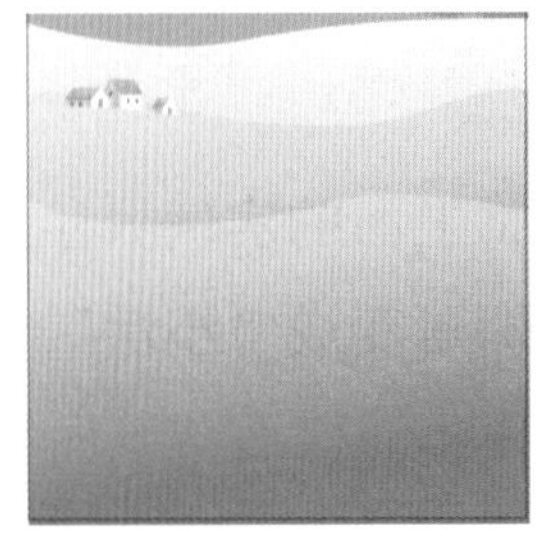

图 2-31 绘制的远处麦田效果

7．绘制麦穗

新建“麦穗”图形元件，麦穗的绘制主要使用线条工具，笔触的属性设置如图 2-32 所示，选择合适的笔触大小、宽度和样式进行绘制即可。本实例可以多绘制几个不同样式的麦穗，组合成麦田前景的效果。

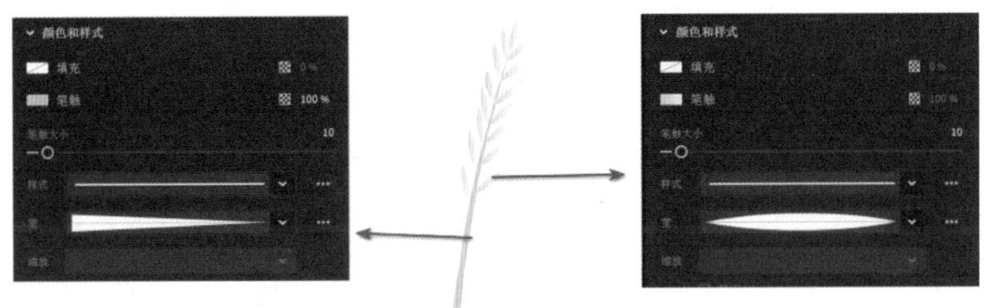

图 2-32 笔触的属性设置

8．放置其他素材

将“库”面板中的“麦穗”和“稻草人”素材放置到舞台上，使用任意变形工具调整大小和位置。效果如图 2-33 所示。

9．添加文本

新建一个图层，重命名为“文本”，使用文本工具添加文本“芒种”，设置字体大小为 120pt，颜色为#CE6E1D。输入文本“风吹麦成浪”，设置字体大小为 30pt，颜色为#333333，输入“蝉鸣夏始忙”文本，设置字体大小为 30pt，颜色为#CE6E1D。效果如图 2-34 所示。

10．保存文档并发布影片

选择“文件”—“保存”命令（快捷键为 Ctrl+S）保存文档。按 Ctrl+Enter 快捷键测试并发布影片。

图 2-33　添加“麦穗”和“稻草人”素材后的效果

图 2-34　添加文本后的效果

举一反三

将上面的实例另存，并将其中的天空、远山、麦田等元件重新设定颜色，以绿色为主色调，即可变成“小满”节气。“小满小满，麦粒渐满”。小满是因麦类等夏熟作物籽粒已开始饱满，但还没有成熟而得名的。效果如图 2-35 所示。

图 2-35　“小满”效果

进阶训练

本实例主要使用椭圆工具绘制按钮外形，使用渐变填充和渐变变形工具调整按钮的填充效果，实现按钮的立体效果。水晶按钮的效果如图 2-36 所示。具体操作可参考配套教学资源中的“进阶训练 4”文档。

图 2-36　水晶按钮的效果

2.3.2　墨水瓶工具

墨水瓶工具用于修改线条的颜色、粗细等属性。该工具所对应的颜色为笔触颜色 笔触，即选择线条工具、钢笔工具等的“属性”面板中的笔触颜色或“颜色”面板中的笔触颜色，都可以设置墨水瓶工具的颜色，如图 2-37 所示。

墨水瓶工具可以修改已有线条的颜色、笔触大小、轮廓及边框线条的样式等，也可以为图形添加边框，如图 2-38 所示。

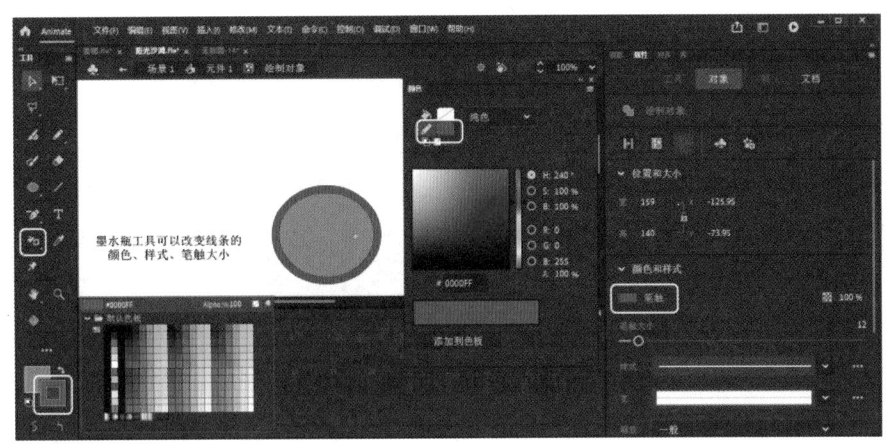

图 2-37 墨水瓶工具的属性设置

图 2-38 为图形添加边框

2.3.3 颜料桶工具

颜料桶工具可以为封闭的区域填充颜色，也可以对已有的填充区域进行颜色修改。选择工具箱中的颜料桶工具（快捷键为 K），即可使用颜料桶工具。颜料桶工具与墨水瓶工具的用法相似，用户可以在工具箱、“属性”面板、“颜色”面板中设置填充颜色。

在对绘制好的轮廓进行颜色填充时，可以单击工具箱下方的“间隔大小”按钮，选择合适的选项，封闭轮廓中的小空隙来进行颜色填充，如图 2-39 所示。

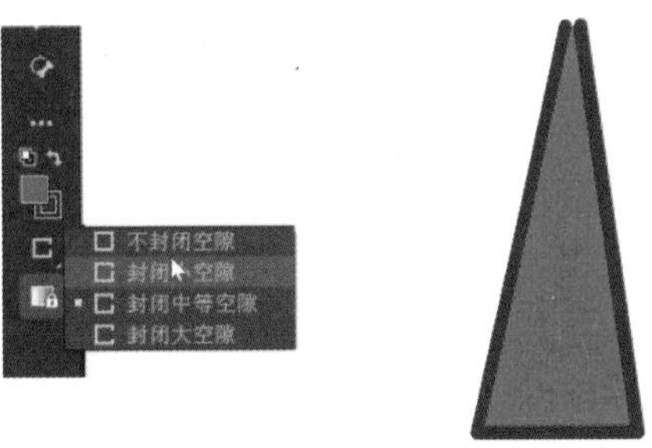

图 2-39 填充空隙

2.3.4 “颜色”面板

在 Animate 中对绘制的线条、图形进行颜色设置时，很多情况下需要结合“颜色”面板进行设置。在 Animate 的“浮动”面板中，单击“颜色”选项卡，弹出“颜色”面板，就可以在“颜色”面板中设置笔触颜色和填充颜色，如图 2-40 所示。

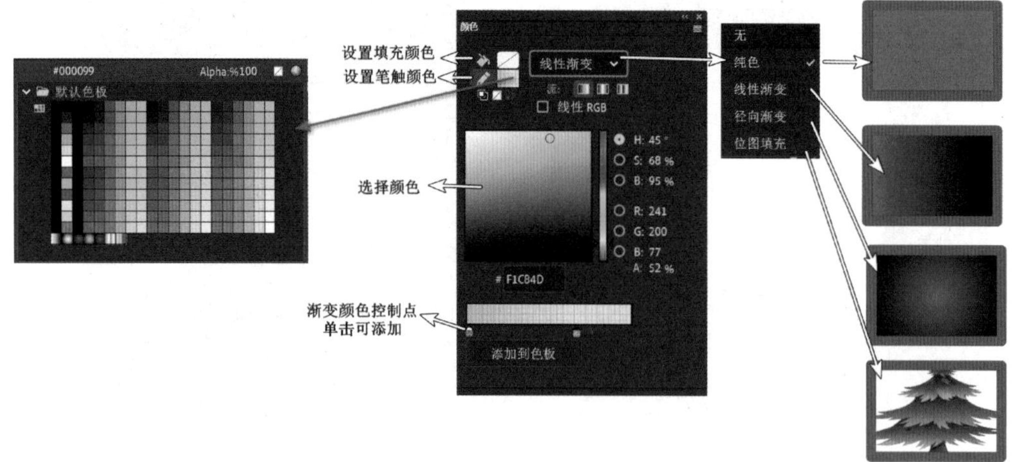

图 2-40 “颜色”面板

“颜色”面板各选项的作用如下。

- 设置笔触颜色。激活该按钮表示目前对笔触颜色进行设置。单击右侧的颜色框，可以在弹出的颜色面板中选择颜色。
- 设置填充颜色。激活该按钮表示目前对填充颜色进行设置。单击右侧的颜色框，可以在弹出的颜色面板中选择颜色。
- 这 3 个选项可以快速地将笔触颜色和填充颜色设置为黑白、无或者交换笔触颜色和填充颜色。
- 在纯色下拉列表中可以选择 5 种填充方式：无、纯色、线性渐变、径向渐变、位图填充。
  - ➢ 线性渐变是从一种颜色到另一种颜色的渐变，按照直线线性关系变换。
  - ➢ 径向渐变是从一种颜色到另一种颜色的渐变，是从中心到四周的径向放射性变化。
  - ➢ 位图填充是对填充区域进行位图填充。在填充位图之前，需要将位图导入“库”面板中。
- 流：表示渐变颜色溢出模式，依次为扩展、反射和重复。
- H、S 和 B 单选按钮用于设置颜色的色相、亮度和饱和度。
- R、G 和 B 单选按钮用于设置红、绿、蓝三原色的数值。
- A 用于设置颜色透明度的百分比。
- # 000000 表示选择颜色的十六进制数，可以直接输入数值改变颜色。
- 是“渐变颜色编辑栏”，在上面单击可增加控制点，拖动控制点可以移动位置，单击控制点并拖出面板即可删除。

2.3.5 渐变变形工具

当填充区域为线性渐变、径向渐变和位图填充时，可以使用渐变变形工具对填充效果进行修改。

选择工具箱中的渐变变形工具，单击已经填充好的填充对象，会出现相应的控制柄，通过拖动控制柄对填充效果进行调整，如图 2-41 所示。

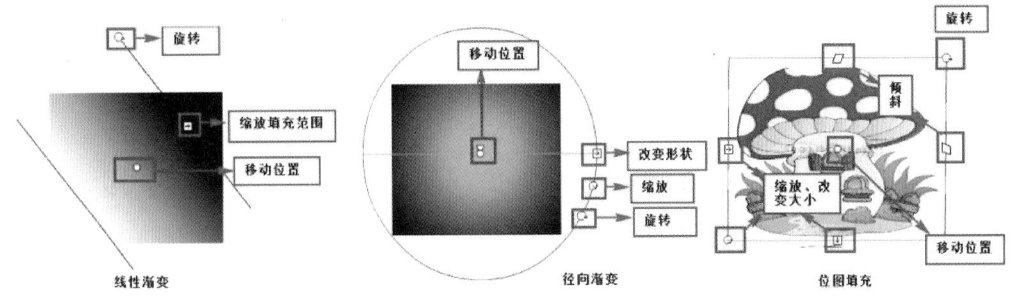

图 2-41 调节填充效果

（1）线性渐变的控制柄包括旋转、移动位置和缩放填充范围。“绘制‘芒种’主题手机壁纸”实例中的天空、麦田都需要使用渐变变形工具对填充效果进行旋转及改变位置。

（2）径向渐变的控制柄包括移动位置、旋转、缩放、改变形状。在默认情况下，径向渐变为正圆形，可以通过拖动按钮，将正圆形变为椭圆形。

（3）位图填充的控制柄包括移动位置、缩放、改变大小、旋转和倾斜。

2.3.6 滴管工具

工具箱中的滴管工具可以吸取舞台区域中已经存在的图形的颜色或样式，应用到其他图形中。

选择工具箱中的滴管工具，鼠标指针会变成吸管图标，在填充样式上单击，鼠标指针变成颜料桶图标，单击其他填充区域，该区域就显示为所吸取的颜色样式。如果滴管工具吸取的为线条的样式和颜色，则鼠标指针将变成墨水瓶图标，单击其他线条，该线条则显示为所吸取的线条样式，如图 2-42 所示。

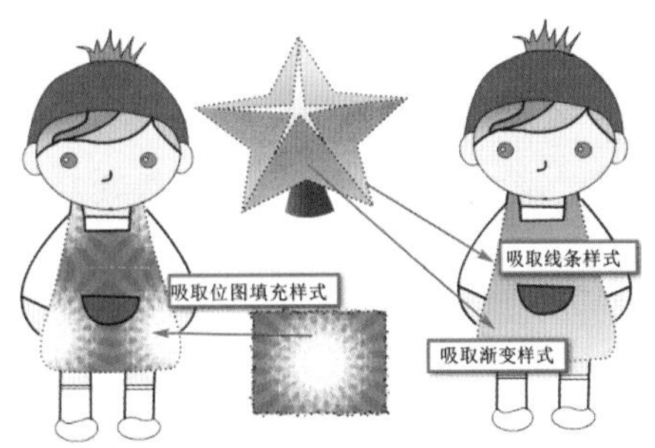

图 2-42 滴管工具的应用

知识拓展 RGB 和 HSB 色彩模式

在 Animate 中对图形进行颜色填充是很重要的部分，在“颜色”面板中可以通过设置 RGB 的值来改变颜色，也可以通过设置 HSB 的值来改变颜色，RGB 和 HSB 是两种不同的色彩模式，具体内容可参考配套教学资源中的“知识拓展 2”文档。

本章小结

本章主要介绍了工具箱中的矢量图绘制工具，包括选择工具、线条工具、基本图形绘制工具、颜色填充工具等的使用。

其中，选择工具可以实现选择、移动、复制节点，改变线段等功能，使用频率较高。传统画笔工具的主要功能为绘制填充区域，橡皮擦工具的主要功能为擦除图形，注意几种画笔模式和橡皮擦模式的区别。

绘制图形的颜色填充要结合“颜色”面板进行使用，可以进行线性渐变、径向渐变和位图填充，还可以结合渐变变形工具修改填充效果。

课后实训 2

本实例主要绘制一个阳光海滩的自然景观背景，如图 2-43 所示。本实例主要是线条工具、矩形工具、椭圆工具，以及颜料桶工具、墨水瓶工具、任意变形工具、渐变变形工具等的综合应用。

（1）天空、海面、沙滩可使用矩形工具、钢笔工具进行绘制，并对其进行线性渐变填充，结合渐变变形工具修改方向和填充范围。

（2）白云由多个椭圆形组合而成，在绘制过程中结合分离和组合操作。

图 2-43　阳光海滩的自然景观背景

（3）阳光的绘制，主要使用椭圆工具绘制形状，并进行径向渐变填充，注意填充颜色透明度的设置。

具体操作可参考配套教学资源中的“课后实训 2”文档。

课后习题 2

1. 选择题

（1）在使用矩形工具绘制图形时，要绘制正方形，可以按住（　　）键并拖动鼠标。

A. Ctrl　　B. Alt　　C. Shift　　D. Ctrl+Shift

（2）在使用铅笔工具绘制图形时，如果对绘制的线条不做任何处理，应该使用下面（　　）模式。

A．对象绘制　　B．伸直

C．平滑　　D．墨水

（3）在使用传统画笔工具时，在填充区域和空白区域中进行绘画，不对线条产生影响，应该使用（　　）模式。

A．标准绘画　　B．仅绘制填充

C．后面绘画　　D．颜料选择

（4）在使用橡皮擦工具时，只擦除线条，应该使用（　　）模式。

A．标准擦除　　B．擦除填色

C．内部擦除　　D．擦除线条

（5）（　　）工具用于修改线条的颜色、粗细等属性。

A．颜料桶工具　　B．墨水瓶工具

C．线条工具　　D．传统画笔工具

2. 填空题

（1）在 Animate 中，绘制矩形可以使用的工具是__________或__________，绘制椭圆形可以使用的工具是__________或_________。

（2）使用橡皮擦工具时，在___________模式下只擦除填充颜色，在____________模式下只擦除线条。

（3）选择工具的快捷键为__________________。

（4）Animate 提供了_________工具和部分选择工具用于选择图形。

（5）选择宽度工具后，当鼠标指针悬停在一个笔触上时，会显示带有_________的_________。

3. 简答题

（1）简述选择工具的用法包括哪些。

（2）简述椭圆工具和基本椭圆工具的区别是什么。

（3）简述“颜色”面板包括哪几种填充样式。

对象的编辑与修饰

第3章

学习目标

在绘制矢量图时常常需要对绘制的元素的大小、位置和形状进行修改，以及对多个对象进行排列、组合等操作。本章主要通过绘制复兴号高铁、青花瓷等实例详细介绍如何对对象进行编辑、修饰等操作。

- 熟悉并掌握任意变形工具的操作及应用。
- 熟悉并掌握对象的组合、分离操作。
- 使用“对齐”面板对多个对象进行排列分布。
- 使用“变形”面板进行变形操作。
- 熟悉对象的修饰操作。

重点难点

- 任意变形工具的功能及操作。
- 对象绘制模式与形状绘制模式的区别。
- 使用“变形”面板进行复制并应用变形。
- 传统画笔工具几种绘制模式的区别。
- 线条转换填充、柔化填充边缘、扩展填充等操作。

3.1 对象的编辑

3.1.1 课堂实例1——复兴号

实例分析

新一代标准高速动车组“复兴号”是中国自主研发、具有完全知识产权的新一代高速列车，它集成了大量现代国产高新技术，是中国科技创新的又一重大成果。

复兴号是中国高铁走向世界的一张名片，彰显了中国在全球高铁领域的实力和影响力。复兴号不仅是一辆高速列车，它还代表了中国高铁事业的辉煌成就，展示了中国的科技实力和民族精神，体现了中国追求民族复兴、实现国家富强的决心和信心。

本实例主要制作“复兴号”飞速行驶的动画效果，主要学习任意变形工具、“对齐”面板等的使用。效果如图3-1所示。

图 3-1 “复兴号”飞速行驶的动画效果

操作步骤

1. 新建文档并保存

新建文档并保存为“复兴号.fla”，设置文档大小为 1920 像素×1080 像素，帧速率为 24fps。

2. 绘制天空背景及白云

将“图层 1”重命名为“天空”，绘制矩形，并填充渐变颜色（从#72C7FF 到#FFFFFF 渐变），作为天空背景。

新建图层并重命名为“白云”，主要使用椭圆工具来绘制白云，选择对象绘制模式，绘制多个白色椭圆形，组合成白云形状。全选后选择“修改”—“合并对象”—“联合”命令，将多个绘制对象联合成一个形状，使用颜料桶和渐变变形工具调整颜色。效果如图 3-2 所示。

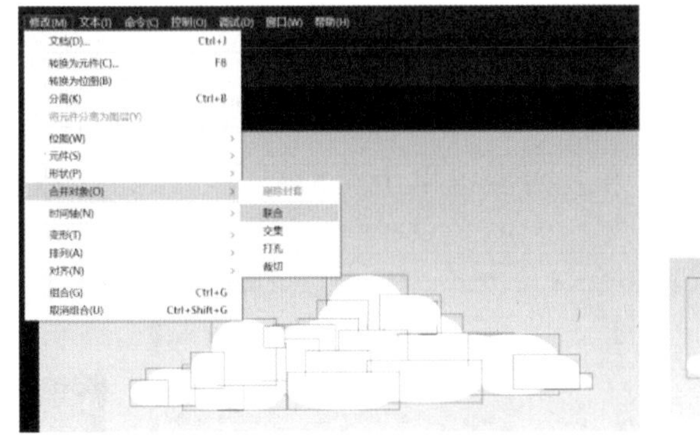

图 3-2 绘制的天空背景及白云效果

3. 添加楼房素材

新建图层并重命名为“楼房”，选择“文件”—“导入”—“导入外部库”命令，打开“复兴号素材.fla”库文件，找到“楼房”素材，将其拖动到舞台上。选择“修改”—“分离”命令，或者右击，在弹出的快捷菜单中选择“分离”命令（快捷键为 Ctrl+B）将“楼房”素材分离，重复执行该操作，经过多次分离后，将形状填充为蓝色（#63C1FF），制作远处楼房效果，如图 3-3 所示。

图 3-3　远处楼房效果

新建图层并重命名为“近处楼房”，将楼房素材放置在合适的位置，并调整大小。

4．绘制路面

路面的绘制，主要使用矩形工具，选择对象绘制模式，效果如图 3-4 所示。绘制路面使用的颜色有#7681A8、#525B8E、#99A6C1，绘制完成后选择“组合”命令，将 3 个矩形组合成一个对象。

5．绘制高架桥

在建设高铁的过程中，需要考虑到其行驶的路径、周边环境和交通状况等多种因素。为了减少交通堵塞，保证高铁顺畅运行，可设置高铁部分路段为高架桥。在本实例场景中，高铁在高架桥上行驶，高架桥的绘制主要使用矩形工具，桥墩绘制好后，复制多个桥墩。复制快捷键为 Ctrl+C，粘贴快捷键为 Ctrl+V，按住 Alt 键并拖动鼠标可实现复制多个对象的效果。

复制好的多个桥墩，可以使用“对齐”面板进行对齐和平均分布处理。操作过程如图 3-5 所示。把 5 个桥墩全部选中，首先在“对齐”面板中单击“顶对齐”按钮，然后单击“水平平均间距”按钮。

图 3-4　绘制的路面效果

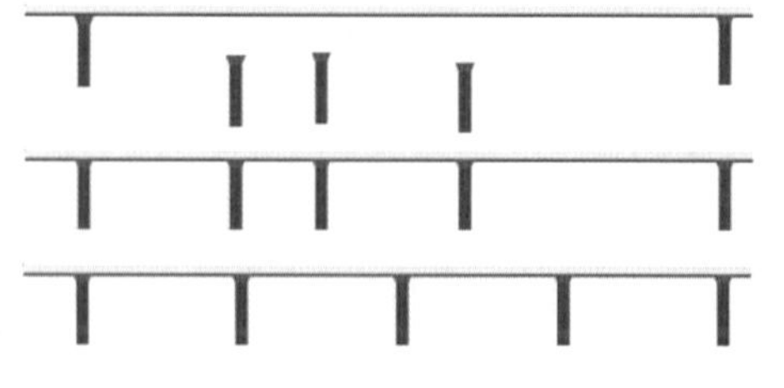

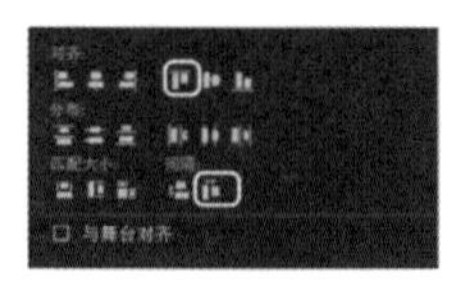

图 3-5　对齐对象

6．组合复兴号

新建一个名为“复兴号”的影片剪辑元件，从“库”面板中将复兴号的车头和车厢放置到舞台上。复制一个车头，并选择“修改”—“变形”—“水平翻转”命令，复制几个车厢，使用“对齐”面板将其对齐，效果如图 3-6 所示。回到主场景中，新建“复兴号”图层，选择第 1 帧，将“复兴号”元件拖动到舞台上合适的位置。

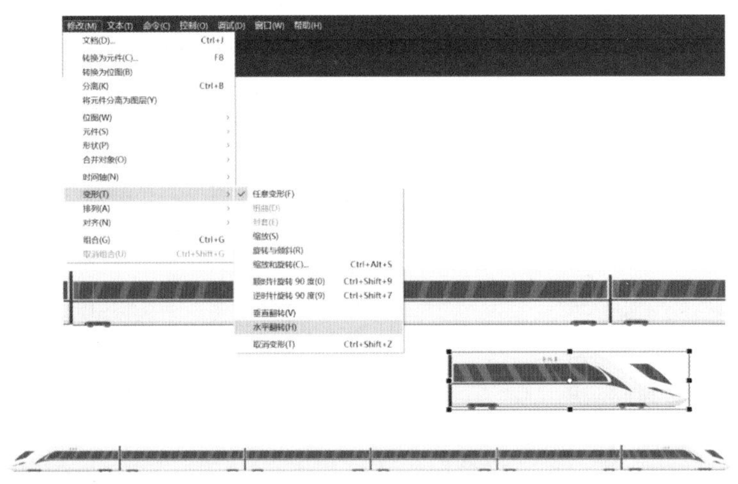

图 3-6　组合复兴号

7．绘制树

新建“树木”图层，首先在舞台上简单地绘制一棵树，并填充颜色，组合成一个整体。然后复制多棵树，使用任意变形工具进行缩放、倾斜、翻转、旋转等变形操作，如图 3-7 所示。

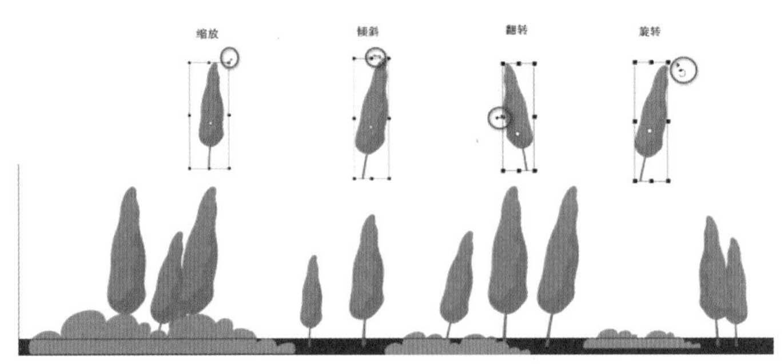

图 3-7　绘制树

添加多棵树后，选择所有的树，单击鼠标右键，在弹出的快捷菜单中选择“转换为元件”命令（快捷键为 F8），将多棵树转换为图形元件。

在“树木”图层上单击鼠标右键，在弹出的快捷菜单中选择“复制图层”命令，重命名为“远处树木”。选择“树木”的元件实例，在“属性”面板中选择“色彩效果”—“色调”选项，颜色选择蓝色，将色调值设置为 40%，制作远处树木的效果，如图 3-8 所示。

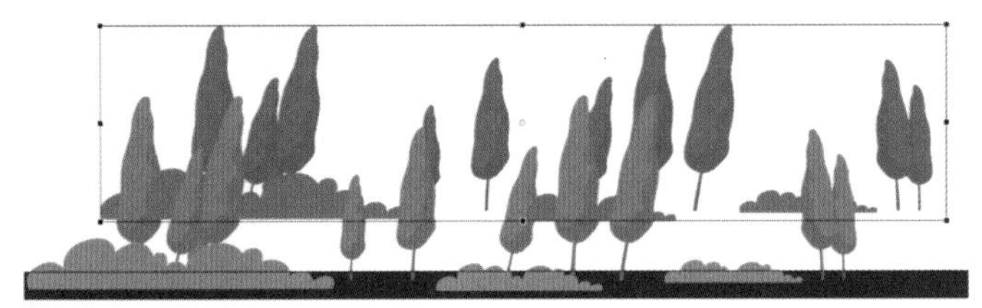

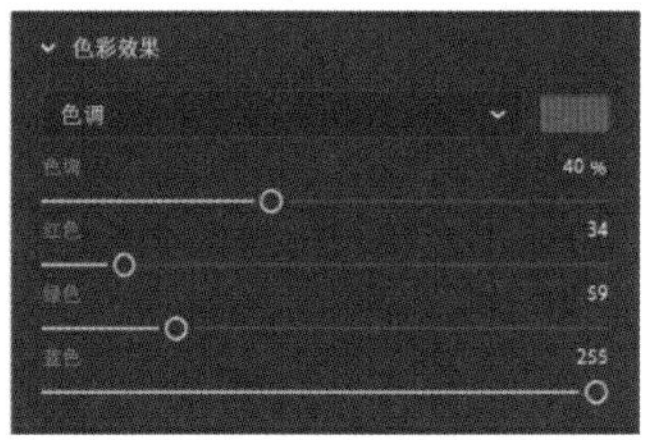

图 3-8　制作远处树木的效果

8．创建高速列车行驶动画

选择“复兴号”图层的第 1 帧，单击鼠标右键，在弹出的快捷菜单中选择“创建传统补间”命令，在第 30 帧处，插入关键帧（快捷键为 F6），并改变高速列车的位置，制作高速列车行驶的效果。

选择所有图层，在第 30 帧处单击鼠标右键，在弹出的快捷菜单中选择“添加帧”命令（快捷键为 F5），将所有的动画内容时间延续到第 30 帧，如图 3-9 所示。

图 3-9　制作高速列车行驶动画

9．测试并发布影片

按 Ctrl+Enter 快捷键测试并发布影片。

举一反三

与上面实例的操作步骤类似，主要使用任意变形工具、“对齐”面板等对背景楼房、树木、桥墩等素材进行调整，完成如图 3-10 所示的动画效果。

进阶训练

卡通树木是动画设计中常见的背景元素，下面来绘制卡通树木，巩固任意变形工具、“对齐”面板等的使用方法。效果如图 3-11 所示。具体操作可参考配套教学资源中的“进阶训练 5”文档。

图 3-10　举一反三动画效果

图 3-11　绘制的卡通树木效果

3.1.2　绘制对象与形状

在图形的绘制过程中，如果绘制的图形的属性为形状，当绘制多个图形且位置出现重叠时，则多个图形之间会出现融合或消除的现象，前后绘制的图形会相互影响，如图 3-12 所示。

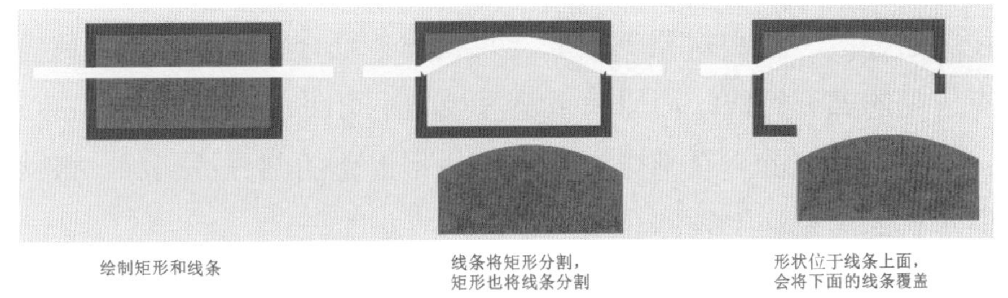

绘制矩形和线条
线条将矩形分割，
矩形也将线条分割
形状位于线条上面，
会将下面的线条覆盖

图 3-12 **图形绘制**

为了避免在绘制过程中，图形之间相互产生影响，可以选择对象绘制模式来进行图形绘制。具体操作如下：选择任意一种绘图工具，在工具箱的选项区中会出现“对象绘制”按钮，单击“对象绘制”按钮，使其处于选中状态，这时在舞台上绘制一个图形时，图形外面会出现一个蓝色的矩形边框，当进行多个图形的绘制时，图形和图形之间不会相互影响，如图 3-13 所示。

在对象绘制模式下绘制的图形属性为“绘制对象”。修改“绘制对象”的方法和修改“形状”对象的方法一样，可以使用选择工具调整轮廓的形状，也可以使用橡皮擦工具进行擦除。

当绘制对象不如“形状”编辑起来方便，需要单独编辑时，双击舞台上的“绘制对象”，则进入该“绘制对象”的编辑窗口。这时选择舞台上的对象，可以看到“雪花点”的状态，表示该对象的属性是“形状”，可以按照“形状”的操作步骤进行操作。

在对象绘制模式下绘制图形轮廓，使用颜料桶工具进行填充时，填充不上颜色，这是因为看似封闭的区域，其实为各个独立的部分，没有真正地组合在一起。这种情况需要先将“绘制对象”分离后再进行填充，如图 3-14 所示。

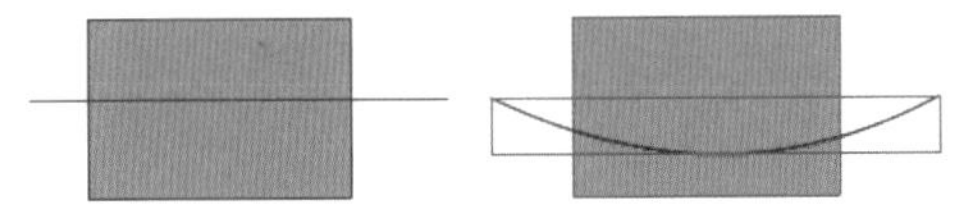

图 3-13 **对象绘制**

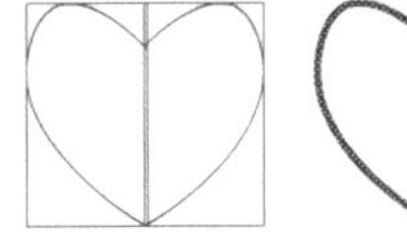

图 3-14 **将绘制对象先分离后再填充**

3.1.3 合并对象

“合并对象”是将两个或多个绘制的“绘制对象”图形，通过几种不同的方法合并到一起，从而得到一个新的对象。选择“修改”—“合并对象”命令，在弹出的子菜单中有“联合”“交集”“打孔”“裁切”4 个命令，可实现合并对象的操作。具体效果如图 3-15 所示。

图 3-15 **“合并对象”的效果**

（1）联合：将选择的“绘制对象”图形合并到一个已合并的对象中。联合后的图形由联合前形状上所有可见的部分组成，而原来重叠区域的不可见部分被删除。

（2）交集：由合并形状的重叠部分组成，其他不重叠的部分被删除。最终生成的形状使用堆叠中最上面形状的填充和笔触。

（3）打孔：删除顶层对象并挖空它与其他对象重叠的区域。

（4）裁切：删除下层对象与上层对象重叠区域外的所有内容。使用一个对象形状来裁切另一个对象，由最上面的对象定义裁切区域的形状。裁切后将保留与最上面的形状重叠的下层形状部分。

3.1.4 组合对象

在编辑图形的过程中，有时一个图形是由多个部分组成的，可通过组合方式将其组合为一个整体，提高编辑的效率。如图 3-16 所示，“椰子树”包括树干、树叶、椰子等多个组成部分，对“椰子树”进行复制、缩放时，可以先将椰子树的各个部分组合为一整体，再进行操作。而对于组合的对象，要实现对组合对象的某一部分进行编辑，可以双击组合对象，在组合对象的编辑窗口中进行编辑。

图 3-16　组合对象

注意

组合对象的快捷键为 Ctrl+G，而取消对象的组合，可在选中组合对象的状态下，选择“修改”—“取消组合”命令（快捷键为 Ctrl+Shift+G）。另外，通过按 Ctrl+B 快捷键也可取消对象的组合。

3.1.5 分离对象

分离对象可实现将文本、位图、组合图形、元件实例分离为单独的可编辑元素。该操作可将文本分离为多个文本，经过两次分离后其变成形状；对元件实例进行分离后则该实例脱离与库中元件的联系；对位图进行分离后其转换成形状；组合图形分离则实现取消组合。分离对象的操作方法有如下 3 种，如图 3-17 所示。

（1）选择需要分离的对象，选择“修改”—“分离”命令。

（2）选择需要分离的对象，按 Ctrl+B 快捷键。

（3）选择需要分离的对象，单击鼠标右键，在弹出的快捷菜单中选择“分离”命令。

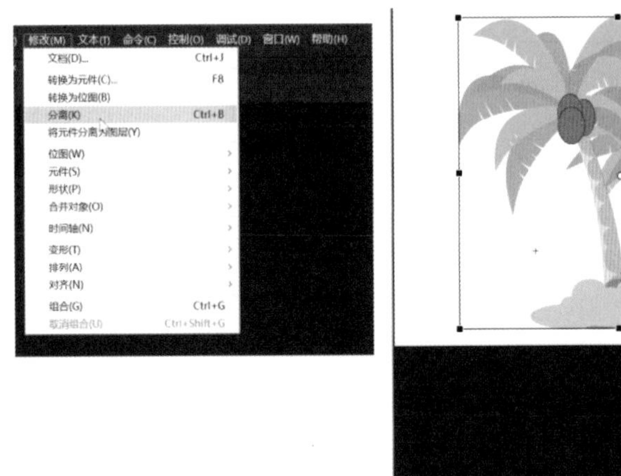

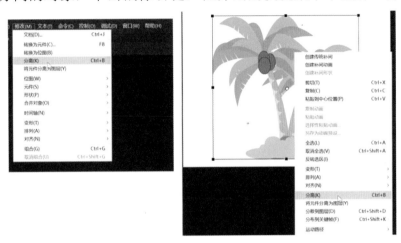

图 3-17　分离对象的操作方法

3.1.6　变形对象

对绘制内容的变形，主要是通过任意变形工具、“修改”菜单下的“变形”子菜单和“变形”面板来进行操作的。

1．任意变形工具

工具箱中任意变形工具的快捷键为 Q，主要用于对对象进行各种方式的变形处理，如缩放、倾斜、旋转、扭曲、封套等。任意变形工具的作用如表 3-1 所示。

表 3-1　任意变形工具的作用

作用	说　明	图　解
缩放	使用任意变形工具选择需要变形的对象，会出现 8 个控制点，拖动控制点，可以实现放大、缩小操作。 （1）当把鼠标指针放置在左右变形的控制点上时，鼠标指针变成横向双箭头，表示可以进行宽度的放大、缩小。 （2）当把鼠标指针放置在上下变形的控制点上时，鼠标指针变成纵向的双箭头，表示可以实现高度的放大、缩小。 （3）当把鼠标指针放置在 4 个角的控制点上时，鼠标指针变成斜向的双箭头，表示可以同时进行高度和宽度的放大、缩小	
旋转	选择需要变形的对象，移动到对象的 4 个控制点外侧，当鼠标指针变成旋转箭头时，表示可以拖动鼠标旋转对象	

续表

作用	说　明	图　解
倾斜	选择需要变形的对象，把鼠标指针移动到对象的边线上，当鼠标指针变成双向箭头（ 或 ）时，表示可以拖动鼠标倾斜对象	
扭曲	（1）扭曲只对属性为“形状”的对象进行变形，不是“形状”属性的对象需要先选择“分离”命令。 （2）选择任意变形工具后，在工具箱的选项区中单击“扭曲” 扭曲 按钮，选择需要变形的“形状”，移动控制点对形状进行变形	
封套	“封套”选项与“扭曲”选项类似，只对属性为“形状”的对象进行变形，不是“形状”属性的对象需要先选择“分离”命令。 选择任意变形工具后，在工具箱的选项区中单击“封套” 封套 按钮，选择需要变形的“形状”，移动控制点对形状进行变形。 “封套”允许弯曲或扭曲对象，封套是一个边框，通过更改封套的点和控制柄来编辑封套形状	
移动	选择需要变形的对象，把鼠标指针移动到对象的中间，当鼠标指针变为 4 个方向的箭头 时，表示可以拖动鼠标移动对象	
翻转	把鼠标指针放到缩放的控制点上，拖动鼠标越过变形中心点，即可实现对变形对象的翻转。可以实现水平翻转、垂直翻转和对角线翻转	

注意

在 Animate 中，所有图形都有变形中心点，当选择图形进行变形时，在图形的中心会出现一个圆形的变形中心点。在默认情况下，图形的变形中心点与图形的中心点对齐，用户单击变形中心点并拖动，即可移动变形中心点的位置。当图形变形中心点的位置被移动后，对图形进行变形操作，则以新的变形中心点为中心进行变形操作。双击变形中心点，则变形中心点重新回到图形的中心点位置。

2．“变形”菜单

除了使用任意变形工具对舞台上的对象进行变形，还可以选择“修改”—“变形”命令，对选中的对象进行变形。如图 3-18 所示，可以进行缩放、旋转、倾斜、扭曲等操作，还可以进行顺时针旋转 90° 、逆时针旋转 90° 、垂直翻转、水平翻转等操作。

3．“变形”面板

“变形”面板的主要功能是对被选中的对象进行变形处理。在通常情况下，使用任意变形工具可对被选中的对象进行粗略变形，而通过“变形”面板可以精准地设置缩放比例、旋转角度及 3D 旋转角度等属性。选择“窗口”—“变形”命令，或者按 Ctrl+T 快捷键可以调出“变形”面板。“变形”面板的功能设置如图 3-19 所示。

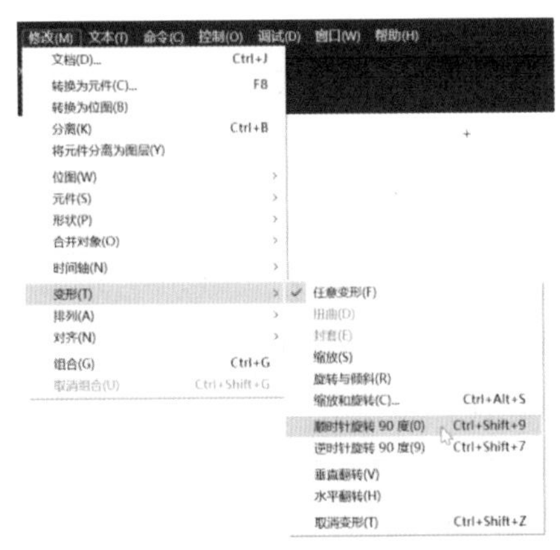

图 3-18 “变形”子菜单

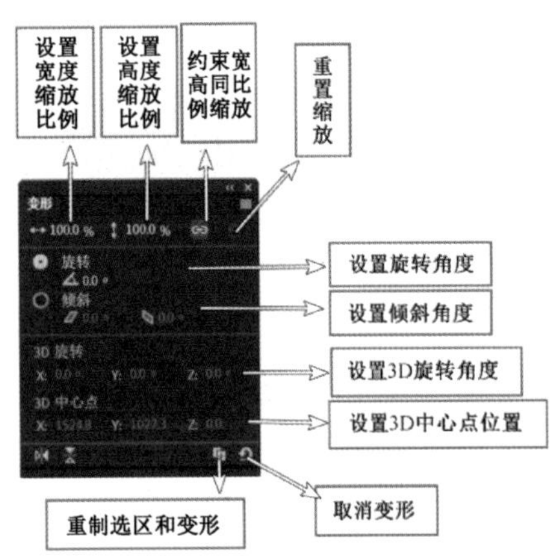

图 3-19 “变形”面板的功能设置

3.1.7 排列对象

在同一图层中，Animate 是根据对象创建的先后顺序来层叠对象的，新创建的对象放置在最上层。在同一图层中，绘制的对象元素包括形状、组合、绘制对象、元件实例等，其中形状是放置在最下层的，而其他对象则可以选择“修改”—“排列”子菜单下的命令改变叠放顺序，或者右击对象，在弹出的快捷菜单中选择“排列”子菜单下的命令，如图 3-20 所示。

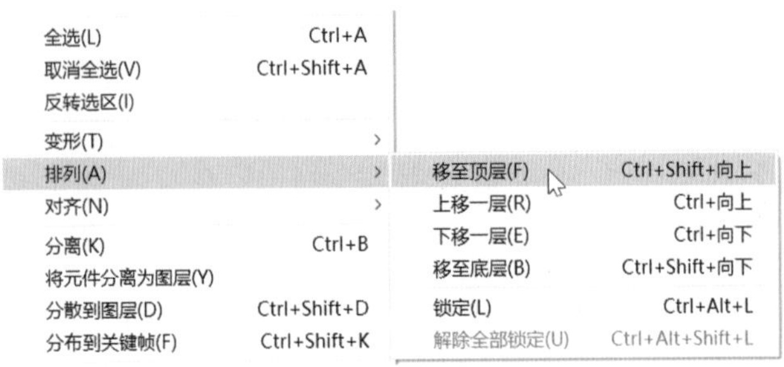

图 3-20 “排列”子菜单

“排列”子菜单包括“移至顶层”“上移一层”“下移一层”“移至底层”等命令。“上移一层”命令的快捷键为 Ctrl+↑，“下移一层”命令的快捷键为 Ctrl+↓，这两个快捷键在实际操作过程中使用频率比较高，可以方便地调整对象元素的层级顺序。

3.1.8 对齐对象

在 Animate 中可以使用“对齐”面板，对放置在舞台上的多个对象进行排列分布。具体操作如下：首先选择多个对象，然后单击需要设置效果的按钮即可，如图 3-21 所示，将 4 个宽和高都不同的“青蛙”实例，依次执行“匹配宽度和高度”“垂直中齐”“水平居中分布”操作后，可以得到大小一致且对齐的效果。

对齐对象：包括水平方向对齐和垂直方向对齐。水平方向对齐包括“左对齐”“水平中齐”“右对齐”，垂直方向对齐包括“顶对齐”“垂直中齐”“底对齐”。

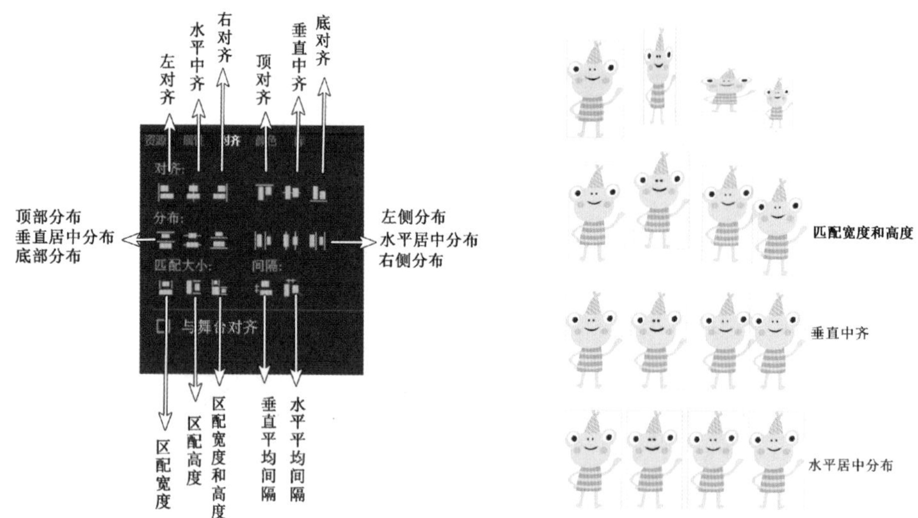

图 3-21　“对齐”面板

分布对象：在场景中选择 3 个或 3 个以上的对象，单击“对齐”面板上的分布功能按钮，可以方便地将选择的对象进行均匀分布，包括水平分布和垂直分布。水平分布包括“左侧分布”“水平居中分布”“右侧分布”，垂直分布包括“顶部分布”“垂直居中分布”“底部分布”。

匹配大小：可以同时调整多个对象的宽度和高度，包括“匹配宽度”“匹配高度”“匹配宽度和高度”。匹配大小可以使所选对象水平或垂直尺寸与所选最大对象的尺寸一致。

间隔：包括“垂直平均间隔”和“水平平均间隔”，可以调整多个对象的间距。间隔与分布类似，不同之处在于，在分布时不考虑对象的具体宽高，只是按照分布标准调整距离。例如，“左侧分布”是以多个对象的左侧位置为基准进行水平位置的调整，而间隔则是将相邻对象的间距调整为相同的。

当勾选“与舞台对齐”复选框时，表示在进行对齐、分布、匹配大小、间隔时以舞台为基准。

3.2 对象的修饰

3.2.1　课堂实例 2——青花瓷

实例分析

青花瓷，又称白地青花瓷，常简称青花，是中国瓷器的主流品种之一，属釉下彩瓷。青花瓷出现于唐代，兴盛于元代，历史悠远，是中华文化的重要组成部分。青花瓷因为具有极高的艺术价值和文物价值，所以被誉为中国的“国瓷”。

青花瓷的图案丰富多样，有山水、花鸟、人物、吉祥纹样等。这些图案寓意深刻，反映了中华文化的传统价值观和审美情趣。

本实例制作一个青花瓷盘子，如图3-22所示，青花瓷盘子的图案由多个重复图案排列形成，可以使用“变形”面板对绘制的内容进行变形，盘子中的花朵也可以应用将线条转换为填充、柔化填充边缘、扩展填充等修饰工具进行修饰。

图3-22 青花瓷盘子

操作步骤

1．新建文档并保存

新建文档并保存为“青花瓷.fla”，设置文档大小为1280像素×720像素，帧速率为24fps。

2．绘制盘子形状

新建“盘子形状”图形元件，在舞台正中间绘制一个正圆形，可以使用“对齐”面板相对于“舞台中心点”进行“对齐”操作，使用“变形”面板对绘制的正圆形进行“重制选区和变形”操作来绘制盘子边缘，具体绘制过程如图3-23所示。

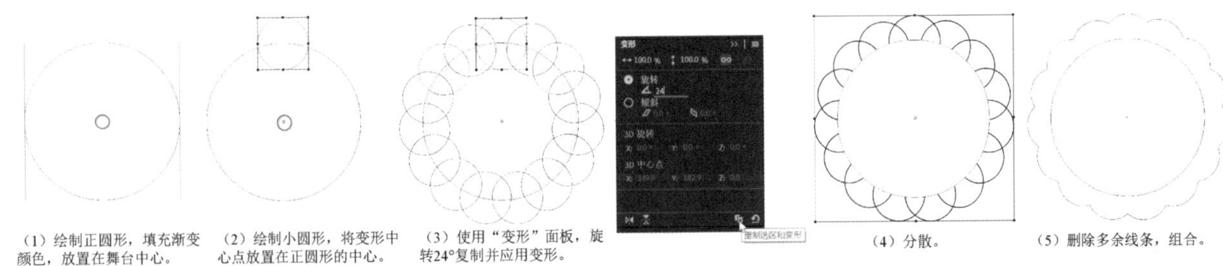

图3-23 绘制盘子形状

3．绘制花朵图案

本实例的青花瓷看似复杂，其实是由多个简单图案组合而成的。盘子中心花朵图案的绘制过程如图3-24所示。

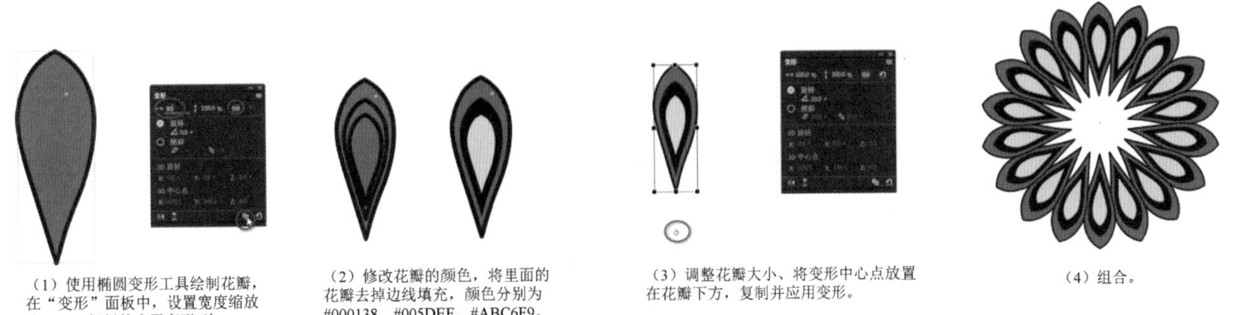

图3-24 绘制花朵图案的过程（1）

同理，绘制另一组花瓣，绘制过程如图3-25所示。

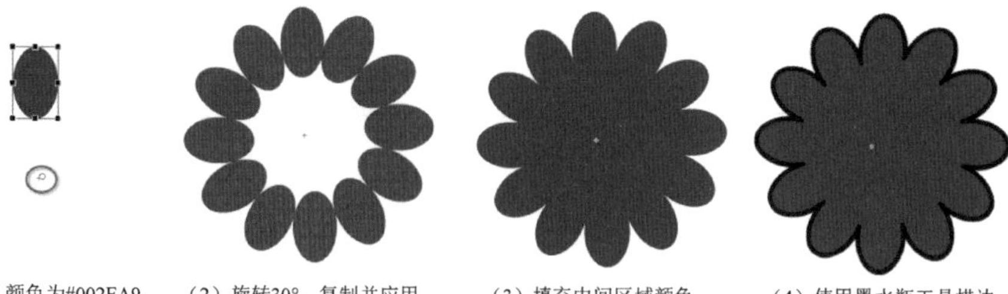

（1）绘制椭圆形，颜色为#002EA9，将变形中心点放置在椭圆形下方。

（2）旋转30°，复制并应用变形后分离。

（3）填充中间区域颜色。

（4）使用墨水瓶工具描边。

图 3-25　绘制花朵图案的过程（2）

将青花瓷花朵的不同部分组合成一个整体。将多个元素全部选中，使用“对齐”面板，相对于舞台进行“垂直居中对齐”和“水平居中对齐”，效果如图 3-26 所示。

使用同样的方法绘制另一个花朵图案，效果如图 3-27 所示。

图 3-26　中心花瓣效果

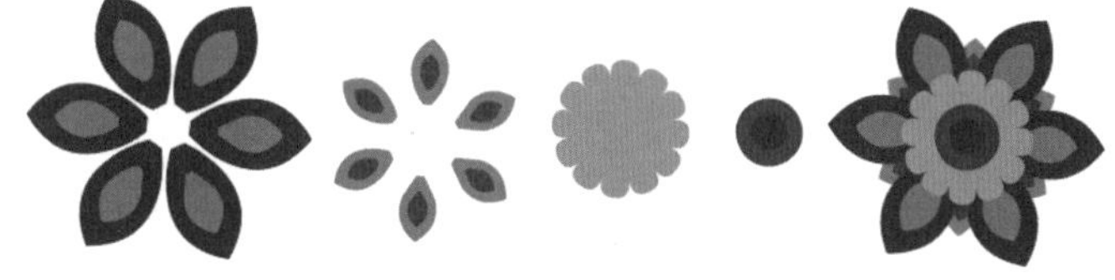

图 3-27　花朵图案效果

4．绘制叶子图案

叶子的形状，采用祥云图案，结合 Animate 的绘图工具的绘制技巧，可以首先使用线条工具绘制基本形状，然后将线条转换为填充，具体操作过程如图 3-28 所示。

（1）使用铅笔工具绘制线条，线条样式选择，经过多次平滑处理，得到想要的效果。

（2）选择“修改”—“形状”—“将线条转换为填充”命令。

（3）调整形状，中心稍微粗一些，末端尖细。

（4）使用墨水瓶工具描边。

（5）将线条转换为填充，经过几次平滑处理后调整形状，使外边线线条粗细发生变化。

（6）复制多个，组合图形。

图 3-28　绘制叶子图案的过程（1）

另一组叶子图案的绘制过程如图 3-29 所示，首先使用线条工具绘制轮廓，然后填充颜色，其中，树叶边缘的白色线条可以使用“扩展填充”对话框来实现。

（1）使用线条工具绘制轮廓。

（2）填充颜色。

（3）选择其中一个色块，选择“修改”—“形状”—“扩展填充”命令，在弹出的“扩展填充”对话框中选中“插入”单选按钮，设置距离为“10像素”。

（4）组合图形。

图 3-29　绘制叶子图案的过程（2）

如图 3-30 所示，这组叶子图案的绘制过程主要是绘制轮廓，填充颜色，绘制叶脉。

5．组合盘子

新建“盘子”图形元件，首先将“盘子形状”图形元件拖动到舞台中心，然后依次将绘制好的花朵、叶子图案，使用“变形”面板中的“重制选取和变形”功能设置不同的角度，进行“旋转复制”操作。效果如图 3-31 所示。

图 3-30　绘制叶子图案的过程（3）

图 3-31　组合盘子

6．测试并发布影片

把“盘子”图形元件放置在舞台上，按 Ctrl+Enter 快捷键测试并发布影片。

举一反三

本实例与上面的实例相似，制作青花瓷的盘子，效果如图 3-32 所示。

进阶训练

本实例主要使用椭圆工具、矩形工具、传统画笔工具绘制卡通时钟的基本形状，在绘制过程中可以使用组合、合并对象等功能来对图形进行处理，如图 3-33 所示。具体操作可参考配套教学资源中的“进阶训练 6”文档。

图 3-32　举一反三效果

图 3-33　卡通时钟

3.2.2　优化曲线

优化曲线能将线条或者填充的轮廓加以改进，减少用于定义图形的曲线数量，减小

Animate 文件的容量。

具体操作：选择需要优化的形状，选择“修改”—“形状”—“优化”命令，在弹出的“优化曲线”对话框中设置优化的强度，范围为 0～100，值越大，优化效果越好，曲线数越少，如图 3-34 所示。

图 3-34　优化曲线

3.2.3　将线条转换为填充

在绘制矢量图时，会发现对绘制的线条进行放大、缩小时，它的粗细是没有变化的。如果需要解决这个问题，则可以选择“将线条转换为填充”命令，将绘制的矢量线条转换为填充。

具体操作：选择需要变化的线条，选择“修改”—“形状”—“将线条转换为填充”命令，即可将线条转换为填充。

如图 3-35 所示，将卡通角色的线条转换为填充后，使用墨水瓶工具对黑色部分进行描边，设置填充颜色为无，呈现镂空效果。

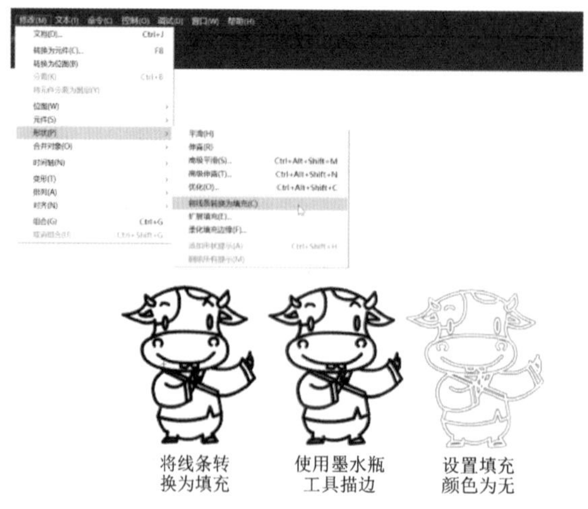

图 3-35　将线条转换为填充

3.2.4　扩展填充

“扩展填充”的主要功能是将填充颜色向外扩展或向内收缩。选择“修改”—“形状”—

“扩展填充”命令，在弹出的“扩展填充”对话框中，可以设置扩展的距离和方向，如图3-36所示，当花朵的填充区域向外扩展10像素时，将覆盖边缘线条，而当向内插入20像素时，花朵会向内收缩20像素，填充色块与边缘线条处均匀出现空隙，类似镂空效果。

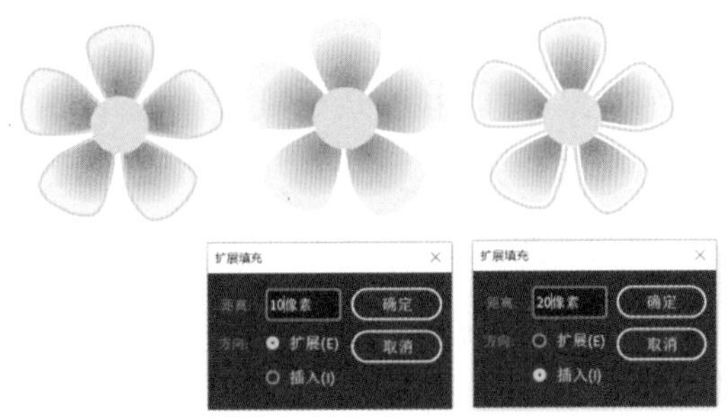

图3-36 设置扩展填充

3.2.5 柔化填充边缘

柔化填充边缘与扩展填充类似，不同的是，柔化填充边缘会在填充方向上产生多个逐渐透明的颜色填充。选择“修改”—“形状”—“柔化填充边缘”命令，在弹出的“柔化填充边缘”对话框中可以设置“距离”“步长数”“方向”属性。

- “距离”以像素为单位，范围为0～144像素，值越大，柔化的范围越大。
- “步长数”表示柔化边缘所产生的层数，值越大，过渡效果越平滑。
- “方向”包括“扩展”和“插入”。花朵图形“扩展”和“插入”分别为20像素，“步长数”分别为4的对比效果如图3-37所示。

与扩展填充相比，柔化填充边缘制作的图形效果更加朦胧，可以制作月光、灯光等效果。图3-38所示为夜晚天空效果。月亮柔化填充边缘的方向为“扩展”，星星柔化填充边缘的方向为“插入”。

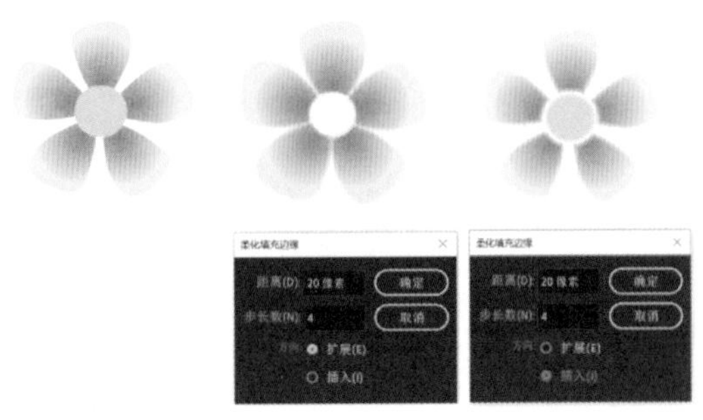

图3-37 对比效果

图3-38 夜晚天空效果

知识拓展 根据早晚和季节变化选择相应的渐变颜色

自然背景在动画片中处处可见，而随着春、夏、秋、冬四季和早晚的变化，天空的表现各不相同。在绘制自然背景时可根据早晚和季节变化选择相应的渐变颜色，具体内容可参考配套教学资源中的“知识拓展3”文档。

本章小结

本章主要介绍了对象的编辑和对象的修饰内容。对象的编辑主要包括合并对象、分离对象、变形对象、排列对象、对齐对象等操作，其中变形对象可以使用任意变形工具、“变形”面板、“修改”菜单下的“变形”子菜单对绘制的内容进行缩放、倾斜、旋转等操作。而对象的修饰主要包括优化曲线、将线条转换为填充、扩展填充、柔化填充边缘等操作。

课后实训 3

本实例主要制作一个雨后彩虹风景图片，主要使用任意变形工具、“变形”面板对绘制内容进行变形操作，使用对象的修饰工具对绘制的内容进行修饰。实例效果如图 3-39 所示。

操作提示

（1）在制作的过程中采用对象绘制模式进行矢量图的绘制。

（2）使用“颜色”面板对天空、草地、树木和阳光进行颜色填充，使用渐变变形工具对渐变效果进行修改。

（3）使用“柔化填充边缘”命令绘制彩虹。

（4）使用“变形”面板绘制花朵等图形。

具体操作可参考配套教学资源中的“课后实训 3”文档。

图 3-39　雨后彩虹风景图片效果

课后习题 3

1. 选择题

（1）下列不属于任意变形工具的功能的是（　　）。

A．缩放　　B．修改形状　　C．旋转　　D．倾斜

（2）组合对象的快捷键为（　　）。

A．Ctrl+G　　B．Ctrl+B　　C．Ctrl+C　　D．Ctrl+V

（3）分离对象的快捷键为（　　）。

A．Ctrl+G　　B．Ctrl+B　　C．Ctrl+C　　D．Ctrl+V

（4）在使用对象绘制模式绘制图形时，绘制的图形的属性是（　　）。

A．形状　　B．绘制对象　　C．元件　　D．以上都不是

2. 填空题

（1）在旋转对象时，如果按住__________键拖动鼠标，则可以以 45°为增量进行旋转。

如果按住________键拖动鼠标，则将实现围绕对角的旋转操作。

（2）在“变形”面板中，对选中对象进行缩放变形时，如果需要使对象的宽度和高度按照相同比例进行缩放，则可以单击________按钮。如果要取消对象的变形，则应该单击________按钮。

（3）“合并对象”是将两个或多个绘制的“绘制对象”图形，通过几种不同的方法合并到一起，从而得到一个新的对象，主要包括“联合”、________、________和“裁切”4个命令。

（4）要分离对象，可以选择____________命令或按___________快捷键，分离是将组合图形、文本、位图和元件实例分离成__________。

3. 简答题

（1）简述对象绘制模式与形状绘制模式的区别是什么。

（2）简述任意变形工具的主要功能包括哪些。

文本的编辑

第 4 章

学习目标

本章主要通过制作“绿水青山”公益宣传海报来学习 Animate 的文本输入、编辑和处理等功能。

- 熟悉并掌握文本的类型及设置方法。
- 设置文本属性。
- 设置文本滤镜效果。

重点难点

- 动态文本和输入文本的应用。
- 制作文本特效。

4.1 文本的输入与编辑

4.1.1 课堂实例——绿水青山

实例分析

本实例制作一个“绿水青山就是金山银山”的宣传广告。本实例主要对输入的文本进行编辑，增加一些滤镜效果，如图 4-1 所示。

图 4-1 宣传广告

操作步骤

1．新建文档并设置背景

新建文档并保存为“绿水青山.fla”，设置文档大小为 1920 像素×1080 像素，帧速率为 24fps。将“图层 1”重命名为“背景”，导入素材文件夹中的“第 4 章\实例 1 绿水青山\bg.jpg”

图片，将图片放置在舞台上并覆盖整个舞台。

2．输入文本并设置属性

新建一个名为“绿水青山”的图层，并锁定其他图层。输入“绿水青山”和“金山银山”两个文本，设置字体大小为 180pt，字体类型为“华文中宋”，如图 4-2 所示。

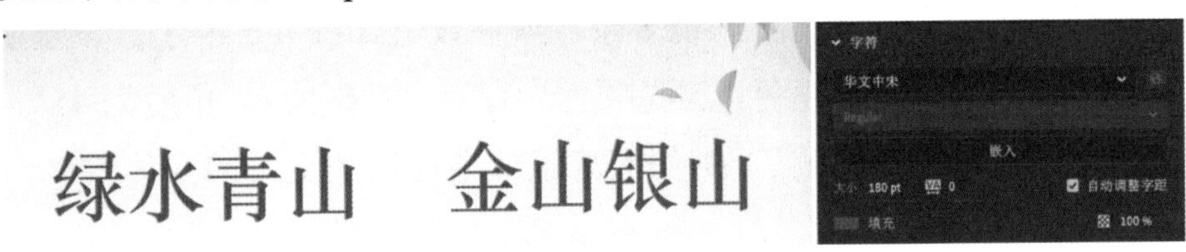

图 4-2　输入文本并设置属性

3．设置立体文本

立体文本的制作过程如图 4-3 所示。

（1）需要将文本进行两次分离，第一次分离变为单个文本，第二次分离变为形状。

（2）使用墨水瓶工具进行描边，删除填充区域。

（3）将镂空文本复制一份，使用选择工具选择并移动到相应的位置，为了方便操作，可以将两份镂空文本设置为不同的颜色。

（4）将两份镂空文本进行连线，并将多余部分删除，呈现立体效果。

（5）对文本进行填充，将前面填充为绿色（#0C5A02），将表示厚度的区域填充为线性渐变颜色（从#E1EBCE 到#FFFFFF）。

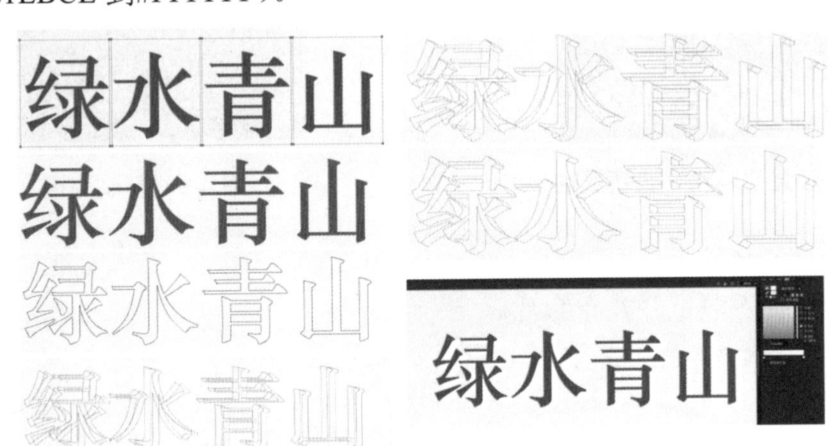

图 4-3　立体文本的制作过程

4．添加文本滤镜

新建一个名为“守候青山绿水”的图层，并锁定其他图层。在该图层的第一帧处输入文本“守候青山绿水，共建美好家园”，设置字体大小为 70pt，字体类型为“华文中宋”。

选择文本，在“属性”面板的“滤镜”选项组中，添加“投影”和“发光”滤镜效果，属性设置如图 4-4 所示。设置发光的颜色为字体颜色，投影的距离为 4 像素，阴影的颜色为白色。

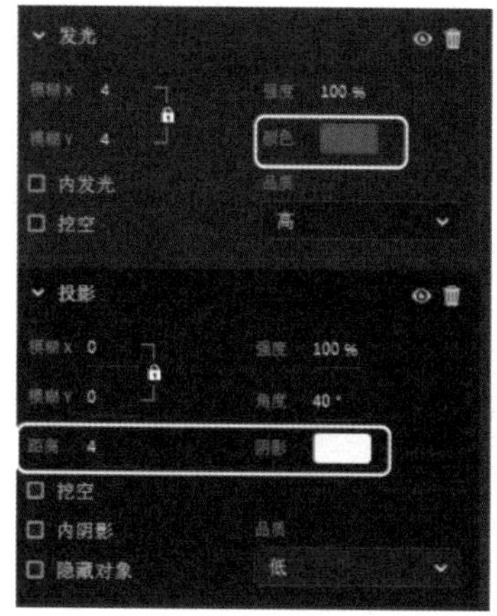

图 4-4　设置“投影”和“发光”滤镜属性

5．添加斜角滤镜

新建一个名为“就是”的图层，并锁定其他图层。在该图层的第一帧处输入文本“就是”，设置字体大小为 68pt，字体类型为“华文中宋”，字体颜色为红色。为文本添加“斜角”滤镜效果，属性设置如图 4-5 所示。设置阴影的颜色为黑色，加亮颜色为白色，距离为 4，角度为 45°，类型为“外侧”。制作的滤镜效果可增加文本的立体效果。

6．复制滤镜

新建一个名为“一起努力”的图层，输入文本“绿水青山，创建文明城市，大家一起努力行动起来吧”，设置字体大小为 36pt，字体类型为“华文中宋”。

选择“守候青山绿水”图层中的文本，在“属性”面板的“滤镜”选项组中，单击右上角的“选项”⚙按钮，在下拉列表中选择“复制所有滤镜”选项，如图 4-6 所示。

选择“一起努力”图层中的文本，在“属性”面板的“滤镜”选项组中，单击右上角的“选项”⚙按钮，在下拉列表中选择“粘贴滤镜”选项，这样滤镜效果就应用到新的文本中了。

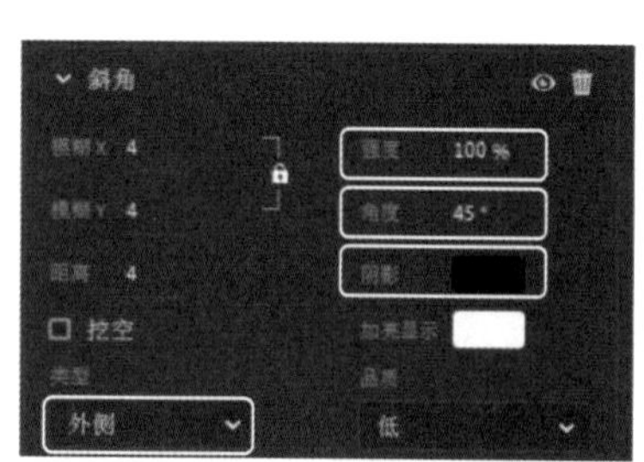

图 4-5　设置“斜角”滤镜属性

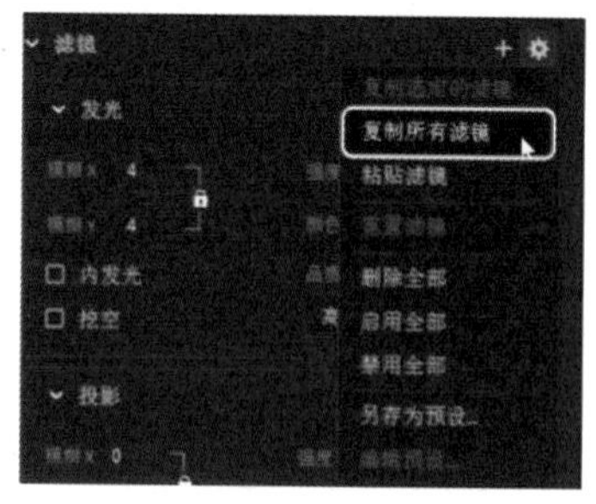

图 4-6　复制滤镜

7．测试并发布影片

按 Ctrl+Enter 快捷键测试并发布影片。

举一反三

在实际应用中，可以制作多种文本特效。本实例制作了变形文本、位图填充、描边文本、阴影文本、浮雕文本，如图 4-7 所示。

进阶训练

本实例主要使用文本工具在日历的背景图片上输入年、月、日，重点是颜色、字体、字号的设置，在制作的过程中可以结合对齐工具来对日期对象进行对齐。效果如图 4-8 所示。具体操作可参考配套教学资源中的“进阶训练 7”文档。

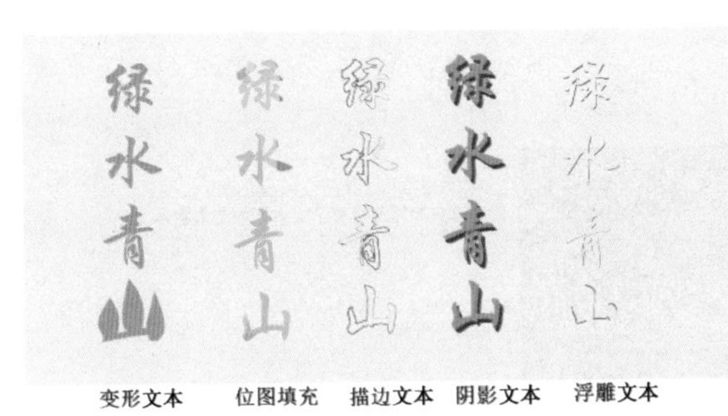

图 4-7　文本特效

图 4-8　日历效果

4.1.2　创建文本

选择工具箱中的文本工具T，鼠标指针会变为形状，在舞台上需要输入文本的地方单击，会出现相应的文本框，在文本框中输入文本即可。

当文本框右上角为圆形时，表示可以输入文本，但不会换行。而当使用鼠标拖动这个圆形，确定文本框的宽度后，文本框右上角变为矩形，输入的文本会根据调整的宽度自动换行，如图 4-9 所示。

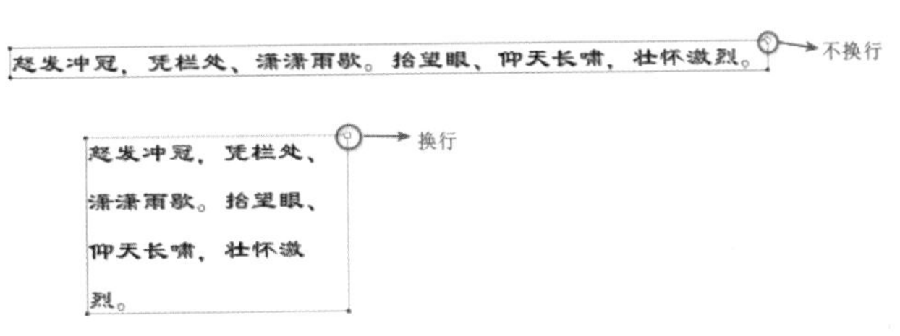

图 4-9　创建文本后文本框的样式

4.1.3　文本属性

选择文本工具T后，可以在“属性”面板中设置文本的属性，下面详细介绍具体操作。

1．设置文本类型

在 Animate 中创建的文本包括“静态文本”“动态文本”“输入文本”3 种类型，可在“属性”面板的“类型”下拉列表中进行选择。单击下拉列表右侧的“改变文本方向”按钮，可以选择文本的输入方向，包括“水平”“垂直”“垂直，从左向右”3 个方向，如图 4-10 所示。

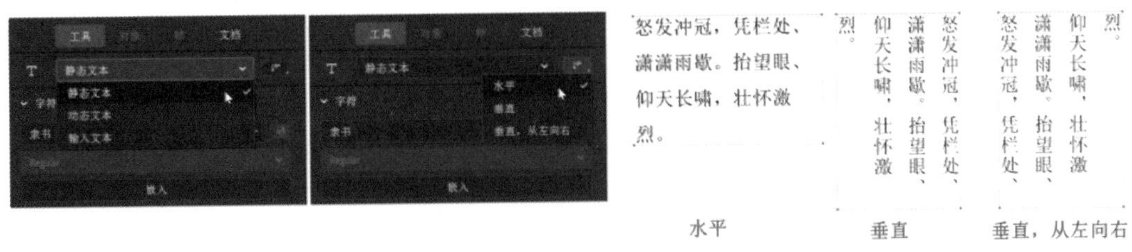

图 4-10　设置文本类型及方向

2．设置字符属性

如图 4-11 所示，在文本的“属性”面板中可以设置字符属性。

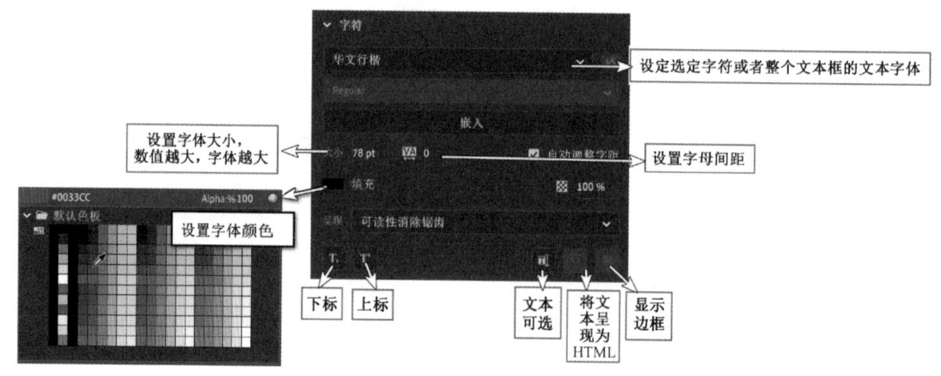

图 4-11　设置字符属性

部分属性功能如下。

（1）“系列”：在“系列”下拉列表中可以选择本地系统所安装的字体类型。

（2）“大小”：单击数值框后输入数值，或单击数值框后，通过滑动鼠标滚轮来改变数值。

（3）“颜色”：单击“颜色”按钮，在弹出的颜色面板中设置颜色，只可以进行纯色设置，不能进行渐变颜色填充。

（4）“字母间距”：输入数值来控制字符之间的间距。

（5）“上标”和“下标”：可设置文本上标和下标效果。

（6）“文本可选”：该属性用于设置发布的动画中的文本是否可以通过鼠标进行选择。

（7）“显示边框”：动态文本或输入文本可以显示文本的边框。

（8）“消除锯齿”：消除锯齿的下拉列表中包括 5 个选项，分别为“使用设备字体”“位图文本［无消除锯齿］”“动画消除锯齿”“可读性消除锯齿”“自定义消除锯齿”。

- 使用设备字体：使用用户计算机上安装的字体呈现文本，生成的 Animate 文件较小。
- 位图文本［无消除锯齿］：没有消除锯齿，生成较明显的文本边缘，并且会增加 Animate 文件的大小。
- 动画消除锯齿：创建平滑的字体，当字体大小小于 10pt 时文本不容易显示清楚。
- 可读性消除锯齿：增加较小文本的可读性。
- 自定义消除锯齿：可以自定义消除锯齿的参数。

前 3 个选项之间的区别如图 4-12 所示，动画消除锯齿的文本边缘更平滑，而位图文本的锯齿效果更强。

3．设置文本段落

文本段落的设置主要包括文本的对齐方式、缩进、行距、左边距、右边距及行为，各属性的作用如图 4-13 所示。

图 4-12 消除锯齿的区别

4．设置文本超链接

用户可以为文本添加超链接效果，选择文本后，在文本工具的“属性”面板的“链接”文本框中输入超链接地址，在“目标”下拉列表中选择打开方式，即可为文本添加超链接效果。如图 4-14 所示，在“链接”文本框中输入 http://www.baidu.com，在“目标”下拉列表中选择 _blank，表示单击文本后，在新的浏览器窗口中打开百度网站。

- _blank：链接页面在新的浏览器窗口中打开。
- _parent：链接页面在框架页面的父框架页面中打开。
- _self：链接页面在当前框架页面中打开。
- _top：链接页面在顶级框架页面中打开。

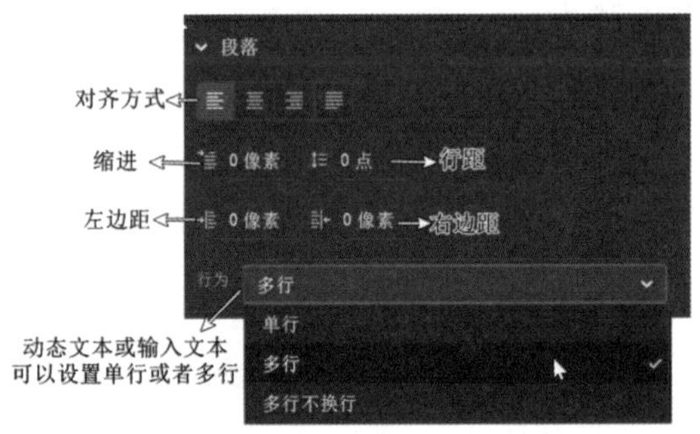

图 4-13 文本段落各属性的作用

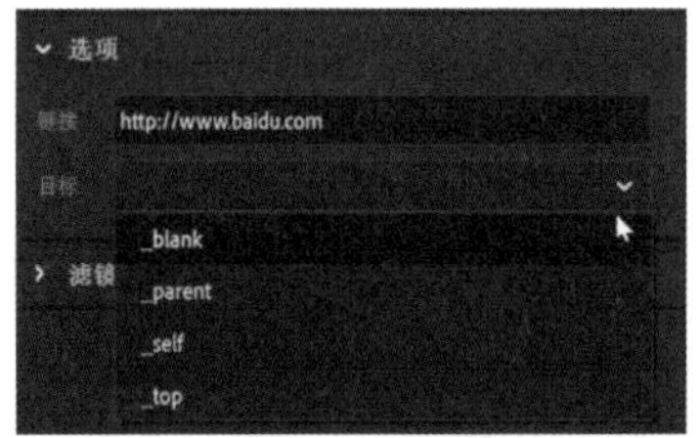

图 4-14 设置文本超链接

4.1.4 文本滤镜

Animate 可以为文本、影片剪辑元件、按钮元件添加滤镜效果。

1．添加滤镜效果

添加滤镜效果的具体操作步骤如下。

（1）在舞台上输入文本。

（2）选中文本，在“属性”面板上单击“+”按钮添加滤镜效果。滤镜效果包括投影、模糊、发光、斜角、渐变发光、渐变斜角和调整颜色。单击滤镜效果后面的垃圾桶可以删除滤镜效果，单击眼睛可以隐藏/显示滤镜效果，如图 4-15 所示。

（3）滤镜选项。单击滤镜“选项”按钮，在弹出的下拉列表中可以选择“复制选定的滤镜”“复制所有滤镜”“粘贴滤镜”“重置滤镜”“启用全部”“禁用全部”等选项，也可以将滤镜另存为预设，如图4-16所示。

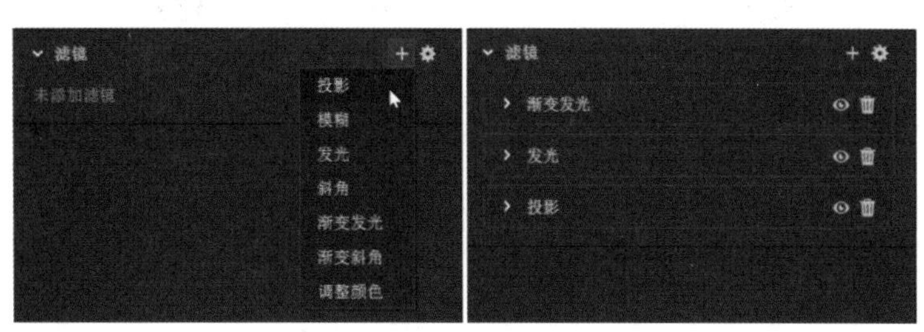

图4-15　添加滤镜效果

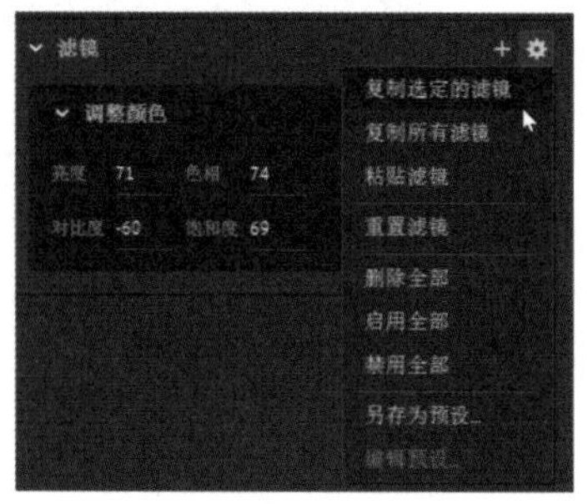

图4-16　滤镜选项

2. 滤镜效果

“投影”滤镜效果可以为被选中对象设置投影效果，主要包括颜色、角度、模糊值、强度、品质等属性设置。

“模糊”滤镜效果可以对被选中对象进行模糊处理，主要设置模糊X、模糊Y的值。

“发光”滤镜效果可以使添加该滤镜的对象周围出现另一种颜色的边框，模拟发光效果，主要设置模糊X、模糊Y的值，以及挖空与内发光属性。

“渐变发光”滤镜效果可以在发光表面产生带渐变颜色的发光效果，发光类型包括“内侧”“外侧”“全部”，即向内发光、向外发光和同时向内向外发光。重点是调节渐变颜色，渐变开始颜色的Alpha值为0%，不可以改变，但用户可以改变颜色。

“斜角”滤镜效果的属性设置包括模糊X、模糊Y、强度、品质、阴影、加亮显示、角度、距离、挖空和类型。

“渐变斜角”滤镜效果可以在对象表面添加渐变颜色的斜角变化，与“斜角”滤镜效果的属性设置类似，不同的是，“渐变斜角”滤镜效果可以添加渐变颜色，并且渐变颜色为3个控制点，中间颜色控制点的Alpha值为0%，用户可以改变颜色。

“调整颜色”滤镜效果主要通过调整亮度（范围：-100～100）、对比度（范围：-100～100）、饱和度（范围：-100～100）和色相（范围：-180～180）来调整字体颜色。

4.2 文本类型

在Animate中创建的文本包括静态文本、动态文本、输入文本3种类型。

1. 静态文本

静态文本在动画运行期间是不允许编辑与修改的，它是一种普通文本。在制作动画时一般使用静态文本。静态文本可以设置“可选”属性，在输出的Animate动画中可以对文本进行选择、复制。

2．动态文本

动态文本在动画运行过程中是可以动态变换的，主要用于交互性动画作品的制作。用户可以通过 ActionScript 3.0 脚本语言进行编辑与修改。下面是一个简单的动态文本操作实例，具体操作如下。

（1）选择文本工具，并选择“动态文本”类型，设置名称为 a。

（2）选择“窗口”—“动作”命令，打开“动作”面板，在“动作”面板上输入下面的代码：a.text="欢迎学习 Animate"。显示结果如图 4-17 所示。

图 4-17　动态文本显示结果

3．输入文本

使用“输入文本”类型，则发布的 Animate 动画可以实现输入功能，从而实现简单的人机交互。如图 4-18 所示，左侧留言板的姓名和留言信息中文本的文本类型为“输入文本”，设置名称为 username 和 content，右侧留言显示的文本类型为“动态文本”，设置名称为 message。

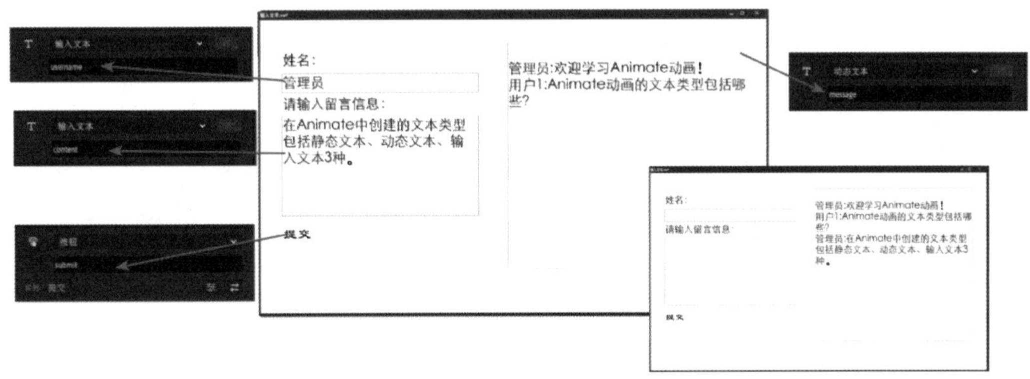

图 4-18　输入文本实例

按 F9 键，打开“动作”面板，在其中写入如下代码，实现简单的留言功能。ActionScript 3.0 脚本语言的应用可参考本书第 10 章。

```
stop()//在此帧处停止
username.text=""    //设置 username.text 的内容为空
content.text=""     //设置 content.text 的内容为空
submit.addEventListener(MouseEvent.CLICK, liuyan);//单击“提交”按钮触发时间监听
//将输入文本的内容显示在 message 动态文本框中
function liuyan(event:MouseEvent):void
```

```
{
    message.text=message.text+username.text+":"+content.text+"\n"
    gotoAndPlay(2)
}
```

对于输入文本的“行为”属性，可以在下拉列表中设置“单行”“多行”“多行不换行”“密码”选项，在一个用户登录界面中，可以设置“用户名”文本框的行为为“单行”，设置“密码”文本框的行为为“密码”，输入的密码以“*”显示，如图 4-19 所示。

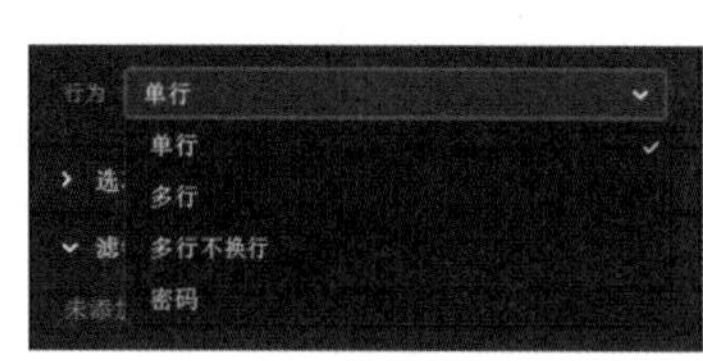

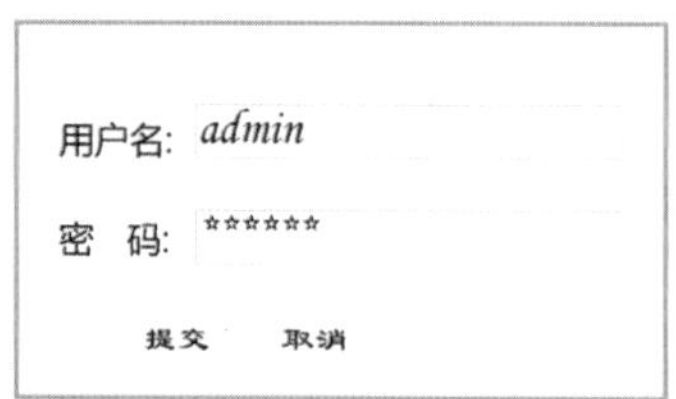

图 4-19　输入文本的行为属性设置

知识拓展　解决缺少字体的问题

当打开一个 Animate 作品时，若其中的字体在用户计算机中没有被安装，通常会影响整个作品的最终效果。对于缺少字体问题的解决方法，读者可参考配套教学资源中的“知识拓展 4”文档。

本章小结

本章主要通过制作“绿水青山”宣传广告来学习 Animate 的文本输入、文本类型、文本属性的设置，以及文本滤镜及文本特效的制作。

文本“属性”面板的设置主要包括字体大小、文本类型、字符属性、文本段落属性及文本超链接、文本滤镜等，其中，文本滤镜的设置主要包括投影、发光、斜角、渐变发光、渐变斜角、调整颜色等，可设置文本的阴影、发光、立体等效果。

课后实训 4

清明节与春节、端午节、中秋节并称为中国四大传统节日。

清明节是传统的重大春祭节日，扫墓祭祀、缅怀祖先，是中华民族自古以来的优良传统，不仅有利于弘扬孝道亲情、唤醒家族共同记忆，还可促进家族成员乃至民族的凝聚力和认同感。

本实例来制作诗词页面，效果如图 4-20 所示。使用工具箱中的文本工具对输入的文本进行属性设置。

操作提示

（1）文本垂直排列。

（2）将每行诗句转换为影片剪辑元件，可以制作淡入动画效果。

（3）为文本制作模糊淡出的效果。

图 4-20　诗词页面效果

具体操作可参考配套教学资源中的“课后实训 4”文档。

课后习题 4

1. 选择题

（1）将文本转换为“形状”属性，需要经过（　　）次分离。

A．1　　B．2　　C．3　　D．4

（2）下面所列的文本消除锯齿方式，（　　）没有消除锯齿，生成较明显的文本边缘。

A．位图文本［无消除锯齿］　　B．使用设备字体

C．动画消除锯齿　　D．可读性消除锯齿

（3）（　　）在动画中是不能被用户或程序改变的。

A．静态文本　B．动态文本　C．输入文本　D．输出文本

（4）（　　）用于显示动画运行时产生的随机文本和需要动态更新的文本。

A．静态文本　B．动态文本　C．输入文本　D．输出文本

2. 填空题

（1）文本的类型主要包括__________、__________和__________。

（2）可以添加滤镜效果的对象包括__________、__________、__________。

（3）文本滤镜效果包括__________、__________、__________、__________、渐变发光、渐变斜角和调整颜色。

3. 简答题

（1）简单说明镂空文本的制作过程。

（2）简单说明立体文本特效的制作过程。

元件和库

第 5 章

学习目标

在 Animate 动画制作的过程中，将需要反复使用的素材保存为元件，不仅可以减少操作步骤，还可以减小文件的容量。新建的元件被保存到库中后，可以反复使用。本章的主要内容包括创建不同类型的元件及对元件进行应用与管理。

- 创建元件。
- “库”面板的管理。
- 图形元件的创建与实例制作。
- 影片剪辑元件的创建与实例制作。
- 按钮元件的创建与实例制作。

重点难点

- 影片剪辑元件与图形元件的区别。
- 图形元件循环播放设置。
- 按钮元件 4 个关键帧的状态。
- 元件与实例的关系。

5.1 影片剪辑元件的应用和“库”面板的基本操作

5.1.1 课堂实例 1——校车行驶动画效果

实例分析

本实例在第 2 章绘制校车实例的基础上，制作校车行驶动画效果，如图 5-1 所示，场景中多次出现楼房、树木等元素，在制作的过程中可以将重复出现的图形转换为元件，保存到库中，在使用时从库中拖动到舞台上即可。

图 5-1 校车行驶动画效果

汽车车轮的动画效果是边旋转边移动位置，首先将车轮轮毂旋转的动画效果保存在影片剪辑中，重复播放。然后将车轮与公交车组合的“公交车”元件一起制作位置移动的补间动画。最后的效果是汽车在行驶过程中，轮子转动。

操作步骤

1. 导入外部图片

新建文档，并将文档保存为“校车行驶.fla”。设置文档大小为1280像素×720像素。选择“文件”—“导入”—“打开外部库”命令，在打开的对话框中选择“校车素材.fla”文件，单击“打开”按钮，在界面上会出现名为“库-校车素材.fla”的“浮动”面板，将“天空背景”元件拖动到舞台上，如图5-2所示。

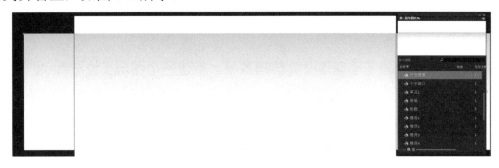

图5-2 导入外部图片

2. 转换为“街道背景”元件

选择舞台上的“天空背景”实例素材，单击鼠标右键，在弹出的快捷菜单中选择“转换为元件”命令，弹出“转换为元件”对话框，在“类型”下拉列表中选择“图形”元件，将“名称”命名为“街道背景”，如图5-3所示。

图5-3 转换为元件

完成此操作后，舞台上没有发生变化，而在“库”面板中出现了“街道背景”元件，双击舞台上的天空背景，即可进入“街道背景”元件的编辑窗口。

3. 添加“楼房”等素材

在“街道背景”元件的编辑窗口中，将“校车素材.fla”素材库中的“远处楼房”“楼房”“街道”等素材拖动到“街道背景”的舞台上，使用任意变形工具、“排列”命令等对素材进行设置，效果如图5-4所示。

图5-4 街道背景效果

4. 添加前景

返回主场景进行编辑，新建“前景”图层，从“校车素材.fla”素材库中将“树木”“路灯”

“草丛”素材拖动到舞台上，并调整其大小和位置，效果如图 5-5 所示。

图 5-5　添加前景

5．制作校车轮子转动动画效果

校车在行驶过程中，轮子呈现逆时针转动效果。新建一个图层“校车”，将“校车”素材从“库”面板中拖动到舞台上。“校车”本来的元件类型是“图形”，要实现轮子的循环转动，需要将“校车”的“图形”元件类型转换为“影片剪辑”元件类型。在“库”面板中找到“校车”元件，单击鼠标右键，在弹出的快捷菜单中选择“属性”命令，在弹出的“元件属性”对话框中，将类型更改为“影片剪辑”，如图 5-6 所示。

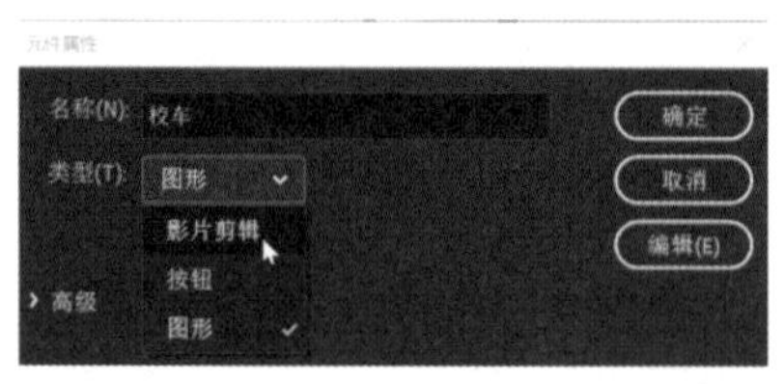

图 5-6　修改元件类型

在“校车”元件上单击鼠标右键，在弹出的快捷菜单中选择“编辑”命令，进入校车的编辑窗口，选择校车的车轮，按 Ctrl+B 快捷键，将车轮分离，在轮毂上单击鼠标右键，在弹出的快捷菜单中选择“分散到图层”命令，并将两个“轮毂”图层移动到顶端。

首先使用任意变形工具分别将轮毂的变形中心点放置在轮毂的中心位置，否则不能按照圆心进行旋转。然后在其中一个“轮毂”图层的第 1 帧处单击鼠标右键，在弹出的快捷菜单中选择“创建传统补间”命令，在第 24 帧处插入关键帧（快捷键为 F6）。此时起始关键帧和结束关键帧的轮子的状态是一致的，并没有实现旋转，选择第 0～24 帧的某一帧，在“属性”面板的“旋转”下拉列表中选择“逆时针”选项，即可完成轮子的逆时针旋转。同理，使用相同的方法，制作另一个轮子的转动动画效果，如图 5-7 所示。

6．制作跟镜头效果

返回主场景，将校车进行水平翻转，并锁定图层。将“前景”图层和“街道背景”图层同步创建传统补间动画，在第 320 帧处插入关键帧，如图 5-8 所示，在第一帧的位置，树和街道在舞台的右侧，在最后一帧的位置将其移动到舞台的左侧，形成公交车行驶、背景后移的跟镜头效果。

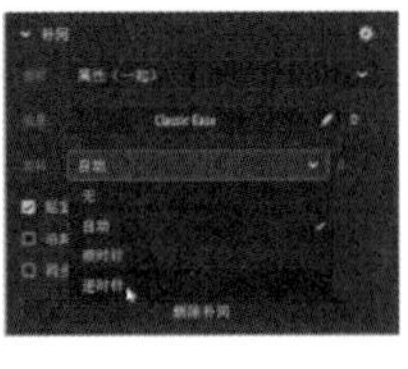

图 5-7 制作校车轮子转动动画效果

图 5-8 制作跟镜头效果

7．测试并发布影片

按 Ctrl+Enter 快捷键测试并发布影片。

举一反三

在上面实例的基础上，添加公交车、小汽车素材，制作车轮转动的影片剪辑，为小汽车、公交车制作位置移动动画，效果如图 5-9 所示。

进阶训练

本实例来制作卡通角色的表情动画，将角色晕的星星和眼睛转圈的动画，保存在影片剪辑元件中，实现循环播放的动画效果，如图 5-10 所示。具体操作可参考配套教学资源中的“进阶训练 8”文档。

图 5-9 行驶的汽车动画

图 5-10 卡通角色的表情动画效果

5.1.2 元件的类型

元件是制作动画最基本的元素，可以在当前文档或其他文档中被重复使用。使用元件不仅可以简化影片的编辑过程，还可以减小文件的容量。

在创建元件时需要选择元件类型，其主要包括以下 3 种。

（1）图形元件：可以用于创建静态图像和简单动画。图形元件的时间轴与主时间轴同步运行，无法提供实例名称，也不能在动作脚本中被引用，同时交互式控件和声音在图形元件的动画序列中不起作用。由于图形元件依附于主时间轴，因此图形元件在“.fla”文件中的数据量小于按钮元件和影片剪辑元件。

（2）按钮元件：可以创建用于响应鼠标单击、滑过或其他动作的交互式按钮。

（3）影片剪辑元件：可以创建可重复使用的动画片段，影片剪辑拥有独立于主时间轴的“多帧时间轴”，即使主时间轴上的帧数只有 1 帧，影片剪辑仍可以播放完整的动画效果。影片剪辑元件可以包含交互式控件、声音甚至其他影片剪辑实例，也可以将影片剪辑实例放在按钮元件的时间轴内，以创建动画按钮。

5.1.3 创建元件

创建元件的方法如下。

方法一：选择“插入”—“新建元件”命令，在弹出的“创建新元件”对话框中可以修改元件名称及类型。

方法二：按 Ctrl+F8 快捷键，在弹出的“创建新元件”对话框中创建元件。

方法三：单击“库”面板左下角的“新建元件”按钮，在弹出的“创建新元件”对话框中创建元件，如图 5-11 所示。

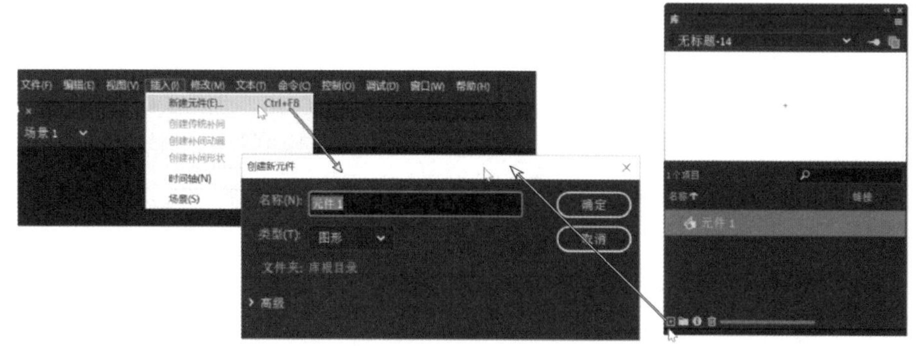

图 5-11 创建元件的方法

5.1.4 转换元件

对于已经在舞台上绘制好的对象，可以将其转换为元件，具体操作如图 5-12 所示。

方法一：选择需要转换的对象，选择“修改”—“转换为元件”命令。在弹出的“转换为元件”对话框中，可以设置元件名称和类型属性。

方法二：选择需要转换的对象，单击鼠标右键，在弹出的快捷菜单中选择“转换为元件”命令。在弹出的“转换为元件”对话框中，可设置元件名称和类型属性。

方法三：选择需要转换的对象，按 F8 键弹出“转换为元件”对话框。在“转换为元件”对话框中，可输入元件名称和选择类型。

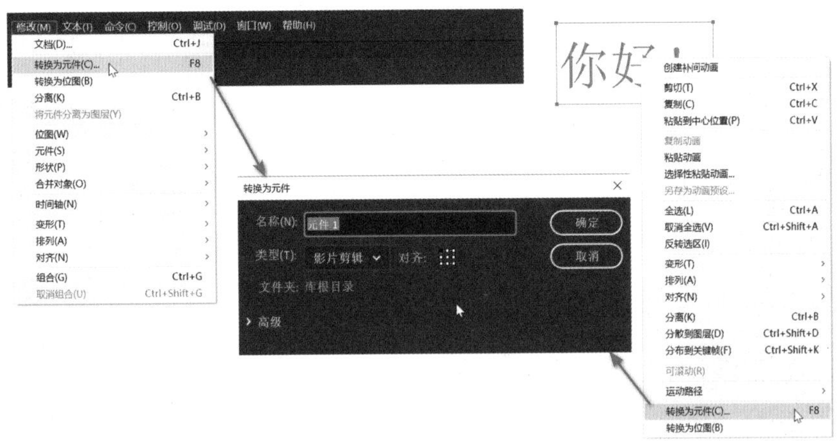

图 5-12 转换为元件

5.1.5 编辑元件

新建元件后，即可进入元件的编辑窗口。对于“库”面板中的元件，可以双击该元件进入元件编辑窗口，或者在“库”面板中选择某个元件后单击鼠标右键，在弹出的快捷菜单中选择“编辑”命令，即可进入元件编辑窗口。元件编辑窗口如图 5-13 所示，其布局说明如下。

- 在元件编辑窗口中可以单击窗口导航上的按钮切换到主场景编辑窗口。
- 在元件编辑窗口中，(0,0)坐标的位置在舞台中间，而在主场景编辑窗口中，(0,0)坐标的位置在左上角。
- 选择舞台左侧♣按钮的下拉列表中的元件，可以切换到其他元件的编辑窗口。
- 影片剪辑元件和图形元件的时间轴图层面板与主场景编辑窗口中时间轴图层面板的操作一样。

可以双击舞台上存在的元件实例，进入元件编辑窗口，这时会发现舞台上的背景以虚影的形式存在，方便用户以舞台为背景参考进行元件设计，如图 5-14 所示。

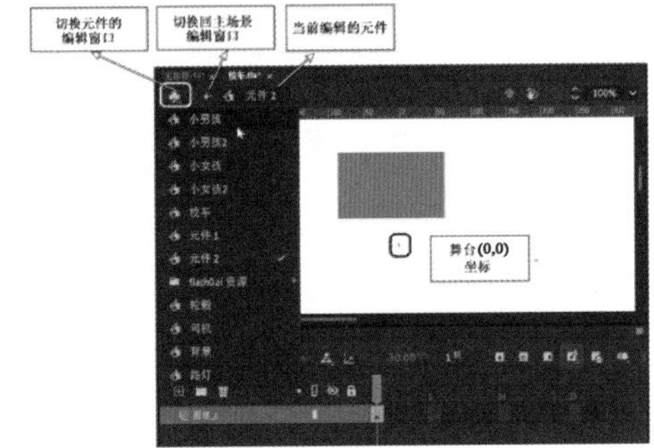

图 5-13 元件编辑窗口

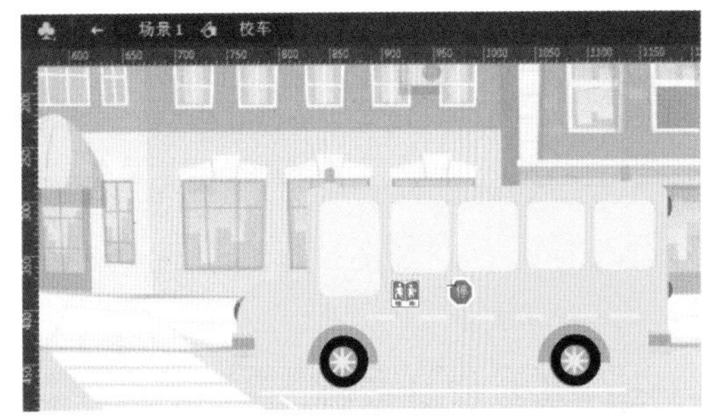

图 5-14 舞台上已有元件实例的编辑

5.1.6 直接复制元件

直接复制元件，可以以现有元件作为创建元件的起点来制作新的元件，具体操作方法，如图 5-15 所示。

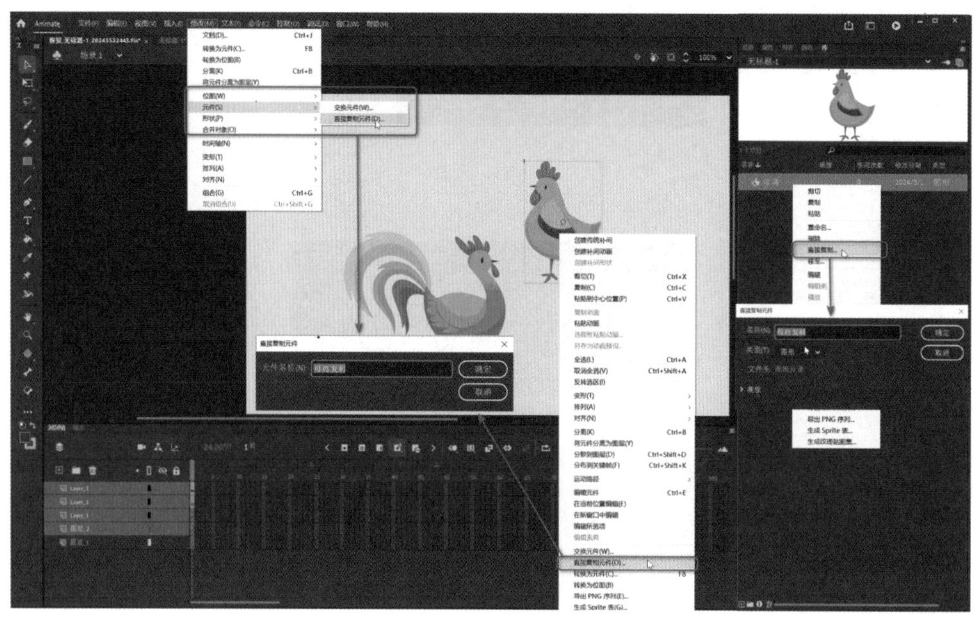

图 5-15 直接复制元件

（1）使用“库”面板直接复制元件。在“库”面板中右击元件，在弹出的快捷菜单中选择“直接复制”命令，在弹出的“直接复制元件”对话框中，可以设置元件名称和元件类型等属性。

（2）通过选择实例来直接复制元件。在舞台上右击该元件的一个实例，在弹出的快捷菜单中选择“直接复制元件”命令，或者在选择元件实例后，选择“修改”—“元件”—“直接复制元件”命令，在弹出的“直接复制元件”对话框中重新设置元件名称，此时所选择的实例会被直接复制的元件实例代替。

5.1.7 “库”面板的操作

新建的元件都保存在“库”面板中，通过对“库”面板的操作可以实现对元件的创建、删除、编辑等操作，如图 5-16 所示。

“库”面板的主要功能包括如下几点。

（1）“库”面板中的对象主要包括创建的图形元件、按钮元件、影片剪辑元件，以及导入的素材，如位图文件、声音文件、视频文件和文档嵌入的字体元件。

（2）当“库”面板中的元件素材比较多时，可以通过文件夹来进行分类管理。

（3）在“库”面板最上方的下拉列表中，可以切换 Animate 文件的库，方便库中素材文件的共享。

（4）在“库”面板的右上角，单击“选项菜单”按钮，在弹出的下拉列表中可以选择“新建元件”“新建文件夹”“新建字型”“新建视频”选项。

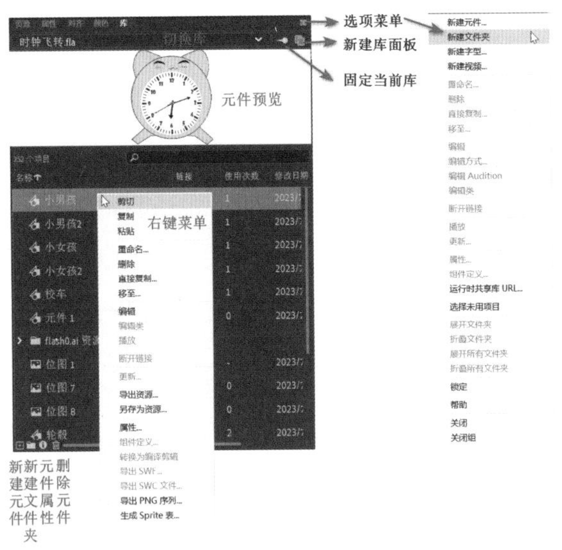

图 5-16 “库”面板

（5）右击某个元件，会弹出相应的快捷菜单，包括常用的编辑命令，如“复制”“剪切”“粘贴”“重命名”“删除”“直接复制”“编辑”“导出资源”“另存为资源”等。

（6）在“库”面板左下角有快捷的“新建元件”“新建文件夹”“元件属性”“删除元件”按钮。

（7）单击“固定当前库”按钮后，其图标变成，表示固定当前“库”，这样在切换到其他文件时，不是更改为切换文件的“库”面板内容，而是显示固定的“库”面板内容。

5.1.8 元件与元件实例的关系

元件是制作 Animate 动画最基本的元素，可重复使用。元件实例是指位于舞台上或嵌套在另一个元件内的元件副本，用户可以对元件实例进行改变大小、改变颜色、改变 Alpha 值等操作，对元件实例的这些操作不会影响元件本身，但如果对元件进行了修改，那么 Animate 就会更新该元件的所有实例。如图 5-17 所示，将“花”元件的形状改变后，所有的花都会发生变化。

图 5-17 修改元件后所有元件实例发生变化

按 Ctrl+B 快捷键对元件实例进行分离，则元件实例与原来的元件脱离关系，元件发生改变，不会影响已经分离的元件实例。

5.1.9　改变元件实例的元件类型

不同的元件类型在“属性”面板中会呈现不同的属性。如果需要改变元件实例的元件类型，则可以在“属性”面板的“实例行为”下拉列表中进行“影片剪辑”“图形”“按钮”3 种元件类型的切换，如图 5-18 所示。改变元件实例的元件类型后，相应的属性设置也会随之发生变化。

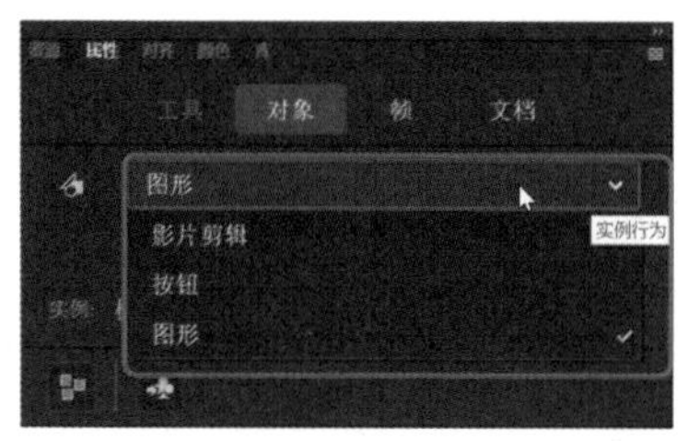

图 5-18　改变元件实例的元件类型

5.1.10　影片剪辑元件

影片剪辑元件用来制作可重复使用的、独立于主时间轴的动画片段。在 Animate 动画中，规律性比较强的循环播放的动画片段适合用影片剪辑元件来制作，如马奔跑、鸟飞行、蝴蝶飞行、人走路等。校车行驶中汽车轮子转动是循环播放的动画效果，所以可采用影片剪辑元件来制作。

因为影片剪辑元件用来制作独立于主时间轴的动画片段，所以即使主时间轴只有 1 帧，它也可以完整地播放影片剪辑中的动画。影片剪辑无法在编辑窗口中预览影片剪辑元件实例内的动画效果，在舞台上看到的只是影片剪辑第 1 帧的画面。如果要欣赏影片剪辑内的完整动画，则按 Ctrl+Enter 快捷键测试并发布影片即可。

影片剪辑元件的“属性”面板如图 5-19 所示。

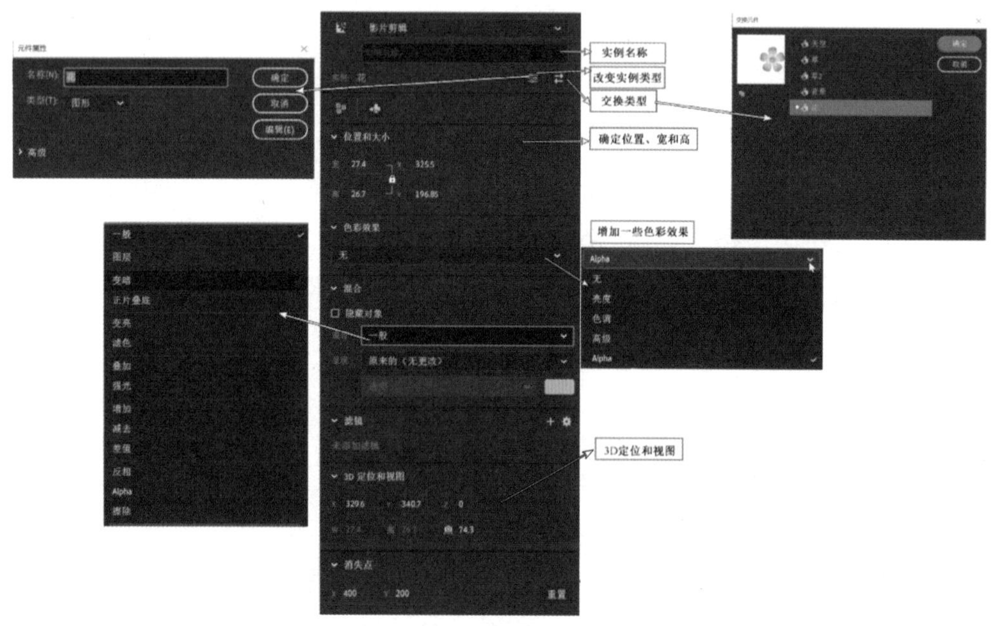

图 5-19　影片剪辑元件的“属性”面板

（1）实例名称：赋予影片剪辑元件实例名称，在交互式编程中，可以通过名称来对元件实例进行访问。

（2）色彩效果：在“色彩效果”下拉列表中可以对元件实例的色彩效果进行调整，包括

“亮度”“色调”“高级”“Alpha”的设置，效果如图 5-20 所示。

- 亮度：调节范围为-100%～100%，0%为原始状态，-100%为全黑状态，100%为全白状态。
- 色调：在色调设置中可以在原来元件实例颜色的基础上叠加另一种颜色。叠加的颜色可以从右侧的颜色列表中选择，也可以通过下方的红色、绿色、蓝色的颜色值进行调整。
- 高级：高级色彩效果可以单独调整元件实例的 Alpha、红色、绿色和蓝色的颜色值。
- Alpha：设置元件实例的透明度，动画中的一些“淡入”和“淡出”效果主要是通过这个属性实现的。

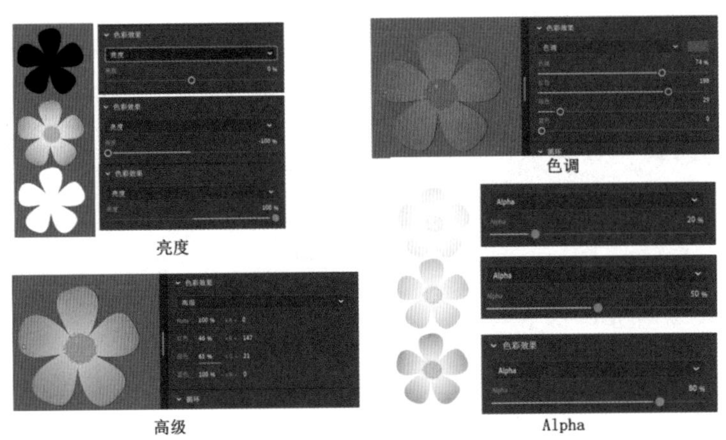

图 5-20 色彩效果

（3）混合：当前影片剪辑元件实例与其下面的对象合成在一起的混合模式。

（4）滤镜：影片剪辑元件实例添加滤镜效果与文本添加滤镜效果的方法相似，这里不再重复说明，可参考 4.1.4 节相关内容。

（5）3D 定位和视图：可以在 3D 空间中对影片剪辑元件实例进行调整。此属性主要结合 3D 平移和 3D 旋转工具一起使用。这部分内容将在第 8 章中详细介绍。

5.2 图形元件的应用

5.2.1 课堂实例 2——瑞雪兆丰年

实例分析

“瑞雪兆丰年”的意思为适时的冬雪预示着来年是丰收之年，是庄稼获得丰收的预兆。冬天的雪越大，春天融化后土壤就越湿润，种子播下去之后，成活率就越高，雪可以起到保暖土壤，积水利田，减少病虫害的作用。

本实例制作雪花飘落动画效果，该效果是 Animate 动画特效中使用频率比较高的动画效果。通过创建补间动画制作雪花飘落的不规则曲线运动，并将其保存为图形元件。通过图形元件的“循环”属性，设置开始播放帧来实现一串雪花飘落的效果。将一串雪花组合为一片雪花，实现飘落的动画效果，如图 5-21 所示。

操作步骤

1．新建文档并设置背景

新建文档，并将文档保存为“瑞雪兆丰年.fla”。设置文档大小为 1280 像素×720 像素。选择“文件”—“导入”—“导入到舞台”命令，在弹出的对话框中选择“下雪背景.jpg”文件。调整图片大小及位置，使其覆盖整个舞台，如图 5-22 所示。

因为雪花是白色的，为了后面编辑的方便，可将舞台颜色设置为蓝色或黑色等其他颜色。

图 5-21　雪花飘落动画效果

图 5-22　导入背景图片

2．新建“雪花”元件

选择“插入”—“新建元件”命令，在弹出的“创建新元件”对话框中选择类型为“图形”，设置名称为“雪花”。绘制雪花最简单的方法就是首先使用传统画笔工具，在舞台上点一个点，然后选择“修改”—“形状”—“柔化填充边缘”命令，效果为■。

3．制作雪花飘落动画

新建图形元件“雪花飘落”。在编辑窗口中，从“库”面板中将“雪花”元件拖动到舞台上。在图层的第 1 帧处单击鼠标右键，在弹出的快捷菜单中选择“创建补间动画”命令，制作雪花飘落的曲线运动。制作过程如图 5-23 所示。

4．制作一串雪花飘落效果

新建图形元件“一串雪花”。将 4 个“雪花飘落”图形元件实例拖动到舞台的同一位置。依次选择“雪花飘落”图形元件实例，在“属性”面板中将该图形元件实例的“循环”属性的第一帧设置为 1、20、40 和 60，如图 5-24 所示。在时间轴第 80 帧处插入帧，延续时间轴。

5．制作一片雪花飘落效果

新建图形元件“一片雪花”。将 5 个“一串雪花”图形元件实例拖动到舞台上，依次选择“一串雪花”图形元件实例，在“属性”面板中设置“循环”属性的第一帧为 37、22、1、30 和 70，数值用户可以自己设定，目的是让雪花飘落的时间错开。

全选并复制 5 个图形元件实例，使用任意变形工具，对复制的图形元件实例进行水平翻转，增加雪花数量，效果如图 5-25 所示。在时间轴第 80 帧处插入帧，延续时间轴。

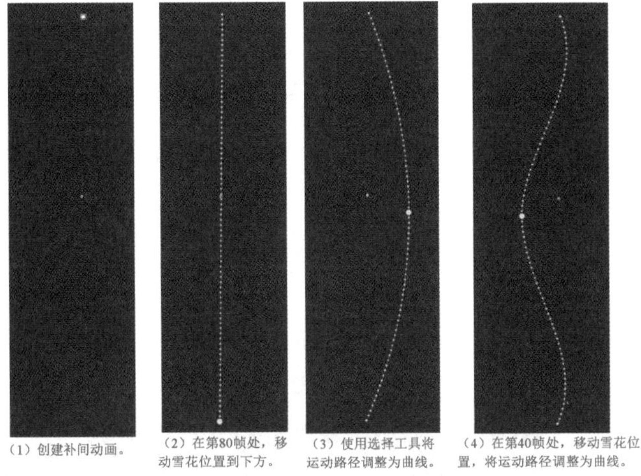

（1）创建补间动画。
（2）在第80帧处，移动雪花位置到下方。
（3）使用选择工具将运动路径调整为曲线。
（4）在第40帧处，移动雪花位置，将运动路径调整为曲线。

图 5-23 **制作雪花飘落动画**

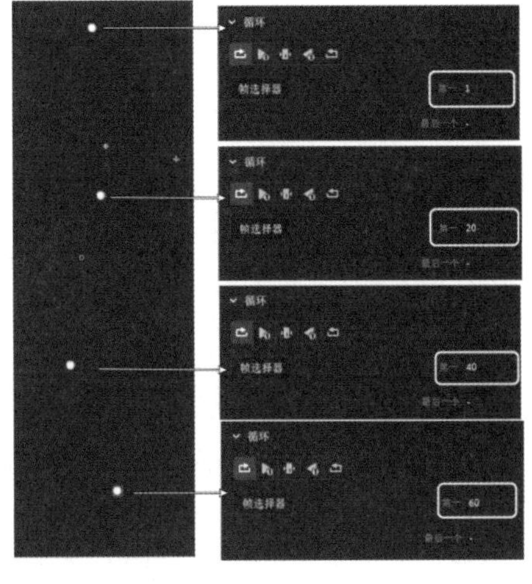

图 5-24 **一串雪花飘落的设置**

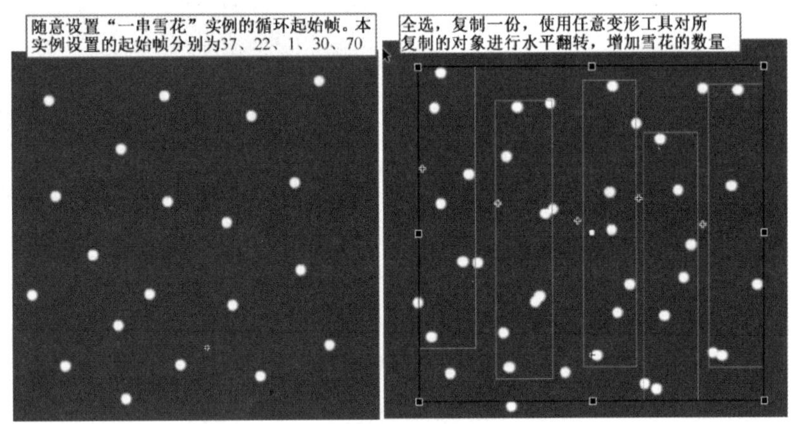

图 5-25 **一片雪花飘落效果**

6．制作舞台场景动画

将4～5个“一片雪花”图形元件实例放置在舞台上。按照近大远小原则，改变实例大小，制作出远处雪花的效果。同样，在制作时，为了使雪花飘落的状态错落有致，可以将这几个“一片雪花”的“循环”属性的第一帧设置为不同的数值，如图5-26所示。

图 5-26 **制作舞台场景动画**

7．测试并发布影片

按Ctrl+Enter快捷键测试并发布影片。

举一反三

利用上述方法也可以制作下雨的动画效果，相对于下雪，下雨的运动路径为直线，只需制作一串下雨的动画，将多个元件实例分布在画面中即可。春雨绵长，所以在设置雨滴的元件时，可以将雨滴设置为线条，效果如图 5-27 所示。

进阶训练

本实例效果为波动的音频波形，主要使用图形元件设置循环的起始帧来实现，效果如图 5-28 所示。具体操作可参考配套教学资源中的“进阶训练 9”文档。

图 5-27　下雨的动画效果

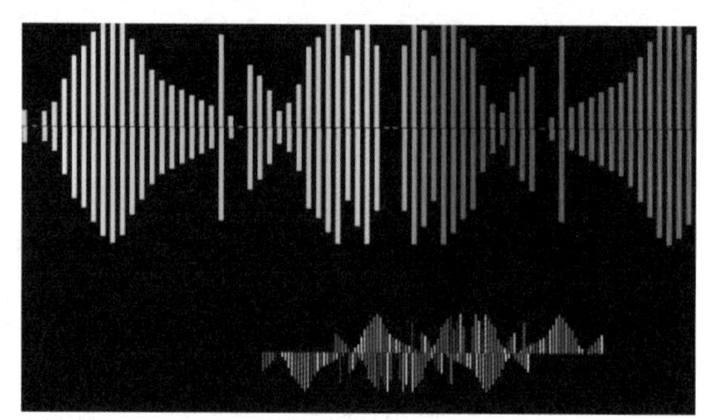

图 5-28　音频波形效果

5.2.2　图形元件属性设置

图形元件用于制作可重复使用的静态图像，以及依附于主时间轴的可重复使用的动画片段。图形元件的“属性”面板如图 5-29 所示。

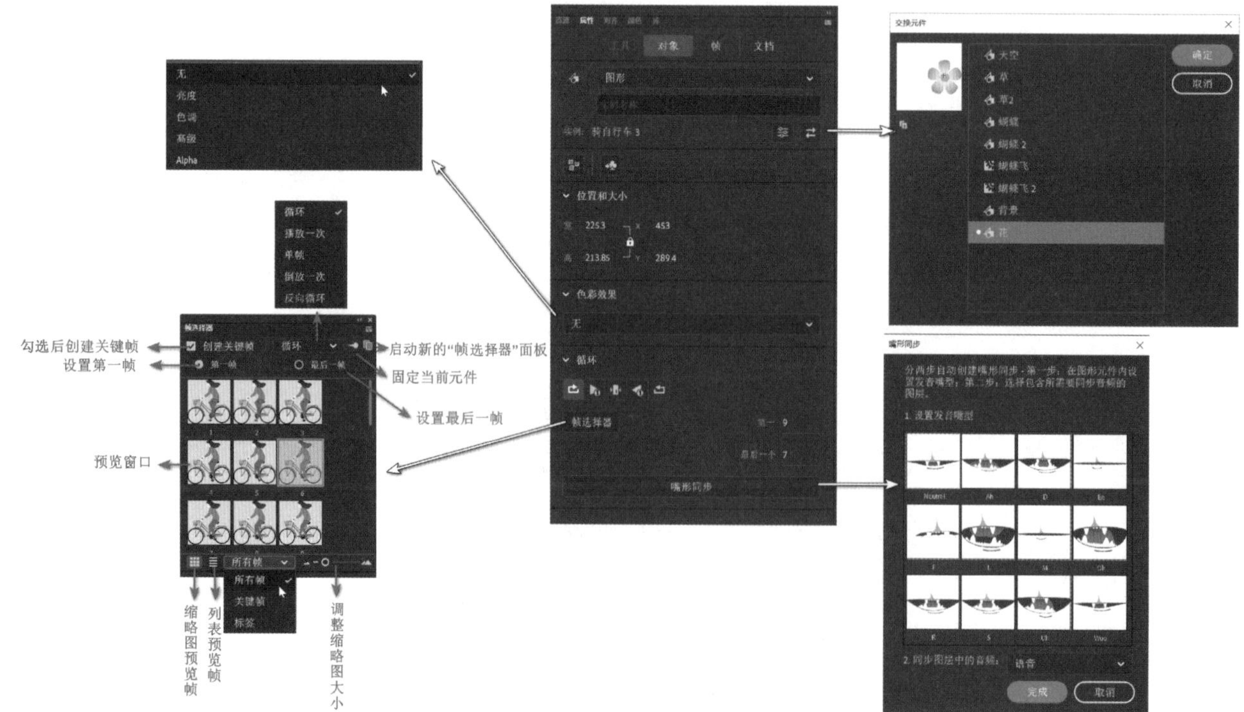

图 5-29　图形元件的“属性”面板

图形元件的“属性”面板的功能如下。

（1）改变元件类型：在“实例行为”下拉列表中可以改变元件的类型，修改后“属性”面板也会相应地发生变化。

（2）交换元件：单击“交换”按钮，在弹出的“交换元件”对话框中选择需要交换的元件，单击“确定”按钮即可完成元件交换。

（3）循环播放。选择图形元件之后，可以在“属性”面板中设置图形元件的循环播放方式，依次为“循环播放图形”“播放图形一次”“图形播放单个帧”“倒放图形一次”“反向循环播放图形”。在后面的“第一”文本框中，可以设置动画的起始帧。在“最后一个”文本框中可以设置动画的结束帧。

各种循环播放方式的作用。

- 循环播放图形：播放到最后一帧之后，又返回开头继续播放。
- 播放图形一次：播放到最后一帧之后，就静止不动了。
- 图形播放单个帧：只显示一帧。
- 倒放图形一次：倒序播放到第一帧之后，就静止不动了。
- 反向循环播放图形：倒序播放到第一帧之后，又返回最后一帧继续进行倒序播放。

（4）帧选择器。用户使用帧选择器可以预览元件的每一帧，从而方便操作。单击“帧选择器”按钮，将弹出“帧选择器”面板（见图 5-29）。

- 预览选项：“帧选择器”面板下方包括预览选项设置 所有帧 ，依次为缩略图预览帧、列表预览帧，预览帧的范围（所有帧、关键帧、标签）和调整缩略图大小的滑块。
- 创建关键帧：勾选该复选框后 创建关键帧 ，当从“帧选择器”面板中选择一个位置时，系统会自动创建一个关键帧。
- 循环：显示图形的各种循环选项，如循环、播放一次和单帧。
- 固定当前元件和启动新的“帧选择器”面板：两个按钮，结合使用，当单击“固定当前元件”按钮时，再启动新的“帧选择器”面板后，该元件将一直被加载在原来的“帧选择器”面板中，即使选择的帧发生变化，也可继续使用该元件。

5.2.3 嘴形同步

自动嘴形同步允许用户根据所选音频在时间轴上轻松、快速地制作角色的嘴形动画，具体操作步骤如图 5-30 所示。

（1）新建一个“嘴形”图形元件，在该图形元件中为需要的角色绘制所需的所有嘴形。

（2）将各个嘴形放置在不同的关键帧上，为了方便识别，可以对帧进行命名。

（3）导入声音，设置声音的同步方式为“数据流”。

（4）新建一个图层，将“嘴形”图形元件放置在角色嘴的位置，在“嘴形”图形元件的

“属性”面板中单击“嘴形同步”按钮，在弹出的“嘴形同步”对话框中进行设置。第一步，在图形元件中设置发音嘴形，第二步，选择包含需要同步的音频图层。

（5）单击“完成”按钮，系统会在嘴的图层上与音频发音嘴形匹配的不同位置上自动创建关键帧。如果觉得哪个嘴形不合适，则可以选择关键帧，在“属性”面板的“帧选择器”面板中重新选择合适的嘴形。

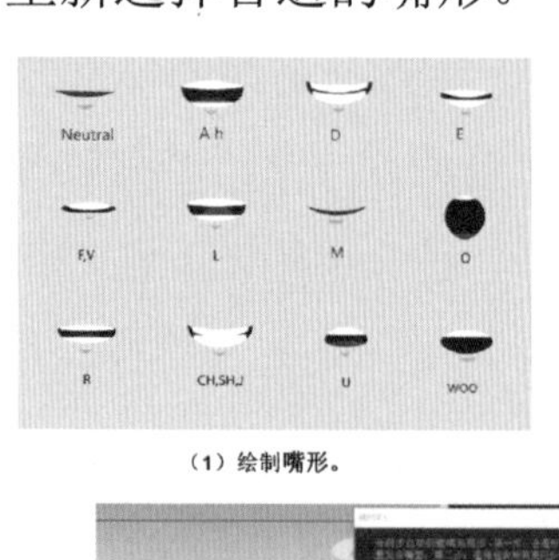

（1）绘制嘴形。

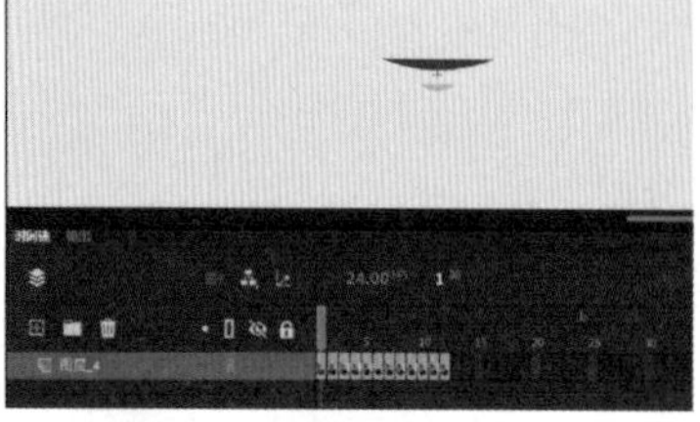

（2）新建“嘴形”图形元件，将各个嘴形放置在不同的关键帧上。

（3）导入声音，设置声音的同步方式为“数据流”。

（4）选择“嘴形”形元件，在“属性”面板中单击“嘴形同步”按钮，设置发音嘴形和同步图层中的音频。

（5）可以对不适合的嘴形进行修改。

图 5-30　嘴形同步的具体操作步骤

5.2.4　影片剪辑元件与图形元件的区别

在 Animate 中可以创建影片剪辑元件和图形元件，两者在实际应用中有很多相似之处，都可以保存静态图像和动画片段，但它们也有各自的特点，用户需要根据实际情况选择适合的元件类型。表 5-1 详细说明了它们各自的特点及区别。

表 5-1　影片剪辑元件与图形元件的特点及区别

特点	元件	
	影片剪辑元件	图形元件
独立的时间轴	具有独立的时间轴，可自动循环播放。即使主场景中只有一帧，也不会影响影片剪辑的播放	无独立的时间轴，依附于主时间轴
添加声音	可以	不可以，即使包含了声音，也不会发声
动作脚本	可以进行动画编程	不可以添加动作脚本
添加滤镜效果	可以	不可以
设置循环播放方式	不可以	可以
3D 平移及 3D 旋转	可以	不可以
导出“.gif”图像动画	只导出第一帧	可以看到动画效果
设置实例名称	可以	不可以
设置混合模式	可以	不可以

5.3 按钮元件的应用

5.3.1 课堂实例 3——制作水晶按钮

实例分析

本实例为按钮增加交互响应效果，当鼠标指针经过按钮时，按钮图标变成文字，当鼠标按下时文字变大，效果如图 5-31 所示。

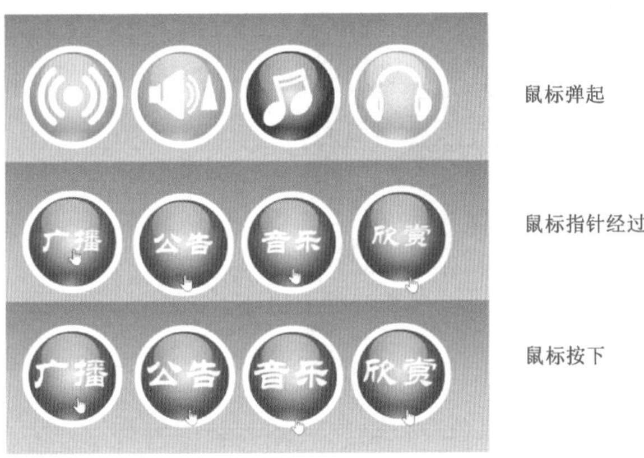

鼠标弹起

鼠标指针经过

鼠标按下

图 5-31 水晶按钮效果

本实例使用了按钮元件，按钮元件包括 4 个关键帧，第 1 个关键帧为鼠标弹起状态，第 2 个关键帧为鼠标指针经过按钮时的状态，第 3 个关键帧为鼠标按下状态，第 4 个关键帧为鼠标的感应区域。每个关键帧都表示鼠标的不同状态，这是读者需要重点掌握的内容。

操作步骤

1. 新建文档并设置背景

新建文档，并将文档保存为“水晶按钮.fla”。设置文档大小为 640 像素×400 像素。

选择“打开外部库”命令，打开“按钮.fla”文件，将“背景”图形元件放置在舞台上，并设置“背景”图形元件实例的位置和大小，使其覆盖整个舞台。

2.“按钮 1”鼠标弹起状态图形

选择“插入”—“新建元件”命令，在弹出的“创建新元件”对话框中，选择元件类型为“按钮”，设置名称为“按钮 1”。创建 3 个图层，分别重命名为“背景”“图形”“高光”。在“弹起”帧，设置 3 个图层的内容，如图 5-32 所示。

注意

在打开外部库时，只能对库里的元件进行拖动，而不能实现该文档元件与外部库元件之间的交换等操作。通常情况下，在打开外部库后，首先将所需要的元件都拖动到舞台上，然后按 Delete 键删除，这样“库”面板里就会出现所需要的元件。

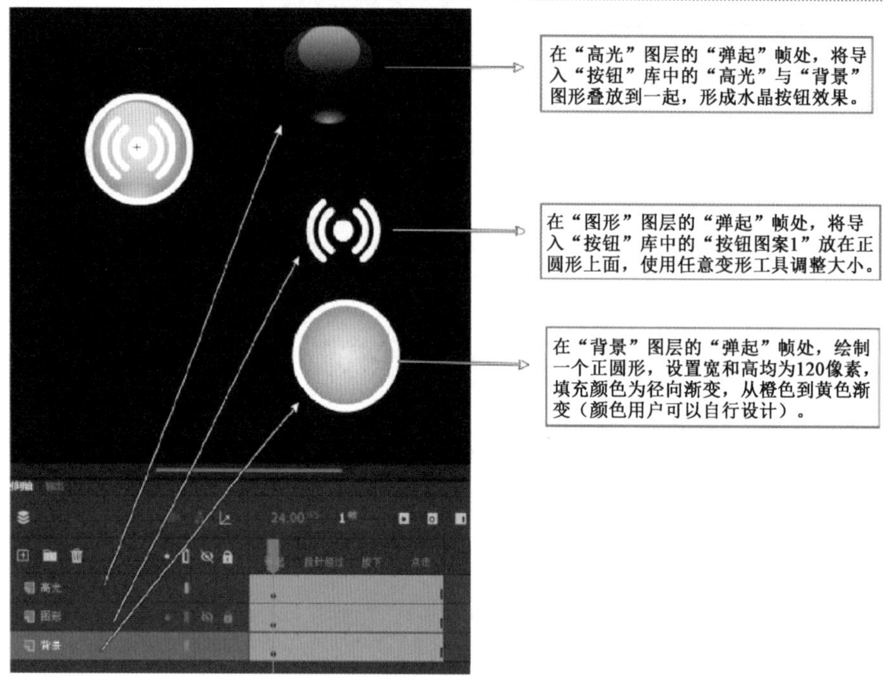

在“高光”图层的“弹起”帧处，将导入“按钮”库中的“高光”与“背景”图形叠放到一起，形成水晶按钮效果。
在“图形”图层的“弹起”帧处，将导入“按钮”库中的“按钮图案1”放在正圆形上面，使用任意变形工具调整大小。
在“背景”图层的“弹起”帧处，绘制一个正圆形，设置宽和高均为120像素，填充颜色为径向渐变，从橙色到黄色渐变（颜色用户可以自行设计）。

图 5-32　“弹起”帧的制作过程

3．“按钮 1”指针经过状态图形

“指针经过”帧的制作过程如图 5-33 所示。因为“高光”图层的内容是不变的，所以在“点击”帧上插入帧，将“高光”图形状态延续。“图形”图层中的图案需要修改为文字，“背景”图层中正圆形的颜色为从黄色到紫色的径向渐变。

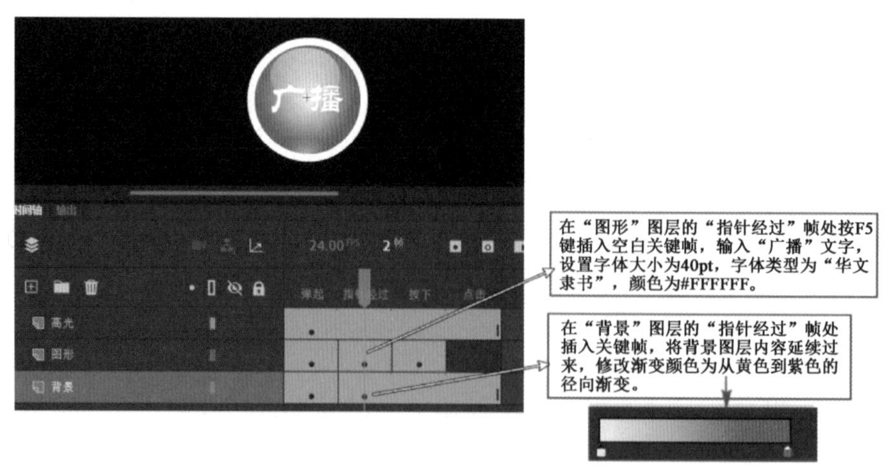

广播
在“图形”图层的“指针经过”帧处按F5键插入空白关键帧，输入“广播”文字，设置字体大小为40pt，字体类型为“华文隶书”，颜色为#FFFFFF。
在“背景”图层的“指针经过”帧处插入关键帧，将背景图层内容延续过来，修改渐变颜色为从黄色到紫色的径向渐变。

图 5-33　“指针经过”帧的制作过程

4．“按钮 1”鼠标按下状态图形

“按下”帧的状态是“图形”图层上的文字变大，按 F6 键在“按下”帧上插入关键帧，将字体大小设置为 50pt，制作过程如图 5-34 所示。其他图层不发生变化，按 F5 键在“背景”图层的“点击”帧上插入帧。

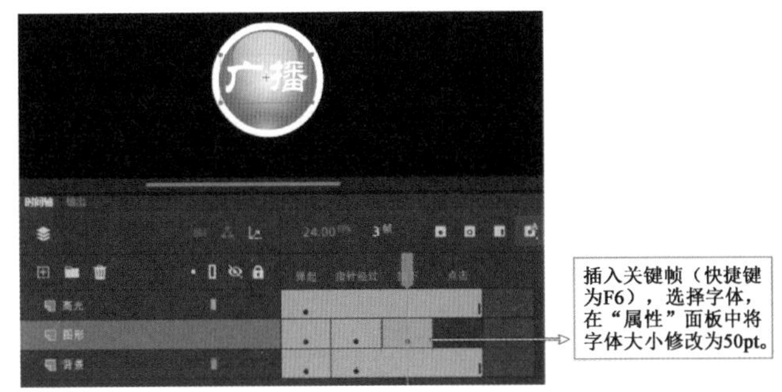
插入关键帧（快捷键为F6），选择字体，在"属性"面板中将字体大小修改为50pt。

图 5-34 "按下"帧的制作过程

5．复制元件

其余 3 个按钮与"按钮 1"的制作过程类似，只需要进行部分修改，在"库"面板中选择"按钮 1"元件并单击鼠标右键，在弹出的快捷菜单中选择"直接复制"命令，重命名为"按钮 2"，如图 5-35 所示。

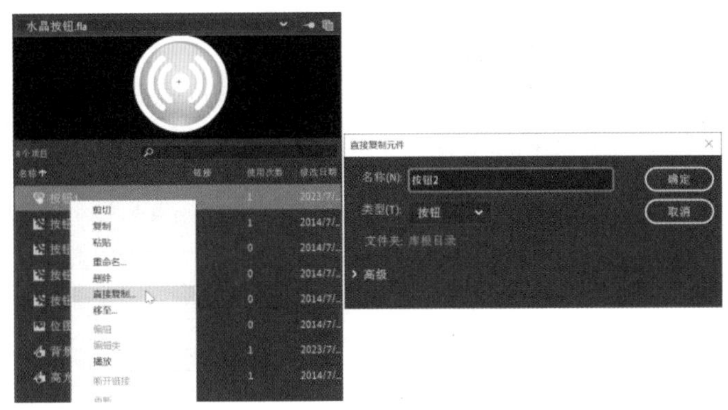

图 5-35 复制元件

双击"按钮 2"进入其编辑窗口，选择"背景"图层的"弹起"帧，选择背景填充，修改填充颜色为黄色（#FFFF00）到绿色（#669900）的径向渐变。

选择"图形"图层的"弹起"帧，选择"按钮图案 1"，在"属性"面板中单击"交换"按钮，在弹出的"交换元件"对话框中，交换为"按钮图案 2"（如果没有该元件，则需要先从外部库中拖动进来，然后进行操作），如图 5-36 所示。

选择"图形"图层的"指针经过"帧和"按下"帧，双击文字进入文本编辑框，将文字修改为"公告"，字体大小、字体类型都不变。

图 5-36 修改元件

6．制作其他按钮

使用上述方法制作其他两个按钮。将制作好的按钮放置在舞台上，按 Ctrl+Enter 快捷键测试并发布影片。

举一反三

本实例制作的效果是当鼠标指针经过按钮时，图形逐渐缩小，文字逐渐变大，如图 5-37 所示，在制作时，需要在“指针经过”帧处添加图形和文本动画的影片剪辑。

进阶训练

下面制作一个导航按钮，当鼠标指针经过按钮时弹出菜单信息，如图 5-38 所示。具体操作可参考配套教学资源中的“进阶训练 10”文档。

图 5-37　举一反三按钮实例效果

图 5-38　导航按钮

5.3.2　按钮元件关键帧设置

可以创建按钮元件的对象有图形元件实例、影片剪辑元件实例、位图、组合、文本、分散的矢量图等。在按钮元件内部可以添加声音但不能在帧上添加动作脚本。

创建按钮元件后，进入按钮的编辑窗口。在时间轴上可以观察到按钮元件包括 4 个关键帧，内容介绍如下。

- 弹起：表示按钮的正常显示状态。
- 指针经过：表示鼠标指针经过按钮的响应区域时，按钮的状态。
- 按下：表示使用鼠标按下按钮的响应区域时，按钮的状态。
- 点击：表示鼠标的响应区域，只有在这个区域内，鼠标的经过、按下才会起作用。

5.3.3　按钮元件属性设置

按钮元件的“属性”面板与影片剪辑元件的“属性”面板相似，主要包括实例名称、编辑元件属性、交换元件、实例的位置和大小、色彩效果、混合方式及添加滤镜等，如图 5-39 所示。

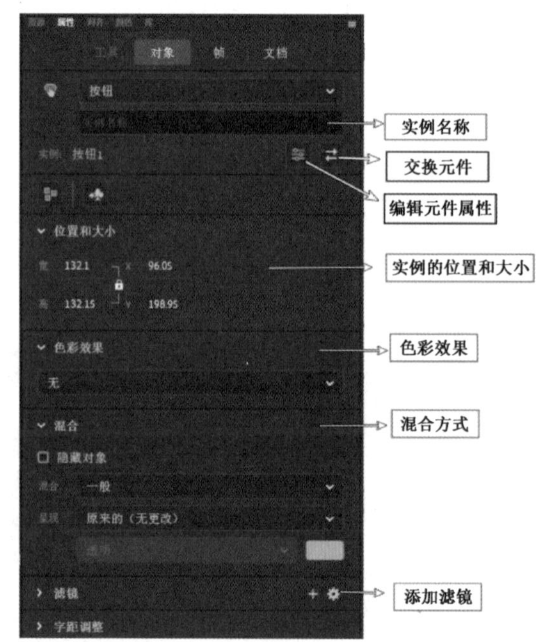

图 5-39　按钮元件的“属性”面板

知识拓展 雨雪的动画运动规律

雨和雪是动画片中常用的一种自然现象。它能有效地营造出一种特殊的气氛，用以烘托主题。雨雪的动画运动规律可参考配套教学资源中的“知识拓展5”文档。

本章小结

本章主要介绍了Animate中元件和库的应用，元件基本操作包括创建元件、编辑元件、复制元件、转换元件、直接复制元件等。元件包括图形元件、影片剪辑元件、按钮元件等类型，其中，影片剪辑元件与图形元件在实际动画制作的过程中有很多相似之处，但是也需要根据两者之间的区别，针对不同的动画类型选择合适的元件类型。按钮元件包括弹起、指针经过、按下、点击4个关键帧，按钮根据不同的鼠标响应事件显示相应关键帧的图形内容，呈现按钮的交互效果。

课后实训5

本实例绘制一个自然风光背景，近处为花草、蝴蝶，远处为草地、山，背景为多云的天空，如图5-40所示。

图5-40 自然风光背景

动画场景中经常会用到自然风光背景，如山川、河流、森林、草原、海洋等。这些自然风光背景在动画中可以增加画面的真实感和美感，为故事情节提供更加逼真的氛围和背景。

操作提示

（1）场景中多次出现花和草，可以先将其转换为元件再对其属性进行设置。

（2）主要使用影片剪辑元件来绘制蝴蝶扇动翅膀的过程。

（3）蝴蝶的飞行路线可以采用补间动画来制作。

具体操作可参考配套教学资源中的“课后实训5”文档。

课后习题 5

1. 选择题

（1）能够实现 3D 平移和 3D 旋转的元件类型为（　　）。

A．图形元件　　B．按钮元件

C．影片剪辑元件　　D．字体元件

（2）不可以添加滤镜效果的对象为（　　）。

A．文字　　B．图形元件

C．影片剪辑元件　　D．按钮元件

（3）可以设置“循环”属性的元件类型为（　　）。

A．图形元件　　B．按钮元件

C．影片剪辑元件　　D．字体元件

（4）改变元件透明度的属性为（　　）。

A．色调　　B．高级

C．Alpha　　D．亮度

（5）下列关于元件的解释正确的是（　　）。

A．元件与实例是同一个概念

B．一个元件可以在动画文档中使用多次

C．元件不能在多个文档中使用

D．上面 3 种解释都正确

2. 填空题

（1）元件类型主要包括_________、_________、_________。

（2）可以添加滤镜效果的对象包括_________、_________、_________。

3. 简答题

（1）简述元件类型主要包括哪 3 种。

（2）简述按钮元件的 4 个关键帧分别表示什么内容。

（3）简述影片剪辑元件与图形元件的区别。

基本动画的制作

第 6 章

学习目标

本章主要介绍基本动画的制作方法，使用 Animate 制作逐帧动画、动作补间动画、形状补间动画。

- 熟悉并掌握“时间轴”面板的基本操作。
- 掌握插入帧、删除帧、插入关键帧、删除关键帧等操作。
- 掌握动作补间动画、形状补间动画的制作步骤。

重点难点

- 帧、关键帧、空白关键帧的区别。
- 补间动画与传统补间动画的区别和各自的特点。
- 形状补间动画的特点。
- 使用“绘制纸外观”模式添加中间画。
- 动画预设的制作与应用。

6.1 逐帧动画

6.1.1 课堂实例 1——低碳出行

实例分析

低碳出行，顾名思义，就是一种降低“碳排放量”的出行方式，即在出行中主动采用能降低二氧化碳排放量的交通方式。人们可采用具有环保性能的交通工具，降低碳排放量，进而保护我们的地球。例如，乘坐公共汽车、地铁等公共交通工具，合作乘车或者步行、骑自行车等，只要是能降低自己出行中的能耗和污染，就叫作低碳出行，也叫作绿色出行。

本实例利用逐帧动画来完成“低碳出行”宣传片（见图 6-1）的制作，主要通过在时间轴上添加关键帧，逐帧制作骑自行车的动画效果。骑自行车的过程主要对腿部蹬车动作进行逐帧绘制，可结合时间轴上的“绘制纸外观”模式添加中间画，从而方便快捷地完成逐帧动画的制作。

图 6-1　“低碳出行”宣传片

操作步骤

1．新建文档并保存

打开“低碳出行素材.fla”文件，“库”面板中存储了制作动画所需要的素材。打开影片剪辑元件“骑自行车”，将提供的素材放置在同一个图层上，根据要制作的动画效果将动和不动的元素分别放置在不同的图层上，并根据内容调整图层顺序。为了方便操作，将图层进行重命名。合理的分层结构是动画制作的基础，素材分层显示效果如图 6-2 所示。

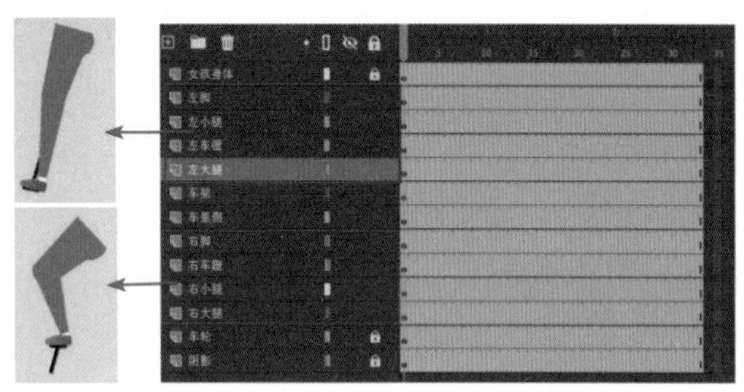

图 6-2　素材分层显示效果

2．制作骑自行车的关键动作

骑自行车为 32 帧的循环动画，在第 17 帧处插入关键帧，自行车运动半圈的位置，两腿的位置相反，可以将右腿与左腿的关键帧位置互换，可以用复制帧和粘贴帧的方式进行调整，如图 6-3 所示。

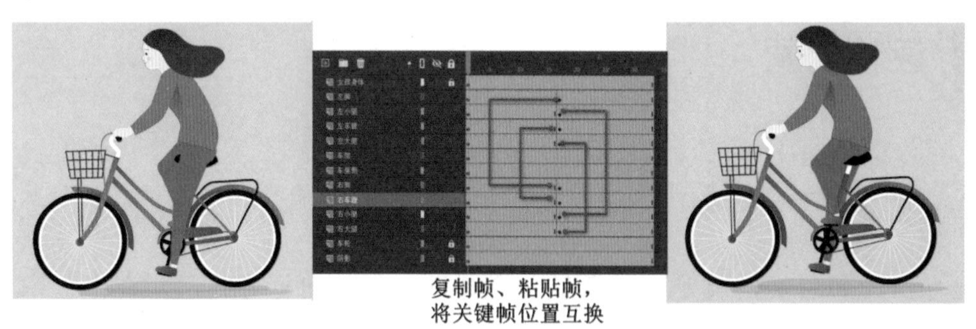

图 6-3　制作第 17 帧动作

3．添加中间画

在第 9 帧处插入关键帧，打开绘制纸外观按钮，将第 1 帧和第 17 帧关键帧包括在内，在舞台上会出现第 1 帧和第 17 帧的虚影，以便操作第 9 帧，制作中间画，效果如图 6-4 所示。

在第 5 帧和第 13 帧处插入关键帧，制作中间画，效果如图 6-5 所示。

同理，制作第 3 帧、第 7 帧、第 11 帧和第 15 帧的动画，效果如图 6-6 所示。

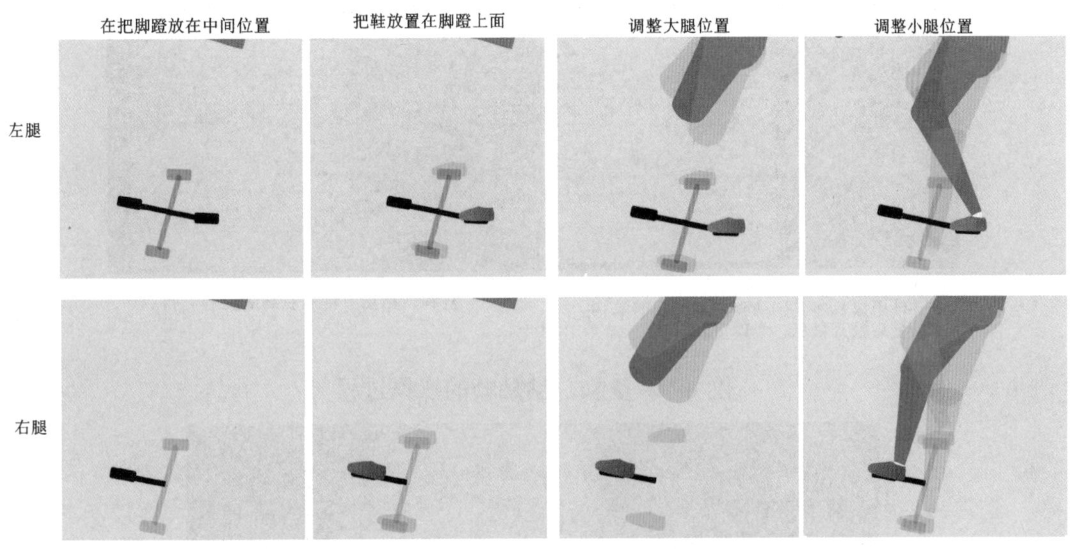

图 6-4 第 9 帧中间画效果

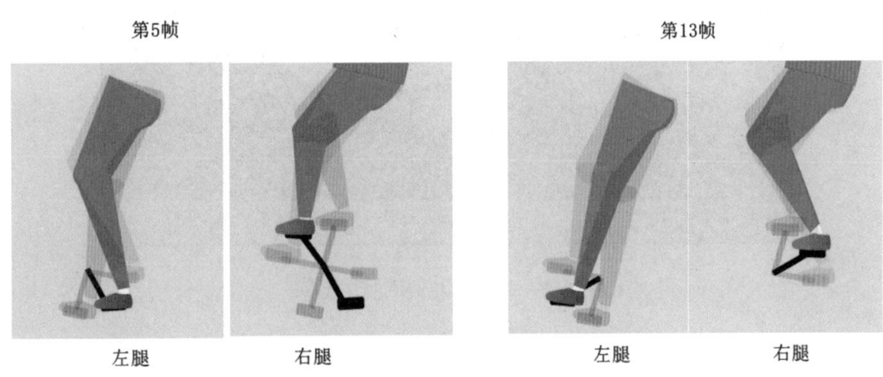

图 6-5 第 5 帧和第 13 帧中间画效果

图 6-6 其他帧的中间画效果

4．复制、粘贴帧

第 1～16 帧的动画效果为自行车运行半周，而第 17～32 帧的腿部动画效果与其相似，就是左右腿的位置互换了，可以用复制、粘贴帧的方式来完成。操作过程如图 6-7 所示。

5．制作背景动画

回到主场景，新建“背景”图层，将“库”面板中的一张绿色地球图片拖动到舞台上，制作旋转效果，方向为顺时针，如图 6-8 所示。

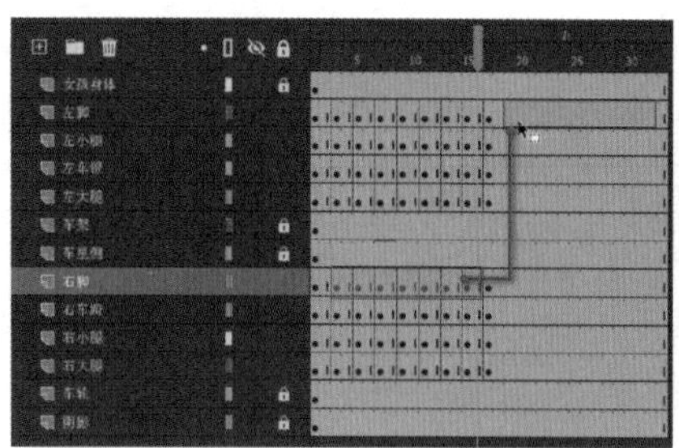
选择右脚图层的第3～16帧，按住Alt键并使用鼠标将其拖动到左脚图层的第19帧处后松开鼠标，实现复制

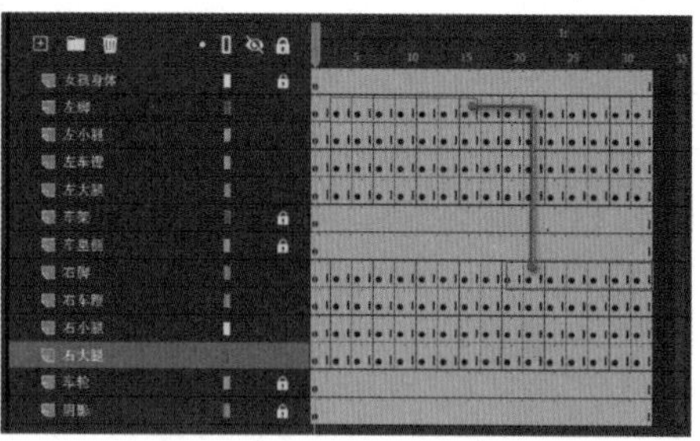
复制、粘贴，将左右脚的内容互换

图 6-7　复制、粘贴帧的操作过程

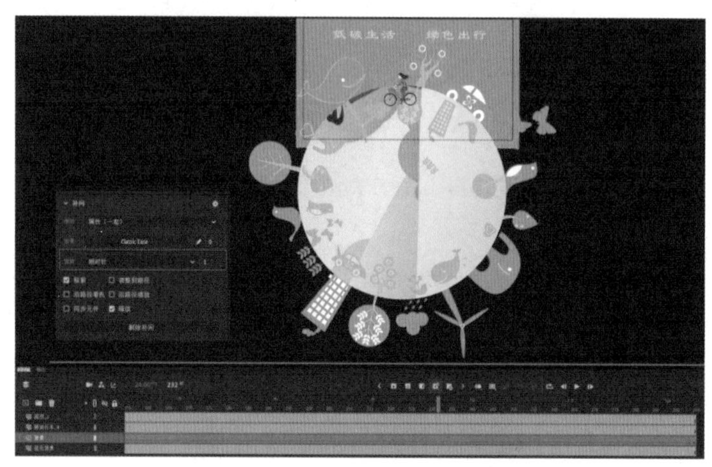

图 6-8　制作地球旋转效果

6．测试并发布影片

按 Ctrl+Enter 快捷键测试并发布影片。

举一反三

使用逐帧动画，并利用“绘制纸外观”模式添加中间画，制作卡通角色走路动画效果，如图 6-9 所示。

图 6-9　卡通角色走路动画效果

进阶训练

本实例来制作钟摆摆动的动画效果，如图 6-10 所示。钟摆摆动是从慢到快再到慢的过程，所以每帧之间移动的距离不同。结合时间轴上的“绘制纸外观”模式添加中间画进行绘制，

具体操作可参考配套教学资源中的“进阶训练 11”文档。

图 6-10　钟摆摆动的动画效果

6.1.2　制作逐帧动画

逐帧动画的制作方法与传统动画的制作方法相似，即在时间轴上逐帧绘制不同的内容，使其连续播放形成动画。逐帧动画具有非常大的灵活性，适用于制作场景细腻的动画，例如，人物或动物走路、说话及一些表情动画。

逐帧动画在时间轴上表现为连续出现的关键帧，如图 6-11 所示。创建逐帧动画主要通过在每个关键帧上绘制不同的内容来实现，也可以通过导入序列图片来实现。

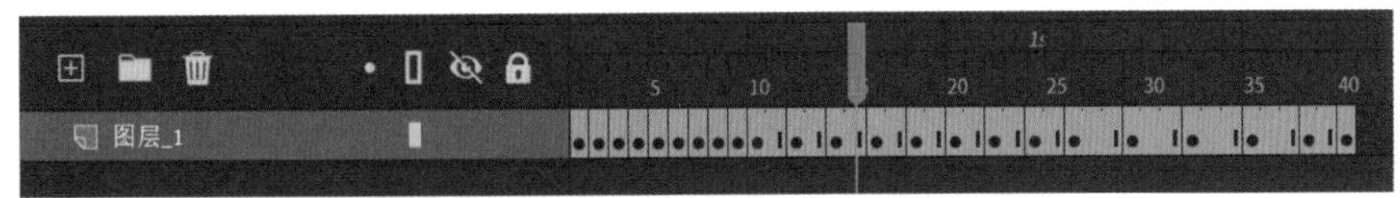

图 6-11　逐帧动画

6.1.3　“时间轴”面板

“时间轴”面板主要包括帧和图层两部分，左侧为图层，右侧为时间轴。右侧时间轴的每一个小格子表示一帧。“时间轴”面板如图 6-12 所示，说明如下。

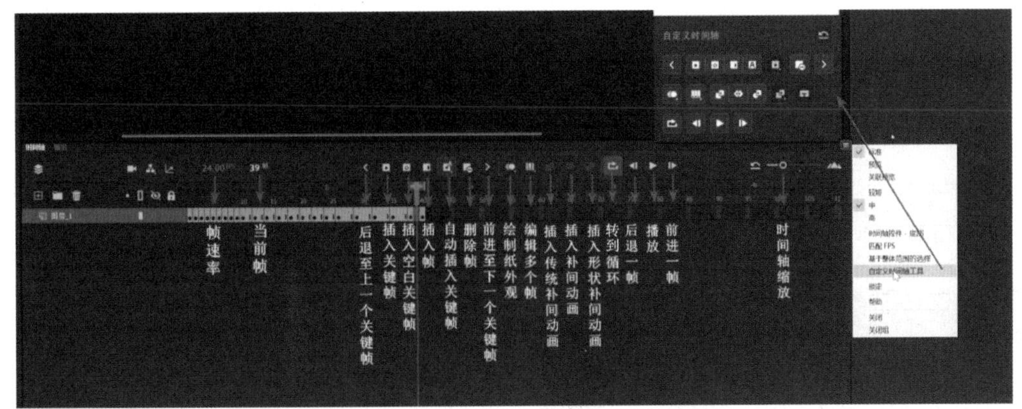

图 6-12　“时间轴”面板

（1）播放头：时间轴上蓝色的图形加一条蓝色的指示线为播放头，播放头用于指示当前在舞台中显示的帧，将播放头放置在哪一帧上，舞台上就显示哪一帧的图像内容。单击某一帧时，播放头就移动到那一帧处，也可以拖动播放头预览动画效果。

（2）帧标记：帧标记是时间轴上的小刻度线，一个刻度表示一帧，每 5 帧显示一个编号。

（3）时间轴工具：可以通过单击右上角的按钮，在弹出的下拉列表中选择“自定义时间轴工具”选项来自定义添加。主要包括如下几个。

- 帧操作工具：单击相应按钮可以快速地进行插入关键帧、插入空白关键帧、插入帧和删除帧等操作。
- 动画操作工具：单击相应按钮可以插入补间动画、传统补间动画、形状补间动画。
- 时间轴播放工具：包括转到循环、前进一帧、播放、后退一帧，可以对时间轴上的帧播放进行控制。
- 绘制纸外观：这是一个工具组，下拉列表中还有其他选项。单击此按钮后，在时间轴的上方出现绘制纸外观范围的标记，拉动两端标记，可以扩大或缩小显示范围，以播放头所在帧为中心，对其他帧进行虚化显示。在这种模式下可以以其他帧为参考对中间帧进行编辑。
- 编辑多个帧：单击该按钮，可以在一帧上同时编辑选定范围内的所有帧。

6.1.4　帧与关键帧

帧是构成动画的基本单位，对动画的操作实质上是对帧的操作。帧有 3 种类型：关键帧、空白关键帧和普通帧。

1．关键帧

关键帧是指在动画制作的过程中用于描述动画中关键性动作的帧。在时间轴上用黑色实心圆点表示。

2．空白关键帧

空白关键帧是指没有内容的关键帧，在时间轴上用空心圆圈表示，如果在其中加入内容，空白关键帧就转换为关键帧，空心圆圈转变为黑色实心圆点。

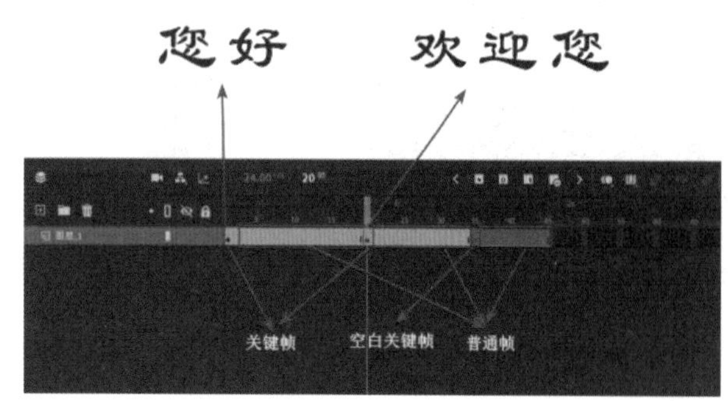

图 6-13　帧的类型

3．普通帧

普通帧是指处于两个关键帧之间的帧，在时间轴上用灰色方格表示。用户可以在动画中增加一些普通帧来延长动画的播放时间。如图 6-13 所示，第 1 帧后面的普通帧延续第 1 帧（关键帧）的“您好”内容，而第 20 帧后面的普通帧延续第 20 帧（关键帧）的“欢迎您”内容。第 35 帧为空白关键帧，后面的普通帧延续第 35 帧的空内容。

6.1.5 帧的基本操作

在制作的过程中，对帧的操作主要包括选择帧、复制帧、粘贴帧、插入帧、删除帧、移动帧、删除关键帧、翻转帧等。

1．选择帧

在对帧进行编辑之前，需要先选择帧。选择帧包括选择单个帧、选择连续帧、选择不连续的多个帧和选择所有帧。

（1）选择单个帧：直接在时间轴上单击某一帧，就选择了该帧。

（2）选择连续帧：选择单个帧之后，在按住 Shift 键的同时单击另外一个帧，则会选择多个连续帧。既可以选择同一图层上的多个连续帧，也可以选择多个图层上的连续帧。

（3）选择不连续的多个帧：选择单个帧之后，在按住 Ctrl 键的同时单击其他帧。

（4）选择所有帧：可以在选择单个帧之后，单击鼠标右键，在弹出的快捷菜单中选择“选择所有帧”命令。

2．复制帧

操作方法如下。

（1）选择帧后，选择“编辑”—“时间轴”—“复制帧”命令，实现帧的复制。

（2）选择帧后，按 Ctrl+C 快捷键进行复制。

（3）选择帧后，单击鼠标右键，在弹出的快捷菜单中选择“复制帧”命令，实现帧的复制。

3．粘贴帧

复制帧并选择目标后可以实现粘贴帧的操作，操作方法如下。

（1）选择“编辑”—“时间轴”—“粘贴帧”命令，实现帧的粘贴。

（2）按 Ctrl+V 快捷键进行粘贴。

（3）在目标处单击鼠标右键，在弹出的快捷菜单中选择“粘贴帧”命令，实现帧的粘贴。

（4）选择帧后，按住“Alt”键并使用鼠标将帧拖动到目标位置，即可实现复制、粘贴操作。

4．插入帧

插入帧包括插入帧、插入关键帧和插入空白关键帧操作，操作方法如下。

（1）选择需要插入帧的位置，选择“插入”—“时间轴”—“帧/关键帧/空白关键帧”命令，实现帧的插入。

（2）选择需要插入帧的位置，单击鼠标右键，在弹出的快捷菜单中选择“插入帧”、“插入关键帧”或“插入空白关键帧”命令，实现帧的插入。

（3）选择需要插入帧的位置，按 F5 键插入帧；按 F6 键插入关键帧；按 F7 键插入空白关键帧。这也是最常用、最快捷的方法。

5．删除帧

（1）选择要删除的帧，选择“编辑”—“时间轴”—“删除帧”命令，选择的帧被删除，后面的帧将自动左移。

（2）选择要删除的帧，单击鼠标右键，在弹出的快捷菜单中选择“删除帧”命令，实现帧的删除。

（3）按 Shift+F5 快捷键删除帧。

6．移动帧

选择要移动的帧，将鼠标指针置于选择的帧上，按住鼠标左键并拖动，当移动到目标位置后，松开鼠标即可。

7．删除关键帧

对于关键帧的删除，不能使用“删除帧”命令。即使在关键帧上选择“删除帧”命令，也是删除关键帧后面的普通帧，除非关键帧后面没有普通帧，则可以实现删除关键帧的操作。

通常对于关键帧的删除，使用“清除关键帧”命令。

（1）选择关键帧后，单击鼠标右键，在弹出的快捷菜单中选择“清除关键帧”命令，实现帧的删除。

（2）按 Shift+F6 快捷键删除关键帧。

8．翻转帧

翻转帧是指将动画过程进行翻转，操作方法如下。

选择需要翻转的动画过程帧，单击鼠标右键，在弹出的快捷菜单中选择“翻转帧”命令，即可实现翻转效果。

6.2 动作补间动画

6.2.1 课堂实例 2——垃圾分类

实例分析

垃圾分类，一般是按一定规定或标准将垃圾分类储存、投放和搬运，从而转变成公共资源的一系列活动的总称。一般会将生活垃圾分为厨余垃圾、可回收垃圾、有害垃圾、其他垃圾 4 类。厨余垃圾是指生活中产生的菜帮菜叶、瓜果皮核、剩菜剩饭、食物残渣等易腐垃圾。可回收垃圾是指已失去原有使用价值，但回收加工后又可以再利用的物品，主要包括废纸类、塑料类、玻璃类、金属类、织物类等。有害垃圾是指有毒有害物质，主要包括废电池、节能灯、废药品、废油漆溶剂、废杀虫剂等。其他垃圾是指除上述 3 类以外，难以辨识类别的生活垃圾。

提升全民环保意识，实现垃圾分类，可以减少环境污染，提高垃圾的资源价值和经济价值，降低垃圾处理成本，减少土地资源的消耗。垃圾分类，人人有责，让我们从生活中的小事做起，创造美好、和谐的生活。

本实例主要利用补间动画制作垃圾分别进入垃圾桶的动画效果。对于出现相同动画效果的动画，可以采用复制动画和粘贴动画来制作，也可以采用“动画预设”来实现。效果如图 6-14 所示。

图 6-14 垃圾分类动画效果

操作步骤

1．导入素材并设置背景和垃圾桶

新建文档，并将文档保存为“垃圾分类.fla”。设置文档大小为 1280 像素×720 像素。选择“文件”—“导入”—“导入外部库”命令，导入“素材\第 6 章\实例 2 垃圾分类\垃圾分类素材.fla”文件中的素材。将“库”面板中的“背景”图形元件拖动到舞台上，并覆盖整个舞台。新建“垃圾桶”图层，将 4 个垃圾桶拖动到舞台上，可以使用“对齐”面板将 4 个垃圾桶对齐，如图 6-15 所示。

图 6-15 导入素材并设置背景和垃圾桶

2．放置垃圾

新建“垃圾袋”图层，将“库”面板中的“垃圾袋”元件拖动到舞台左下角的位置。在“垃圾袋”上右击，将其转换为影片剪辑元件“垃圾运动动画”，双击进入元件实例的编辑窗口。“垃圾袋”元件有“袋口”“前面”“后面”3 个图层。新建一个“垃圾”图层，将其放置在“前面”图层的下面，起到遮挡效果，将“库”面板中的多个垃圾素材拖动到舞台上，缩放到合适的大小。选择“垃圾”图层的第 1 帧，将所有的垃圾素材全部选中并右击，在弹出的快捷菜单中选择“分散到图层”命令，在每个图层上放置一个垃圾元素。效果如图 6-16 所示。

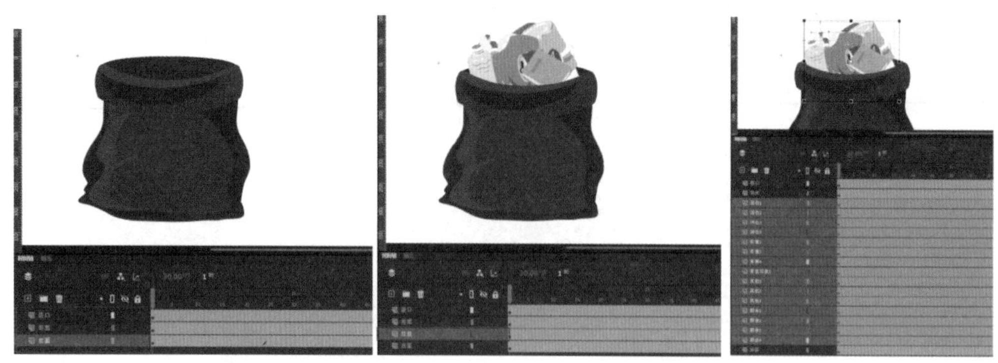

图 6-16　放置垃圾的效果

3．制作垃圾补间动画效果

回到主场景中，在主场景中双击“垃圾袋”元件实例，进入“垃圾袋”的编辑窗口，背景是淡化的主场景背景，方便制作“垃圾”元件的动画路径。

选择“回收 1”图层，单击鼠标右键，在弹出的快捷菜单中选择“创建补间动画”命令，选择第 30 帧，将“矿泉水瓶”的位置移动到“可回收垃圾桶”的里面，使用选择工具调整补间动画的运动路径，如图 6-17 所示。

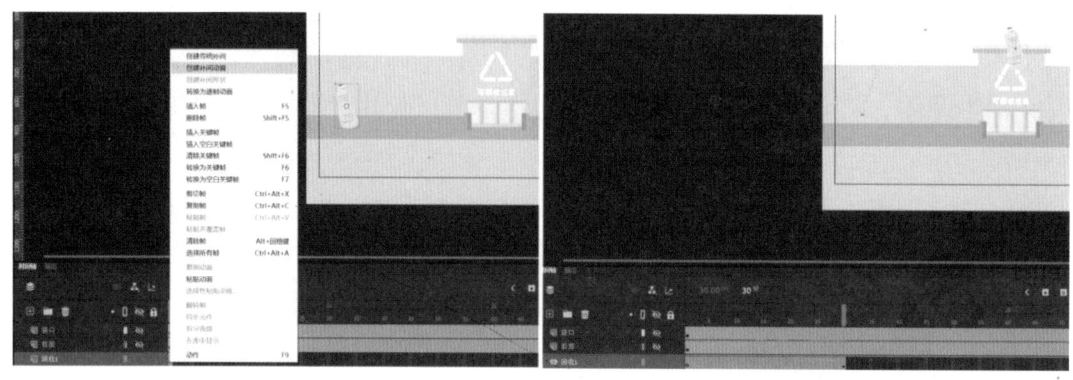

图 6-17　创建补间动画

4．动画预设

其余图层的“垃圾”元件的运动效果与“回收 1”图层中“矿泉水瓶”的运动效果相似，可以将已经制作好的动画另存为“动画预设”，在“动画预设”面板中将其应用到其他元件实例上即可，如图 6-18 所示。

在制作其他图层上的动画（见图 6-19）时，将每个图层上的动画相应地往后延续 5 帧，让各个元素的运动效果在时间上错开。

应用动画预设后，可以调整一下运动路径，保证“垃圾”都移动到相对应的垃圾桶中。调整路径可以采用“粘贴路径”命令来实现。在其他图层上绘制路径，复制路径后在补间动画的图层上粘贴路径，元件实例则会按照绘制的运动路径进行运动。因为在主场景中动画的后面需要制作文本动画，所以需要将动画的持续时间延续得长一些，在第 300 帧处插入帧。

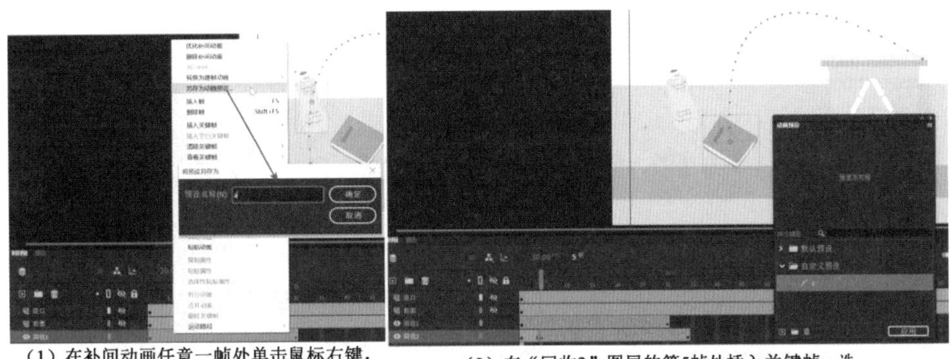

（1）在补间动画任意一帧处单击鼠标右键，在弹出的快捷菜单中选择“另存为动画预设”命令，设置名称为a。

（2）在“回收2”图层的第5帧处插入关键帧，选择“动画预设”面板中的a，单击“应用”按钮。

图 6-18 动画预设

图 6-19 制作其他图层上的动画

5．添加文本

回到主场景，在所有图层的第 300 帧处插入帧，实现将动画的时间延续到第 300 帧。

新建一个图层，重命名为“文本”，在第 120 帧处插入空白关键帧，输入文本“垃圾分类人人有责”，将文本转换为影片剪辑元件“文本”，双击进入“文本”影片剪辑元件实例的编辑窗口。

将文本进行一次分离（快捷键为 Ctrl+B），变成 8 个单个文本，将每个文本分别转换为影片剪辑元件。如果不将文本转换为影片剪辑元件，则在制作动画时，Animate 会自动命名，这样“库”面板里面就会出现“补间 1”“补间 2”……这样的元件，不方便对元件进行辨识和管理。

选择 8 个文本，单击鼠标右键，在弹出的快捷菜单中选择“分散到图层”命令，效果如图 6-20 所示。这时候的素材比较多，可以在“库”面板中创建文件夹对素材进行分类管理。

6．制作文本动画

在制作动画之前，先添加辅助线对文本动画进行定位。各个帧的状态如图 6-21 所示。第 1 帧所处的位置为舞台外，而第 10、15、22、26 和 30 帧为文本的原始状态，可以在进行动画变形之前先在这些帧上插入关键帧，保持原始状态。在第 12、24、28 帧处对文本进行压缩处理，压缩程度一次比一次小。在第 18 帧处对文本进行拉伸处理。动画效果为如皮球落地又弹起的运动过程。

图 6-20　将文本分散到图层

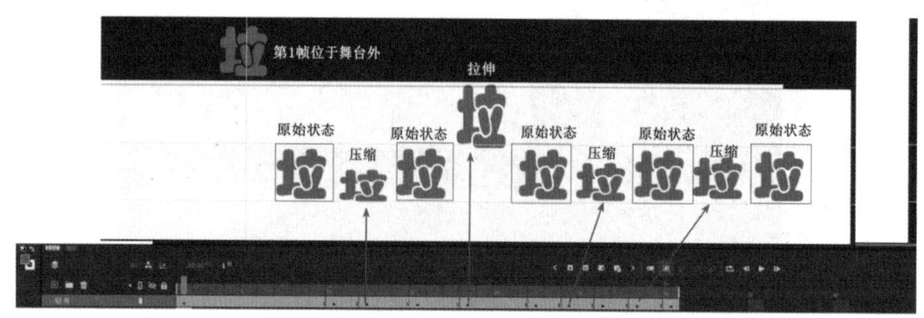

图 6-21　各个帧的状态

选择图层，所有帧处于选中状态，单击鼠标右键，在弹出的快捷菜单中选择“创建传统补间动画”命令，则这个文本的动画效果就制作完成了。

7．复制、粘贴动画

其他文本的效果与“垃”的动画效果一致，所以可以通过复制、粘贴动画来完成。如图 6-22 所示，选择“垃”图层的所有帧，单击鼠标右键，在弹出的快捷菜单中选择“复制动画”命令。将“圾”的位置移动到舞台外，比“垃”的初始位置（第 1 帧）高一点。在第 10 帧处插入关键帧，单击鼠标右键，选择“粘贴动画”命令。

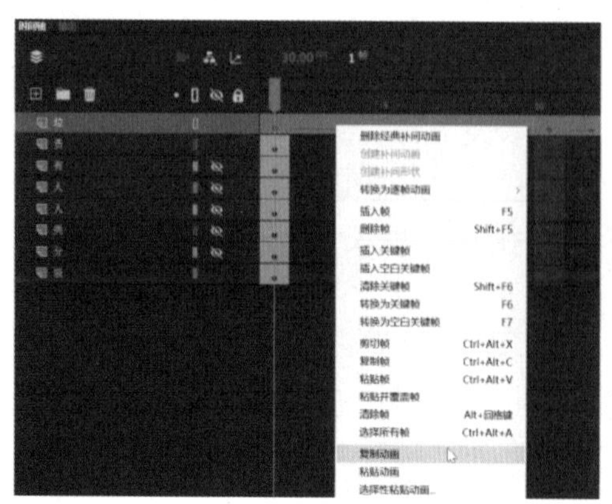
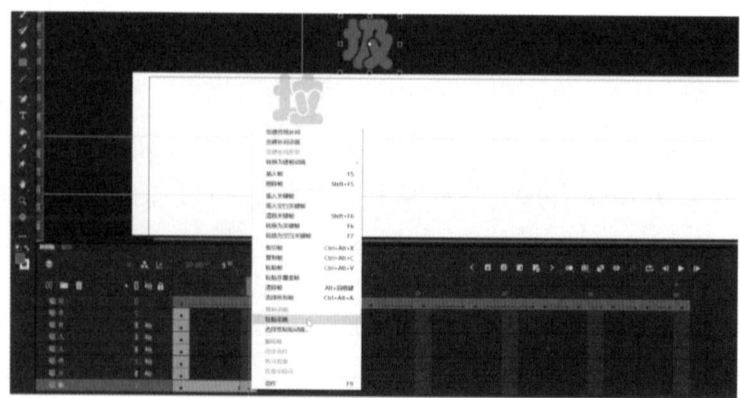

图 6-22　复制、粘贴动画

每个图层相对于上一个文本动画有 10 帧的时间延续，动画制作完成后，将所有图层的最后一帧设置为第200帧，效果如图6-23所示。

图6-23 文本动画效果

8．测试并发布影片

按Ctrl+Enter快捷键测试并发布影片。

举一反三

将上面实例中的文本动画，应用“动画预设”面板中的默认“2D放大”，效果如图6-24所示。读者可以应用其他动画预设，或者自定义动画预设完成其他动画效果。

图6-24 “2D放大”文本动画效果

进阶训练

本实例完成一个文本特效，模仿风吹走文本的效果，文本依次翻转后从舞台右上角消失，可以先采用传统动画制作，然后通过复制、粘贴动画来实现，也可以先采用补间动画制作，然后通过应用动画预设来实现。效果如图6-25所示。具体操作可参考配套教学资源中的“进阶训练12”文档。

图6-25 风吹走文本的动画效果

6.2.2 传统补间动画基本操作

Animate 将动作补间动画分为传统补间动画和补间动画。在传统的动画制作流程中，需要将每一帧的动画效果进行逐帧绘制，工作量很大。而在 Animate 中可以制作补间动画，只要建立起始关键帧和结束关键帧的画面，中间部分就可以由软件自动生成，省去了中间动画制作的复杂过程。

1．制作传统补间动画的过程

在制作传统补间动画时，首先要求两个关键帧上的对象必须为同一元件实例，然后设置起始关键帧和结束关键帧的实例属性。制作传统补间动画的过程如下。

（1）将制作动画的元件实例放置在单独的图层上，选择创建传统补间动画的起始关键帧，创建传统补间动画。可以通过选择“插入”—“创建传统补间”命令，或者在起始帧上单击鼠标右键，在弹出的快捷菜单中选择“创建传统补间”命令，或者单击时间轴工具箱中的按钮，创建传统补间动画，如图 6-26（1）所示。

（2）插入结束关键帧。根据动画持续时间，在起始关键帧后面的某一帧上插入关键帧，这时两个关键帧之间的帧的背景颜色为浅紫色，起始关键帧和结束关键帧之间形成一个黑色实线箭头，表示创建了传统补间动画，如图 6-26（2）所示。

（3）修改起始关键帧或结束关键帧的元件实例属性，Animate 会根据元件实例属性之间的差别，自动补充中间过渡帧。

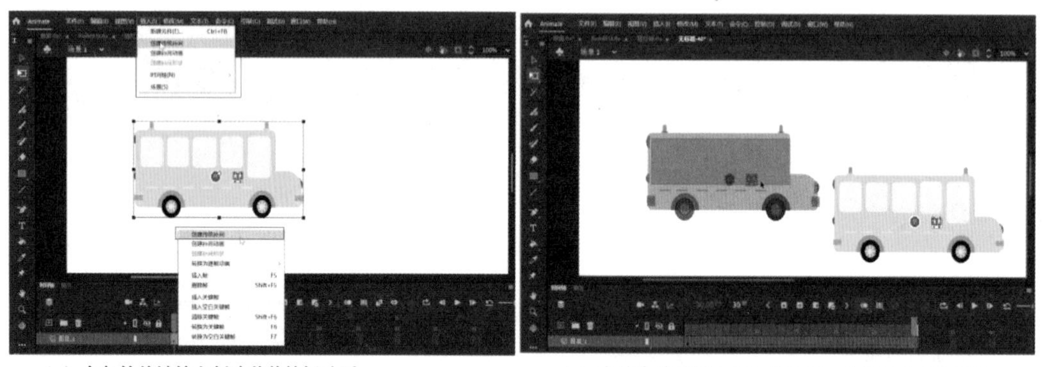

（1）在起始关键帧上创建传统补间动画。　（2）在结束关键帧上插入关键帧，改变元件实例属性。

图 6-26　创建传统补间动画

很多初学者在创建传统补间动画时，在绘制完动画元素后，没有将其转换为元件，而是直接创建传统补间动画。这时 Animate 会自动将该关键帧上的元素转换为图形元件，并命名为“补间 1”“补间 2”“补间 3”……，这样“库”面板中的文件会比较乱，并且不方便辨别，建议读者养成好的习惯，新建元件或将元素转换为元件后，再创建传统补间动画。

创建好传统补间动画后，Animate 会根据起始关键帧和结束关键帧两者之间的属性差别自动补齐中间过渡帧的动作变化。动画效果取决于两个关键帧之间实例属性的差别，实例的元件类型不同，设置的属性也不同。其中影片剪辑元件实例的属性设置要更多一些，例如，可以实现位移、缩放、透明度变化（Alpha 值）、色调变化、滤镜等动画效果，如图 6-27 所示。

图 6-27　影片剪辑元件实例的属性设置

2．旋转动画

通过创建传统补间动画可以制作旋转的动画效果，对于旋转角度不超过 360° 的情况，可以使用任意变形工具来实现。而对于钟表的转动、风车的转动或者车轮的转动等圆周运动动画，就需要通过设置补间动画的旋转方向和旋转周数来实现。

例如，汽车轮子转动的动画效果为圆周运动，方向为逆时针。首先将“汽车轮子”元件拖动到舞台上并创建传统补间动画，然后选择其中任意一帧，在“帧”的“属性”面板的“旋转”下拉列表中选择“逆时针”选项，旋转周数默认为 1，可以根据快慢效果，调整旋转周数，如图 6-28 所示。

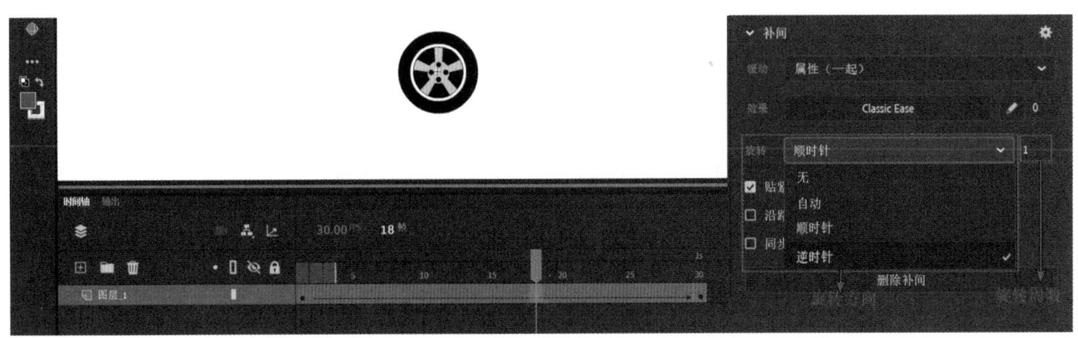

图 6-28　设置旋转动画

3．缓动

在通常情况下，创建的传统补间动画的动作是均匀变化的，动画之间的差别按照时间帧数平均分配，但在多数情况下需要调整动作变化的节奏，例如，行驶到远方的汽车需要设置为先快后慢，高空落下的小球需要设置为先慢后快。

在 Animate 中，通过“缓动”属性来调整动画的节奏，缓动值的范围为-100～100，值越大，动画开始的速度越快。图 6-29 所示为小球位置移动动画，打开“绘制纸外观”模式，观察各个帧的变化。当缓动值为 0 时，小球是匀速运动的，小球运动的距离是相等的；当缓动值为-100 时，最开始小球移动速度慢；而当缓动值为 100 时，最开始小球位置变化大，移动速度快。还可以打开“效果”对话框，选择预设好的缓动效果，图 6-29 中的最后一张图呈现的是 Bounce 弹球的缓动效果。

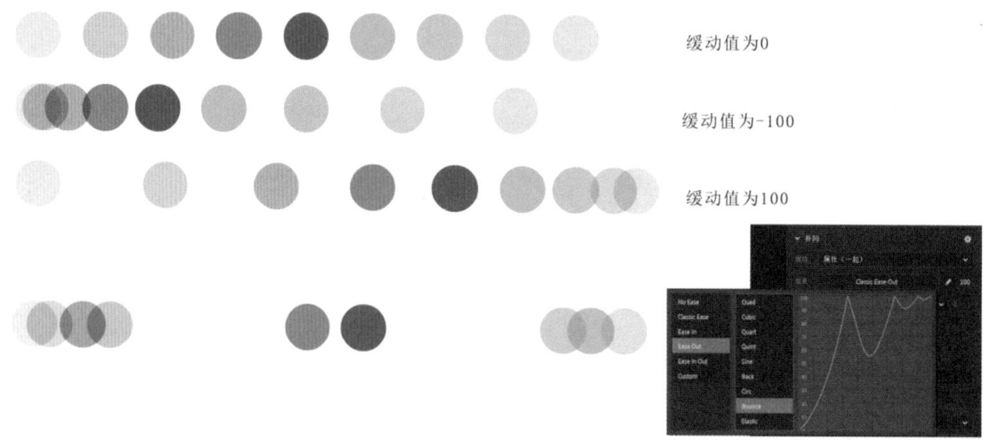

图 6-29　设置缓动

6.2.3　补间动画基本操作

补间动画是一种使用元件的动画，用来创建运动、大小和旋转的变化、淡化及颜色效果。补间动画是通过为第一帧和最后一帧之间的某个对象属性指定不同的值来创建的。对象属性包括位置、大小、颜色、效果、滤镜及旋转。补间动画插入的是属性关键帧，在属性关键帧中可以对单一属性进行变换，也可以对全部属性进行变换。

传统补间是指在 Flash CS3 和更早版本中使用的补间，从 Flash CS4 版本开始增加了补间动画，相比传统补间动画，补间动画的使用更加简便。

传统补间动画可以做直线运动，不能做曲线运动，要想做曲线运动需要通过制作引导线动画来实现。而补间动画则可以通过对运动路径进行调整来实现实例对象的曲线运动。

1．制作补间动画的过程

制作补间动画的过程与制作传统补间动画的过程类似，具体操作如下。

（1）方法一：选择起始帧，选择“插入”—“创建补间动画”命令。方法二：在起始帧上单击鼠标右键，在弹出的快捷菜单中选择“创建补间动画”命令。方法三：选择起始帧，单击时间轴工具箱中的按钮。这 3 种方法都可以制作补间动画。

（2）补间范围在时间轴中显示为黄色背景的一组帧。当需要对某一帧的对象属性进行修改时，只需要将播放头拖动到该帧处，改变元件实例的属性即可。如果动画对象具有一个或多个变化的属性，则可以添加多个属性关键帧，如图 6-30 所示。

图 6-30 改变动画对象的属性

2．补间动画制作过程中的注意事项

（1）补间动画应用于元件实例和文本对象，对于其他对象会弹出对话框提示将其转换为影片剪辑元件，“库”面板中的元件会依次按照“元件 1”“元件 2”“元件 3”……命名。

（2）属性关键帧是指在补间范围内为补间目标对象显式定义一个或多个属性值的帧。在补间动画的某一帧上修改实例对象的属性值，即添加了一个属性关键帧。属性包括位置、缩放、切斜、旋转、颜色、滤镜等。

（3）一个补间图层中的补间范围只能包含一个元件实例。将其他元件从“库”面板中拖动到时间轴的补间范围上，该元件将会替换补间中原来的元件实例。

3．基本操作

选择补间动画，单击鼠标右键，在弹出的快捷菜单中选择“复制动画”“粘贴动画”“复制属性”“粘贴属性”“选择性粘贴属性”“拆分动画”“合并动画”“翻转关键帧”“运动路径”等命令，对补间动画进行相关操作，如图 6-31 所示。

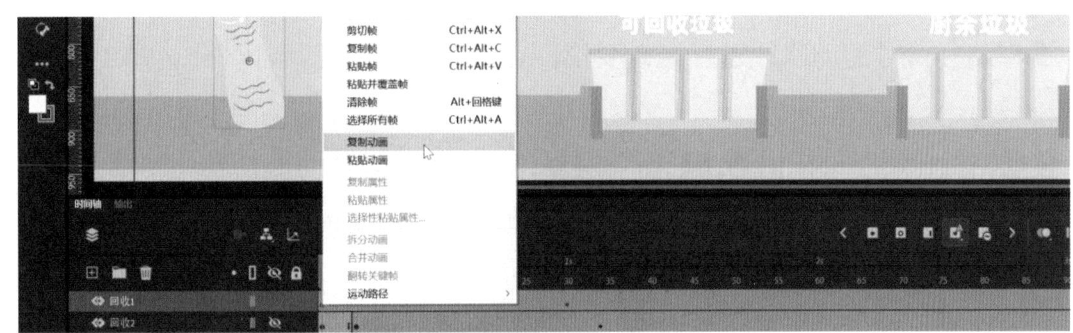

图 6-31 补间动画的基本操作

（1）复制、粘贴动画。复制、粘贴动画操作可以简单地将一个补间动画应用到另一个实例对象上。复制后的动画效果可以再次进行修改。

（2）移动补间动画。可将“补间动画”作为单个对象进行操作，按住 Shift 键并单击补间动画其中一帧，则会选择整个补间动画，拖动鼠标可以将“补间动画”从时间轴中的一个位置拖动到另一个位置，也可以拖动到另一个图层上。

（3）改变补间动画时间。制作完成补间动画后，可以调整整个补间动画的时间，在补间动画最后一帧处，当鼠标指针变成双向箭头↔时，拖动鼠标可以改变补间动画的时间，而补间动画中的属性关键帧位置也随比例进行改变。

（4）复制、粘贴属性。在制作补间动画时，可以将某一帧的实例对象的属性复制后，粘贴到另一个实例对象上，实例对象可以不同。也可以选择粘贴部分属性，即选择“选择性粘贴属性”命令，在弹出的“粘贴特定属性”对话框中，选择需要粘贴的属性。

（5）合并、拆分动画。要将一个补间动画拆分为两个独立的补间动画，首先选择补间范围内的单个帧，然后单击鼠标右键，在弹出的快捷菜单中选择“拆分动画”命令，即可将一个补间动画拆分为两个独立的补间动画。

若要合并两个连续的补间动画，首先按住“Shift”键并选择连续的补间动画，然后单击鼠标右键，在弹出的快捷菜单中选择“合并动画”命令，即可完成动画的合并（注意：合并的两个补间动画针对的是同一实例对象的补间动画）。

4．编辑补间动画的运动路径

在制作补间动画时，如果制作补间动画的实例对象的位置属性发生变化，则在舞台上会有与之关联的运动路径。如果不是对位置属性进行改变，则舞台上不显示运动路径。舞台上补间动画的运动路径是一条带有蓝色小菱形的虚线，每个小菱形代表补间动画在每帧上的位置，稍微大一点的菱形代表属性关键帧。

表示补间动画的运动路径用于显示动画对象在舞台上移动时所经过的路径。用户可以像编辑线条一样对运动路径进行选取、缩放、变形等操作。对补间动画运动路径的操作如图6-32所示。

（1）编辑路径：对运动路径进行修改变形，可以使用选择工具、部分选择工具、钢笔工具调整线条。

（2）移动路径：使用鼠标拖动路径即可实现路径的移动，从而改变补间动画整体的位置。

（3）粘贴路径：可以在其他图层上绘制一条表示运动路径的线条，将其粘贴到补间动画的图层中，则实例对象会按照粘贴的路径进行运动。

（4）删除路径：选择路径后，按Delete键将其删除，则补间动画的位置属性也被删除，没有位置移动，而其他属性设置维持原状。

（5）翻转路径：选择路径后，单击鼠标右键，在弹出的快捷菜单中选择“运动路径”—“翻转路径”命令，即可实现运动路径的翻转。翻转路径的效果与传统补间动画中翻转帧的效果类似，会将补间动画起止路径翻转。

（6）浮动路径：选择路径，单击鼠标右键，在弹出的快捷菜单中选择“运动路径”—“将关键帧切换为浮动”命令。其主要作用是使整个补间动画的运动速度保持一致。

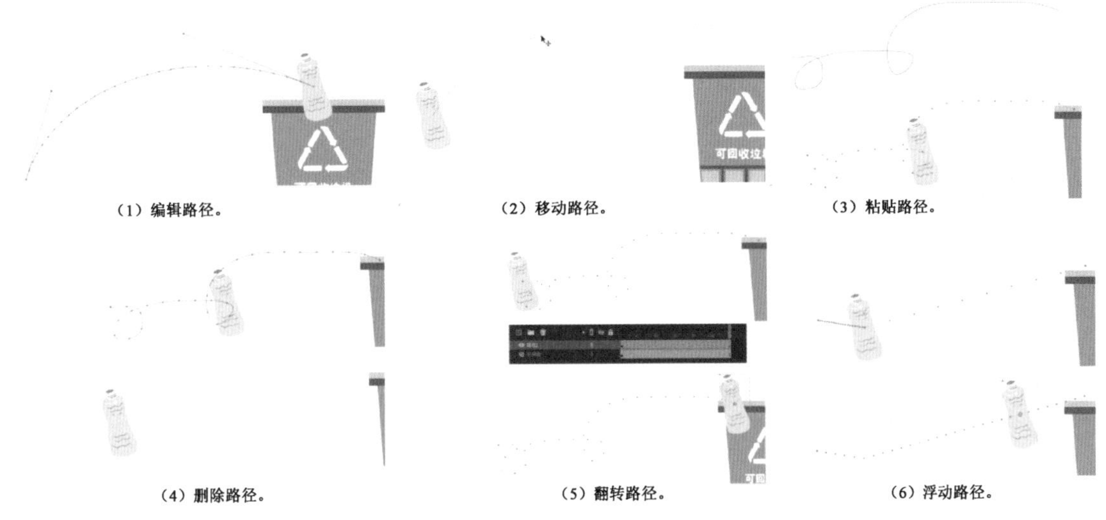

（1）编辑路径。
（2）移动路径。
（3）粘贴路径。
（4）删除路径。
（5）翻转路径。
（6）浮动路径。

图 6-32 对补间动画运动路径的操作

6.2.4 动画预设

“动画预设”面板可以将制作完成的补间动画保存为模板，并将其应用到其他实例对象上。选择“窗口”—“动画预设”命令，打开“动画预设”面板。

“动画预设”面板包括预览和项目管理两个部分。Animate 默认包括 30 种预设的动画类型，用户选择元件实例或文本对象后，在“动画预设”面板上选择预设的动画类型，单击“应用”按钮，就会将动画效果应用到选择的元件实例或文本对象上。

例如，制作“3D 文本滚动”动画效果。在舞台上选择文本对象后，打开“动画预设”面板，在“默认预设”文件夹中选择“3D 文本滚动”预设，单击“应用”按钮后，即可实现“3D 文本滚动”动画效果，如图 6-33 所示。

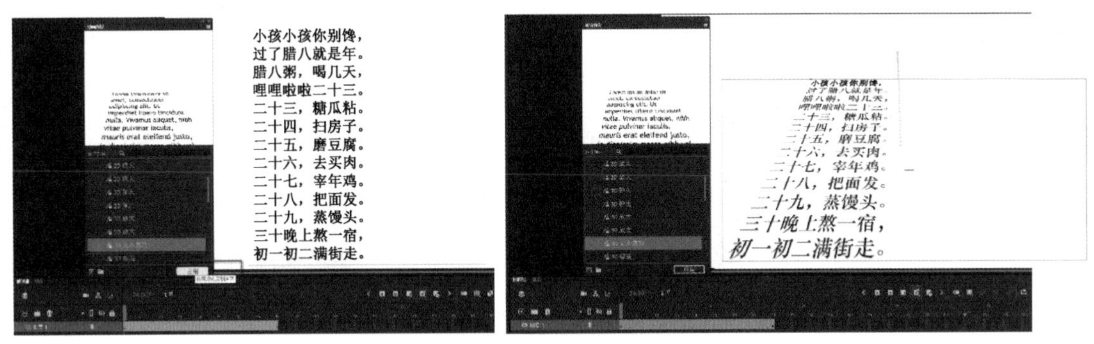

图 6-33 应用动画预设

6.3 形状补间动画

6.3.1 课堂实例 3——元宵节

实例分析

每年农历正月十五是元宵节，又称上元节、小正月、元夕或灯节。元宵节是中国传统节日之一。元宵节主要有元宵灯节、赏花灯、吃汤圆、吃元宵、猜灯谜、放烟花等一系列传统民俗活动。此外，不少地方在元宵节当天还增加了游龙灯、舞狮子、踩高跷、划旱船、扭秧歌、打太平鼓等传统民俗表演。

图 6-34　元宵节动画效果

本实例利用形状补间动画制作元宵节花灯烛光变化、灯笼穗儿变形等动画效果，如图 6-34 所示。形状补间动画针对的动画类型为形状，在制作的过程中不需要将动画元素转换为元件，而是需要先将元件实例或者组合分离为“形状”，然后创建形状补间动画。如果形状变化不符合要求，则可以应用形状提示调节形状变化。

操作步骤

1．新建文档并设置背景

新建文档，并将文档保存为“元宵节.fla”。设置文档大小为 1280 像素×720 像素，在舞台上绘制一个矩形，覆盖舞台，设置颜色为线性渐变，如图 6-35 所示。

2．导入库文件

选择“文件”—“导入”—“打开外部库”命令，导入“元宵节素材.fla”文件，将里面的素材导入本地库中进行操作。将库中的“灯笼”和“人物”素材元件拖动到舞台上，使用任意变形工具调整大小。使用线条工具绘制挂灯笼的线并调整层级顺序。效果如图 6-36 所示。将灯笼放在“灯笼”图层上，将人物放在“人物”图层上，在制作的过程中实现分层操作。

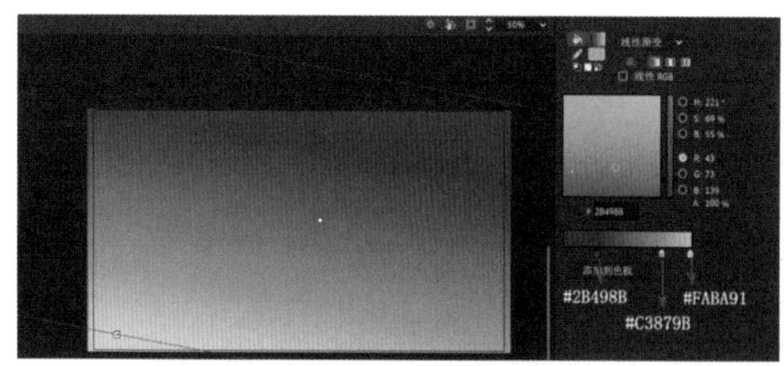

图 6-35　设置渐变颜色

图 6-36　添加素材后的效果

3．添加背景灯光效果

将“灯笼”图层中的所有元素选中，单击鼠标右键，在弹出的快捷菜单中选择“转换为元件”命令，命名为“灯笼组合”，类型为“影片剪辑”。

新建“灯笼背景”图层，在舞台上添加 3 个“灯笼组合”元件实例，设置不同的模糊滤镜特效，模拟远处的背景灯光效果，如图 6-37 所示。需要注意排列的层级顺序，将模糊值高的“灯笼组合”元件实例放置在底层。

图 6-37 添加背景灯光效果

4．添加灯笼烛光效果

新建影片剪辑元件“烛光”，首先在舞台上绘制一个椭圆形，设置为径向渐变，设置左侧颜色为#FF9908，Alpha 值为 100%；设置右侧颜色也为#FF9908，Alpha 值为 0%。选择图层_1 的第 1 帧并单击鼠标右键，在弹出的快捷菜单中选择“创建形状补间”命令，分别在第 30 帧、第 60 帧处插入关键帧，在第 30 帧处对形状进行放大，并设置径向渐变左侧颜色的 Alpha 值为 0%，如图 6-38 所示。

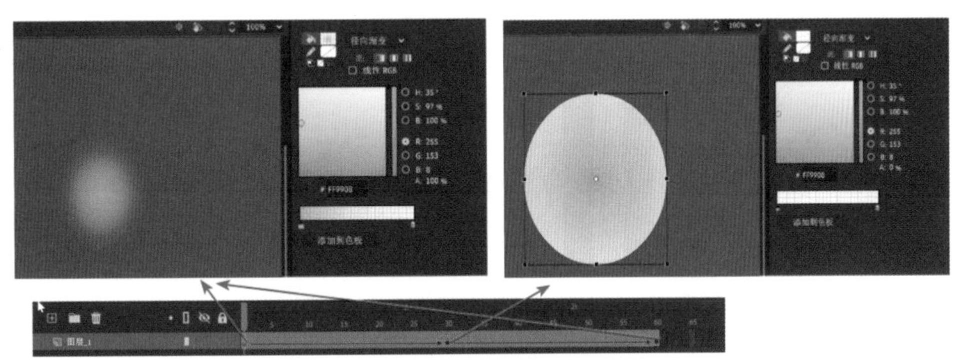

图 6-38 创建形状补间动画

回到主场景中，新建一个图层，重命名为“烛光”，将“烛光”元件拖动到有灯笼的上方，在“属性”面板中可以添加不同的模糊滤镜，使效果更佳。

5．制作灯笼穗儿的动画效果

新建名称为“灯笼穗儿”的影片剪辑元件，利用形状补间动画制作风吹动的效果，制作过程如图 6-39 所示。太复杂的图形变化不好控制，所以将灯笼穗儿分成 3 个图层，每个图层的形状单独变化。

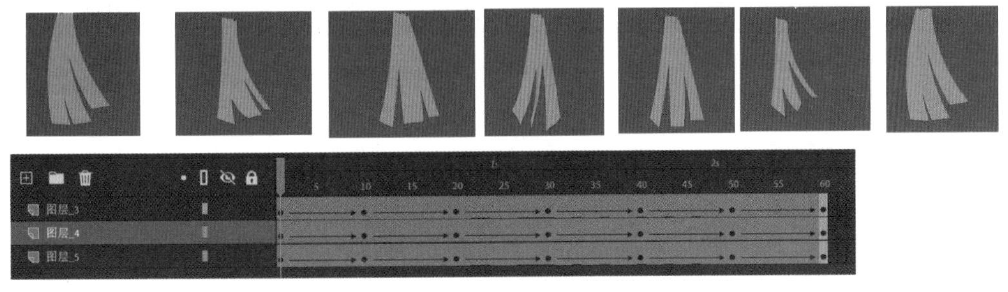

图 6-39 灯笼穗儿形状补间动画的制作过程

使用选择工具调整形状，技巧是首先调整形状的 4 个主要顶点，然后进行弯曲变形，最好不要出现形状翻转，如果出现形状翻转，则可以通过应用形状提示来进行控制，最后将灯笼穗儿动画添加在相应的灯笼下面。

6．制作灯谜标签的动画效果

“灯谜标签”的动画制作过程与“灯笼穗儿”的动画制作过程类似。首先将不同的形状分散到不同的图层上，然后将线条和标签部分同时使用任意变形工具中的扭曲工具进行变形，这样一起操作，可以使动作同步。而穗子形状比较复杂，可以使用任意变形工具中的封套工具来进行变形，变形幅度不宜过大，过程如图 6-40 所示。

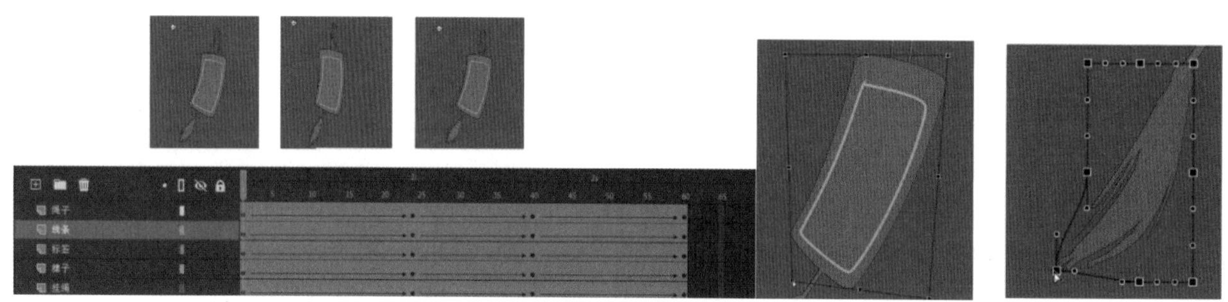

图 6-40　制作灯谜标签动画

最后将“灯谜标签”的元件拖动到舞台相应的位置。

7．测试并发布影片

按 Ctrl+Enter 快捷键测试并发布影片，即可完成元宵节动画效果的制作。

举一反三

将 6.1.1 节低碳出行实例中的女孩头发，使用形状补间动画制作风吹头发的效果，如图 6-41 所示。

图 6-41　风吹头发变形动画

进阶训练

本实例主要制作柳条飘动的动画效果，如图 6-42 所示。柳条的变化主要采用形状补间动画来制作，具体操作可参考配套教学资源中的“进阶训练 13”文档。

图 6-42 柳条飘动的动画效果

6.3.2 形状补间动画基本操作

形状补间动画可以实现两个形状之间的变化，还可以实现形状之间颜色、大小、位置的变化。制作形状补间动画的对象为“形状”，在“属性”面板中的属性为“形状”，在制作的过程中不需要将动画元素转换为元件，而是需要将元件实例或者组合分离为“形状”。

1．制作形状补间动画的过程

制作形状补间动画的过程与制作传统补间动画的过程类似。方法一：选择“插入”—“创建补间形状”命令。方法二：在起始帧上单击鼠标右键，在弹出的快捷菜单中选择“创建补间形状”命令。方法三：单击时间轴工具箱中的按钮。这 3 种方法都可以制作形状补间动画。

形状补间动画有两个关键帧，即起始关键帧和结束关键帧，在两个关键帧上绘制不同的形状，Animate 将根据两个关键帧形状的差别补充中间帧动画。形状补间动画制作成功后，会在两个关键帧之间形成橙色背景和一个黑色实线箭头，如图 6-43 所示。如果过渡帧是虚线，没有实线箭头，则代表没有正确地完成形状补间。通常是由于缺少起始关键帧或结束关键帧，或者起始关键帧或结束关键帧上的对象不是形状。

图 6-43 形状补间动画

2．形状补间动画的属性设置

制作完成形状补间动画后，在帧的“属性”面板中可以对形状补间动画的属性进行设置，如图 6-44 所示。

形状补间动画的属性设置与传统补间动画的属性设置类似，也包括“缓动”属性，值的范围为-100～100，数值越大，动画运动的速度越快。

图 6-44　形状补间动画的属性设置

“混合”属性包括角形和分布式两个参数。分布式的形状变化比较平滑和不规则。角形形状会保留明显的角和直线。

3．应用形状提示

在制作变形动画时，如果形状变形较为复杂，则可以通过应用形状提示来控制形状变化。

1）添加形状提示

选择图形，选择“修改”—“形状”—“添加形状提示”命令，添加形状提示。形状提示是一个有颜色的实心小圆形，上面标志着小写的英文字母，用于识别起始形状和结束形状中相对应的点。对于每一个形状变化过程，可以为它添加 26 个形状提示（从 a 标记到 z 标记）。

添加第 1 个形状提示后，可以在舞台上已有的形状提示上单击鼠标右键，在弹出的快捷菜单中选择“添加提示”命令，继续添加形状提示，如图 6-45 所示。

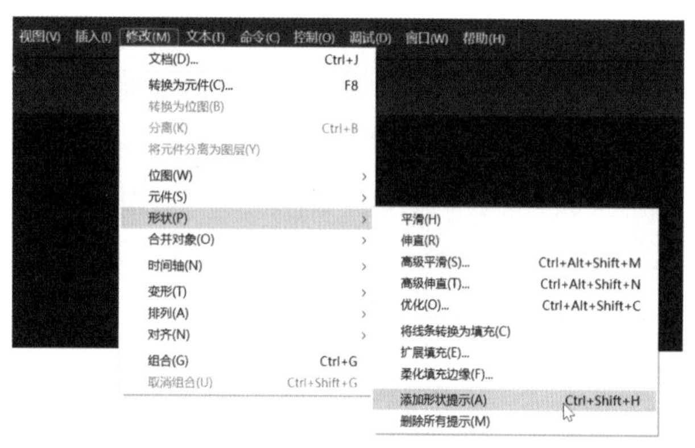
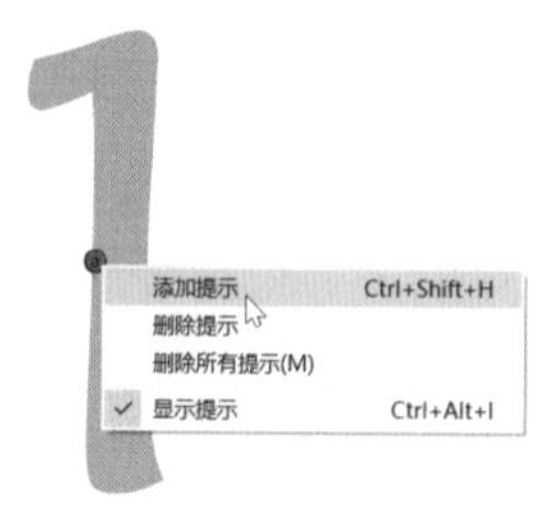

图 6-45　添加形状提示

2）编辑形状提示

通常添加的形状提示都放置在形状的中间位置，使用鼠标拖动形状提示可以改变位置，按照顺时针方向进行设置。同理，在形状补间动画的结束关键帧上，按照同样的顺序设置形状提示的位置。

形状提示设置成功后，起始帧的形状提示会变成黄色，结束帧的形状提示会变成绿色，如图 6-46 所示。应用形状提示比没有应用形状提示的形状的变化过程更有规律。

3）删除形状提示

删除形状提示的操作比较简单，使用鼠标将形状提示拖出舞台，即可删除该形状提示，或者在需要删除的形状提示上单击鼠标右键，在弹出的快捷菜单中选择“删除提示”或“删除所有提示”命令，即可删除一个形状提示或所有形状提示。

删除所有的形状提示也可以选择“修改”—“形状”—“删除所有提示”命令。

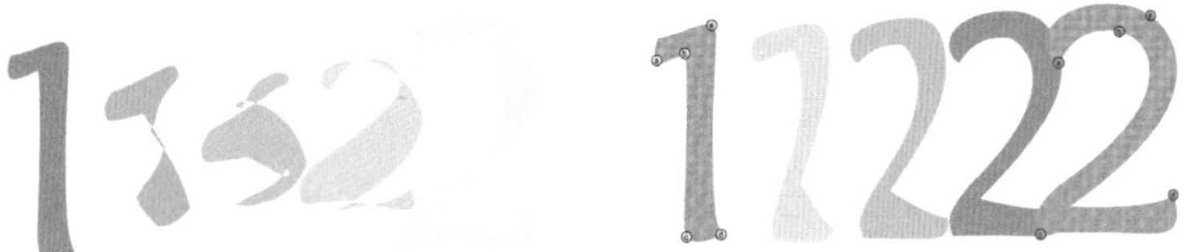

图 6-46 应用形状提示

知识拓展 补间动画、形状补间动画、传统补间动画之间的区别

本章主要介绍了逐帧动画、动作补间动画、形状补间动画的创建与实例制作，动作补间动画包括补间动画和传统补间动画。读者可通过查看配套教学资源中的“知识拓展 6”文档，了解补间动画、形状补间动画、传统补间动画之间的区别，以及它们的具体应用。

本章小结

基本动画类型主要包括逐帧动画、传统补间动画、形状补间动画、补间动画。帧的基本操作包括插入帧、删除帧、插入关键帧、删除关键帧、复制/粘贴帧等。补间动画主要完成元件实例的大小、旋转、位置等属性变化，而形状补间动画可实现两个形状之间的相互转换。动作补间动画分为传统补间动画和补间动画，可针对不同的动画类型选择适合的补间形式。

课后实训 6

端午节与春节、清明节、中秋节并称为中国四大传统节日。端午节文化在世界上影响广泛，一些国家和地区也有庆贺端午节的活动。端午节是中国首个入选世界非物质文化遗产的节日。端午节的习俗有吃粽子、拴五色丝线、饮雄黄酒、赛龙舟、悬艾叶菖蒲、打马球、吃咸鸭蛋、佩香囊、吃打糕、踏青等。

本实例制作端午节赛龙舟的动画效果，如图 6-47 所示。

图 6-47 端午节赛龙舟的动画效果

操作提示

（1）粽子小人划船采用逐帧动画来制作。

（2）水波纹的动画效果采用形状补间动画来制作。

（3）船桨动画采用传统补间动画来制作。

（4）船水平移动的效果采用传统补间动画或补间动画来制作。

具体操作可参考配套教学资源中的“课后实训 6”文档。

课后习题 6

1. 选择题

（1）插入关键帧的快捷键为（　　）。

A. F6　　B. F5　　C. F4　　D. F7

（2）插入空白关键帧的快捷键为（　　）。

A. F6　　B. F5　　C. F4　　D. F7

（3）删除帧的快捷键为（　　）。

A. Shift+F6　　B. Shift+F5

C. Ctrl+F6　　D. Ctrl+F5

（4）删除关键帧执行的操作为（　　）。

A. 单击鼠标右键，选择“删除帧”命令

B. 单击鼠标右键，选择“清除关键帧”命令

C. 按 Shift+F5 快捷键

D. 按 Shift+F7 快捷键

（5）下列在编辑窗口中可以预览，并且依赖于场景时间轴的元件是（　　），在编辑窗口中不可以预览，并且独立于场景时间轴的元件是（　　）。

A. 图形　　B. 影片剪辑

C. 按钮　　D. 声音

（6）下列不支持行为的元件是（　　），不支持声音的元件是（　　）

A. 图形　　B. 影片剪辑

C. 按钮　　D. 声音

（7）下列关于形状补间的描述正确的是（　　）。

A. 如果一次补间多个形状，则这些形状必须处在上下相邻的若干个图层上

B. Animate 可以补间形状的位置、大小、颜色和透明度

C. 对于存在形状补间的图层无法使用遮罩效果

D. 以上描述均正确

2. 填空题

（1）按 F5 键执行的操作为__________。按 F6 键执行的操作为____________。按 F7 键执行的操作为____________。

（2）形状补间动画的操作对象的类型为__________。

（3）在制作变形动画时，如果形状变形较为复杂，则可以通过__________控制形状变化。

3. 简答题

（1）简述制作传统补间动画的步骤。

（2）简述传统补间动画与补间动画之间的区别。

图层与高级动画

第 7 章

学习目标

本章主要学习图层的基本操作，制作特殊的图层动画效果，如遮罩动画、引导线动画、摄像机动画。

- 掌握图层操作的基本方法。
- 掌握遮罩动画的原理和制作方法。
- 掌握和理解普通引导层和运动引导层之间的关系。
- 掌握制作引导线动画的方法。
- 掌握制作摄像机动画的方法。

重点难点

- 理解遮罩层与被遮罩层之间的关系。
- 理解普通引导层和运动引导层之间的关系。
- 理解如何引导对象做复杂的曲线运动。
- 使用摄像机动画制作推镜头、拉镜头、移镜头等动画效果。

7.1 图层基本操作与遮罩动画

7.1.1 课堂实例 1——无偿献血

实例分析

无偿献血是指为拯救他人生命，志愿将自身的血液无私奉献给社会公益事业的行为。无偿献血是无私奉献、救死扶伤的崇高行为，是我国血液事业发展的总方向。献血是爱心奉献的体现，帮助病人解除病痛、抢救他们的生命，其价值是无法用金钱来衡量的。

本实例效果如图 7-1 所示，动画效果为 A、B、O、AB 这 4 种血型的手臂的血液通过输液管输送到心形轮廓中，表示心脏跳动的心电图图案循环显示出来，生命有了新的活力，最后显示“无偿献血 关爱生命”的宣传语。在制作的过程中主要对图层进行新建、复制、粘贴等操作，以及创建遮罩动画。

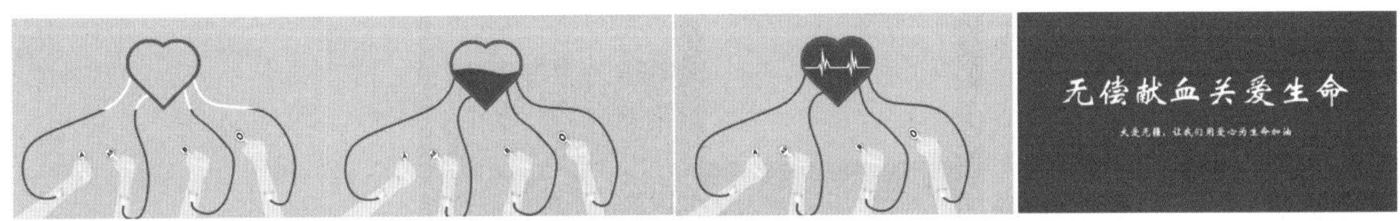

图 7-1　无偿献血效果

操作步骤

1. 新建文档并保存

新建文档，并将文档保存为“图片切换.fla”。文档大小默认为1280像素×720像素。

2. 添加素材

如图7-2所示，创建6个图层，将手臂、胶布、心形轮廓等放置在不同的图层上。在“白色输液管”图层上可以使用铅笔工具绘制曲线，连接到心形轮廓边缘。由于线条是不能作为遮罩层的，因此需要将绘制的线条转换为填充（选择“将线条转换为填充”命令）。

右击“白色输液管”图层，在弹出的快捷菜单中选择“复制图层”命令，一个“白色输液管”图层作为透明输液管显示，另一个“白色输液管”图层作为遮罩动画的遮罩层，“血”图层上的内容为红色矩形。

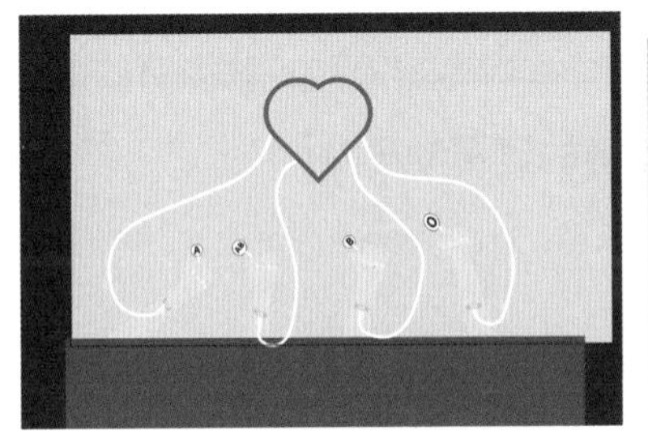

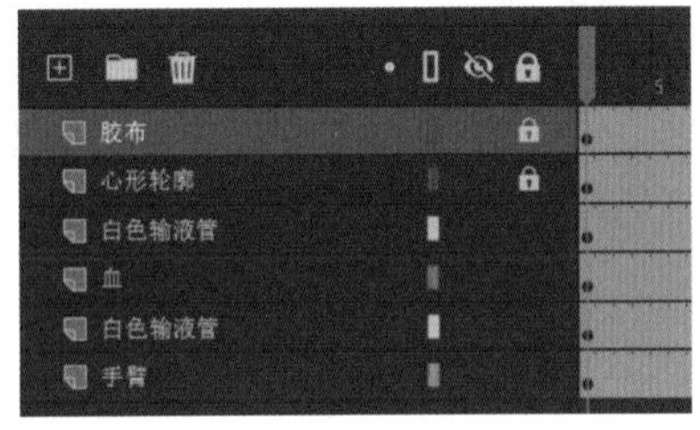

图 7-2　添加素材

3. 制作输液管的遮罩动画

遮罩动画分为遮罩层和被遮罩层，遮罩层提供的是图形显示的形状，而被遮罩层则提供显示的内容。

具体操作如图7-3所示。右击“白色输液管”图层，在弹出的快捷菜单中选择“遮罩层”命令，“白色输液管”下面的“血”图层会变成“被遮罩层”缩进遮罩图层的下方，表示遮罩动画制作完成。在被遮罩层中制作位置移动的动画效果，从舞台下方，移动到将所有输液管覆盖的位置。

4. 制作心形轮廓的遮罩动画

新建一个名为“心”的图层。将填充好的心形轮廓放置在舞台上，在它的上方新建一个名为“遮罩轮廓”的图层，在第65帧处插入关键帧，绘制一个矩形，将上面的边缘调节为曲线，创建形状补间动画，动画效果为边变形边向上移动，逐渐将心形轮廓覆盖，如图7-4所示。

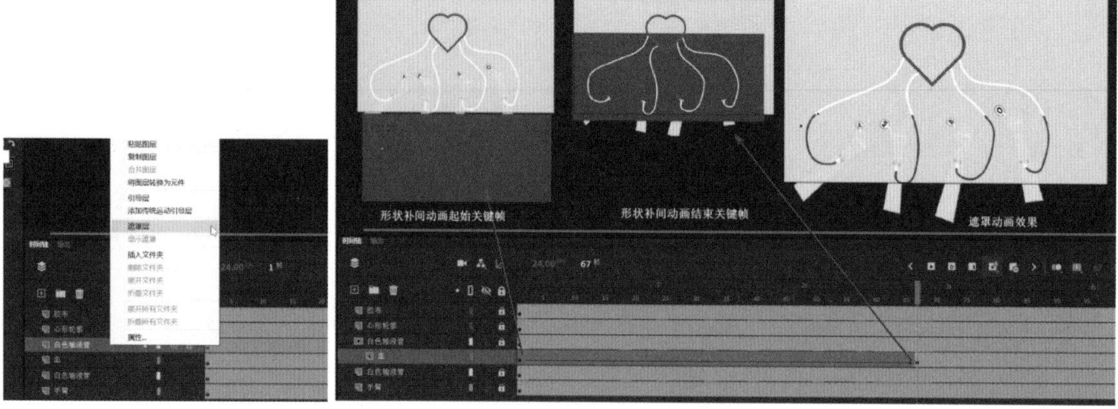

图 7-3　输液管的遮罩动画

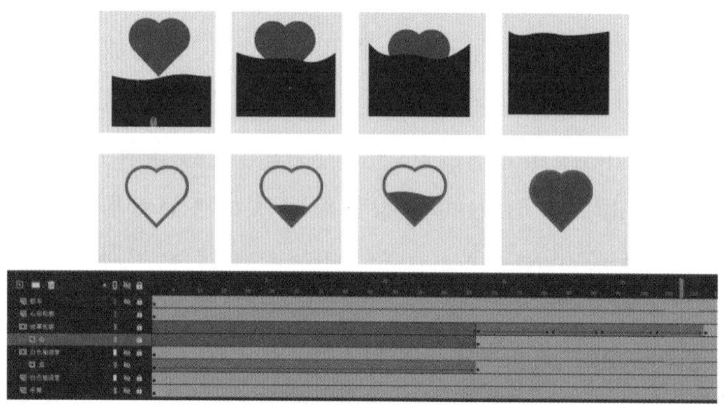

图 7-4　心形轮廓的遮罩动画

5．制作心电图图案动画

新建一个“心电图动画”影片剪辑元件，该影片剪辑元件由 3 个图层组成，在“心形轮廓”图层中添加心形轮廓，这里主要起到辅助绘制的作用，动画制作完成后可以删除。在“心电图”图层中绘制心电图图案。在“心电图”图层上方新建一个“遮罩”图层，创建遮罩动画。由于心电图图案是逐渐显示出来并且图形是不规则的，因此采用逐帧动画来制作。使用传统画笔工具，选择合适的笔触大小将心电图线条逐渐覆盖。具体操作是：先覆盖一部分后插入关键帧（快捷键为 F6），再覆盖一部分后插入关键帧（快捷键为 F6），重复上面的操作步骤，直到线条都被覆盖，如图 7-5 所示。

制作完成后，回到主场景，新建“心电图”图层，在第 120 帧处插入关键帧，将“心电图动画”影片剪辑元件拖动到舞台上。

6．制作过渡和文本动画

过渡动画为补间动画，新建“过渡”图层，在第 150 帧处插入关键帧，将“心形”放置在舞台上，制作传统补间动画，在 180 帧处插入关键帧，将“心形”放大，覆盖整个舞台。

文本动画是简单的“淡入”效果动画，新建“文本”图层，输入“无偿献血关爱生命”的宣传语，创建传统补间动画，设置起始帧的 Alpha 值为 0%，结束帧的 Alpha 值为 100%，制作“淡入”效果，如图 7-6 所示。

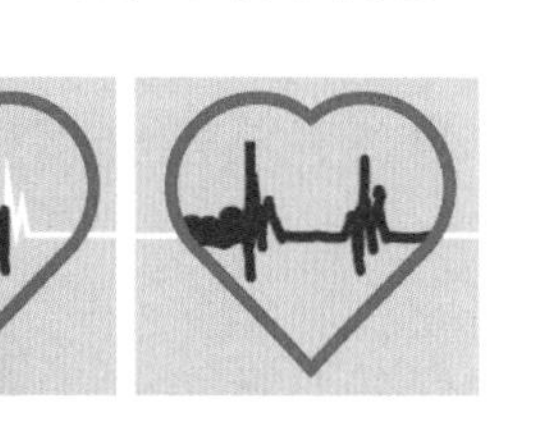
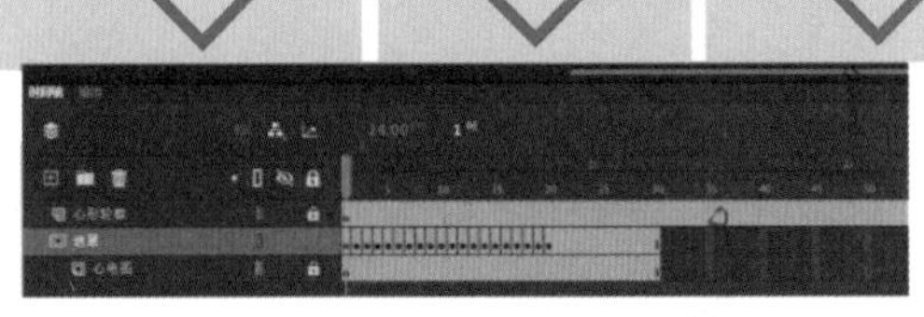

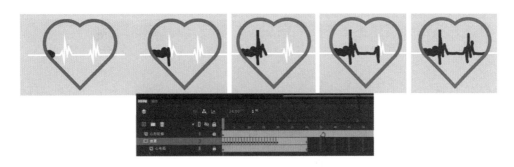

图 7-5 心电图图案动画

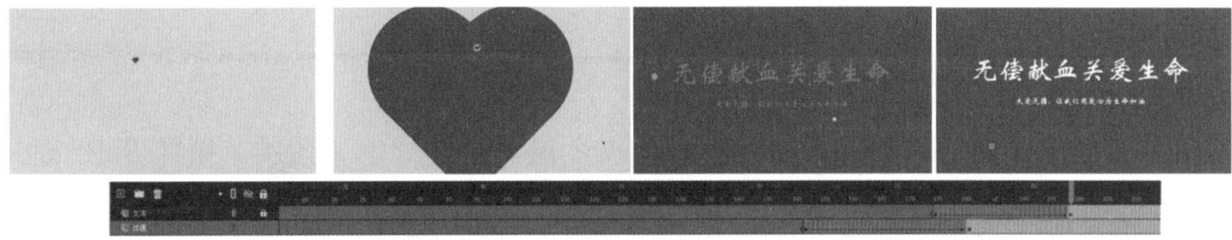

图 7-6 过渡和文本动画

7．测试并发布影片

按 Ctrl+Enter 快捷键测试并发布影片。

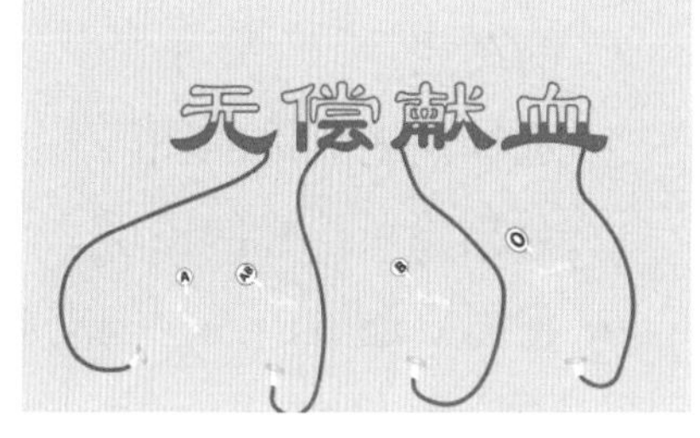

图 7-7 举一反三动画效果

举一反三

本实例使用遮罩动画制作“无偿献血”文本逐渐被充满的过程，动画效果如图 7-7 所示。

进阶训练

使用遮罩动画可以制作丰富多彩的图片切换效果，本实例呈现的是多张图片的切换效果，可以将其应用到电子相册、场景及镜头切换上，制作出丰富的动态效果，如图 7-8 所示。具体操作可参考配套教学资源中的“进阶训练 14”文档。

图 7-8 图片切换效果

7.1.2 图层基本操作

图层就像堆叠在一起的多张幻灯胶片一样，每个图层都包含不同的内容，最后叠加在一起显现在舞台上。如果图层内容重叠，则上面图层的内容会遮挡下面图层的内容。在绘制动画场景时，可以将场景中的前景、中景、背景分别放置在不同的图层上。在制作动画时，可以将动与不动的元素分别放置在不同的图层上，例如，在制作人物走路的动画时，可以将人物的四肢、身体、头部分别放置在不同的图层上，以便于后续制作。

1．添加图层

添加图层的具体方法如下。

- 选择“插入”—“时间轴”—“图层”命令，即可添加图层。
- 单击“时间轴”面板左上角的“新建图层”按钮，即可添加图层。
- 选择一个图层，单击鼠标右键，在弹出的快捷菜单中选择“插入图层”命令，则会在所选择图层的上面添加一个新的图层。

2．选择图层

选择图层与选择其他对象的方法相似，单击图层，则选择单个图层。按住 Shift 键并单击可选择多个连续的图层，按住 Ctrl 键并单击可选择多个不连续的图层。

3．删除图层

删除图层的具体方法如下。

- 选择需要删除的图层，单击“时间轴”面板左上角的“删除”按钮，则会删除所选择的图层。
- 选择需要删除的图层，单击鼠标右键，在弹出的快捷菜单中选择“删除图层”命令，则会删除所选择的图层。
- 将需要删除的图层拖动到“删除图层”按钮处，即可实现删除图层的操作。

4．隐藏、锁定图层及显示轮廓

Animate 动画经常将不同的元素放置在不同的图层上来显示，为了方便在对某一个图层进行操作时，不影响其他图层中的对象，通常会将其他图层隐藏或者锁定（不能进行操作）。图层右上角的 4 个按钮分别表示对所有图层进行突出显示、显示轮廓、隐藏和锁定。单击图层上方的按钮，对所有图层都起作用，再次单击这些按钮则解除操作。如果只需要对某个图层进行操作，则可单击图层右侧相应位置上的按钮来进行操作。

- “对所有图层进行突出显示”功能用于在相应图层下方加上一条颜色线，起到突出显示的作用。
- “显示轮廓”功能用于使图层的对象只显示对象的轮廓，但用户还可以对图层中的对象进行编辑。
- “锁定”功能用于限制用户对图层对象的操作，开启此功能后，用户不能对图层对象进行任何操作。
- “隐藏”功能用于对图层对象进行隐藏，同时用户不能对图层对象进行任何操作。

5．复制、粘贴、拷贝、剪切图层

图层与其他对象一样，可以实现复制、粘贴、拷贝、剪切等操作。在操作图层上单击鼠标右键，在弹出的快捷菜单中选择“复制图层”“粘贴图层”“拷贝图层”“剪切图层”等命令实现相应操作。

6．图层属性

在某个图层上单击鼠标右键，在弹出的快捷菜单中选择“属性”命令，弹出“图层属性”对话框，在“图层属性”对话框中，可以修改图层名称、锁定状态、图层的可见性、图层的类型、轮廓颜色及图层高度，其中，类型包括“一般”（普通图层）、“遮罩层”、“被遮罩”、“文件夹”和“引导层”，如图 7-9 所示。

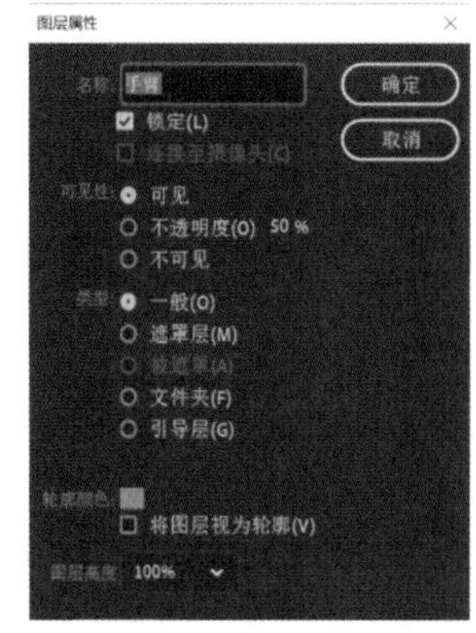

图 7-9 修改图层属性

7.1.3 图层文件夹基本操作

当 Animate 动画中的图层比较多时，可以通过创建图层文件夹来管理图层。在“图层”面板中可进行新建图层文件夹，删除图层文件夹，将图层移入、移出图层文件夹，折叠、展开图层文件夹等操作。

1．新建图层文件夹

新建图层文件夹的具体方法如下。

（1）单击“时间轴”面板左上角的“新建文件夹”按钮，则会在所选择的图层上面添加一个图层文件夹，图层文件夹的名称按照“文件夹 1”“文件夹 2”……排序，用户可根据需要重新命名。

（2）选择“插入”—“时间轴”—“图层文件夹”命令，即可实现新建一个图层文件夹的操作。

2．删除图层文件夹

删除图层文件夹与删除图层类似，具体方法如下。

（1）在需要删除的图层文件夹上单击鼠标右键，在弹出的快捷菜单中选择“删除文件夹”命令，即可删除图层文件夹。

（2）选择需要删除的图层文件夹，单击“删除”按钮，即可删除图层文件夹。

（3）将图层文件夹拖动到“删除”按钮上，即可删除该图层文件夹。

如果图层文件夹中包含图层，则在删除图层文件夹时会弹出提示框提示“删除此图层文件夹也会删除其中的嵌套图层。确实要删除此图层文件夹吗？”，单击“是”按钮，则删除图层文件夹及图层文件夹下嵌套的图层。

3．将图层移入、移出图层文件夹

在创建图层文件夹后，图层文件夹内是没有图层的，需要选择图层，按住鼠标左键将其移动到图层文件夹下面。选择图层，按住鼠标左键将其移动到图层文件夹外面，图层即可移出图层文件夹，如图 7-10 所示。

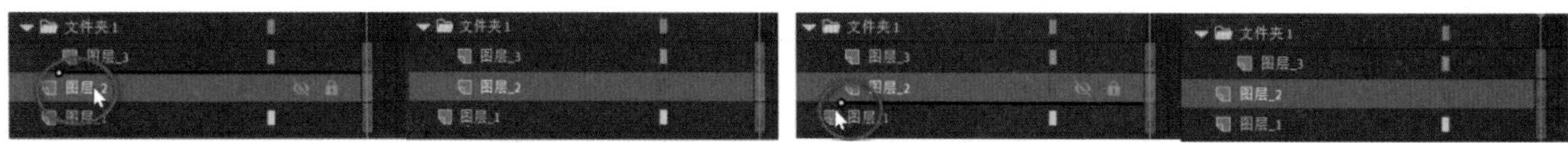

图 7-10　图层移入、移出图层文件夹

4．折叠、展开图层文件夹

在创建图层文件夹后，图层文件夹内可以包含多个图层，当不需要对图层文件夹内的图层进行操作时，可以将图层文件夹折叠；当需要对图层文件夹内的图层进行操作时，可以展开图层文件夹。一般可以通过单击图层文件夹前面的三角形符号来切换图层文件夹的折叠和展开状态。

也可以通过右键快捷菜单来进行操作。在图层文件夹上单击鼠标右键，在弹出的快捷菜单中选择“展开文件夹”、“展开所有文件夹”、“折叠文件夹”或“折叠所有文件夹”命令，可实现展开、折叠图层文件夹的操作。

7.1.4　遮罩动画

1．创建遮罩动画

遮罩动画是 Animate 中一个非常重要的动画类型，通过创建遮罩动画可以制作出丰富多彩的动画效果，如图片切换、画布展开、字幕变化等。

（1）遮罩动画需要创建两个图层，一个是遮罩层，另一个是被遮罩层。遮罩层的内容决定了最后遮罩动画显示的形状、轮廓。被遮罩层的内容为遮罩动画所显示的内容，而显示范围由遮罩层确定。遮罩层与被遮罩层之间的关系如图 7-11 所示。

遮罩层显示的形状

被遮罩层显示的内容

最后的效果

图 7-11　遮罩层与被遮罩层之间的关系

（2）在创建遮罩动画时，需要先制作两个图层，遮罩层放在上面，被遮罩层放在遮罩层下面。右击上面的图层，在弹出的快捷菜单中选择“遮罩层”命令，即创建了遮罩动画，如图 7-12 所示。

（3）创建好遮罩动画后，下面的被遮罩层会移到遮罩层下方。同时，遮罩层的图标变为，被遮罩层的图标变为。单击“锁定”按钮，将遮罩层与被遮罩层锁定，即可看到遮罩动画效果。

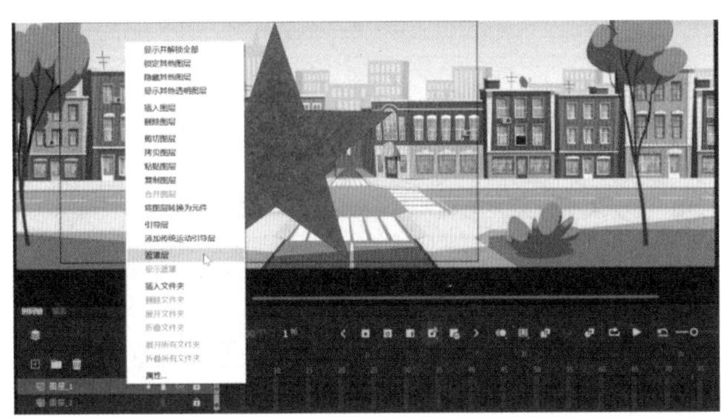

图 7-12 创建遮罩动画

2．遮罩动画制作过程中的注意事项

（1）遮罩层的内容可以是元件实例、图形、位图、文本，但不能是线条，如果是线条，则需要将线条转换为填充。

（2）被遮罩层的内容可以是元件实例、图形、位图、文本和线条等。

（3）Animate 会自动忽略遮罩层中内容的颜色、透明度、样式等属性，会将所有的填充区域认定为遮罩范围。

（4）在编辑窗口中如果需要显示遮罩效果，则需要将图层锁定。

（5）一个遮罩层下面可以有多个被遮罩层，遮罩层与被遮罩层为一对多的关系。

（6）遮罩层中如果有多个元素对象，系统会识别其中一个对象作为遮罩层，其他对象不被识别，所以最好将多个组合转换为一个元件实例。

7.2 引导线动画和摄像机动画

7.2.1 课堂实例 2——贴“福”字

实例分析

春节贴“福”字是传统年俗，每逢新春佳节，家家户户都要在屋门上、墙壁上、门楣上贴上大大小小的“福”字，寄托对幸福生活的向往，对美好未来的祝愿。将“福”字倒过来贴，表示“幸福已到”“福气已到”。

本实例来制作贴“福”字动画效果。制作引导线动画，引导毛笔按照“福”字的笔画顺序来进行运动；制作遮罩动画，完成“福”字逐渐出现的动画效果；制作摄像机动画，将“福”字贴到门上，如图 7-13 所示。

图 7-13 贴“福”字动画效果

操作步骤

1. 新建文档并保存

新建文档，并将文档保存为“贴福字.fla”。设置文档大小为1280像素×720像素。

2. 添加素材

打开外部库“贴福字素材”，将库中的“福字”“红纸”“拿毛笔的手臂”等素材拖动到舞台上并分层显示，如图7-14所示。因为引导线动画是将形状提示吸附到引导线上进行引导运动的，所以需要使用任意变形工具将形状提示放置到毛笔笔尖的位置。

3. 创建运动引导层

右击“毛笔”图层，在弹出的快捷菜单中选择“添加传统运动引导层”命令，则在“毛笔”图层上面新建了一个运动引导层，如图7-15所示。在“引导层-毛笔”图层上，按照文字的笔画顺序，使用铅笔工具绘制毛笔的运动路径。需要注意的是，运动路径相邻比较近的地方，尽量不要交叉、不要断线，在绘制后可使用平滑工具对其进行平滑处理。

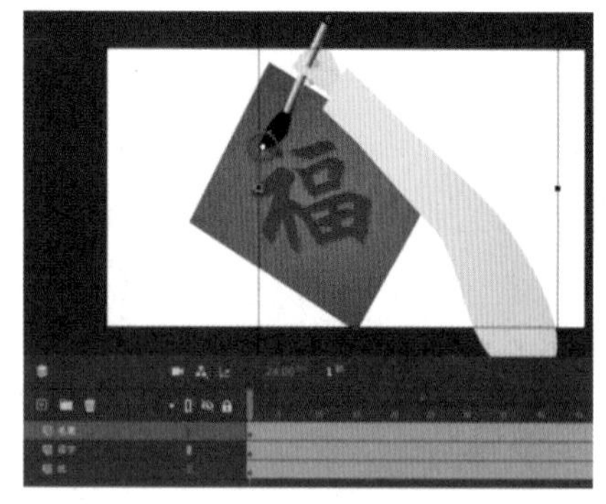

图7-14 添加素材

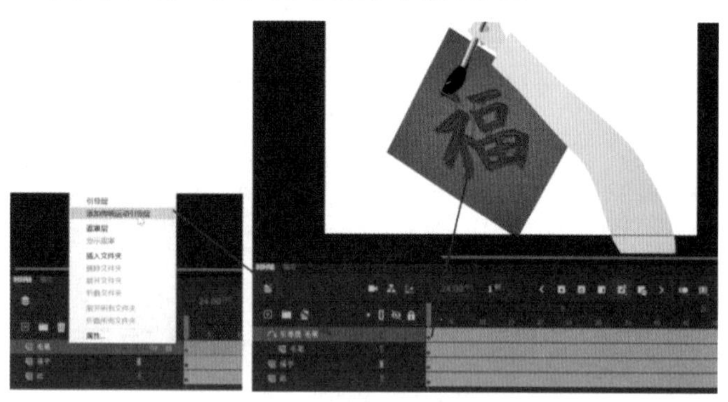

图7-15 创建运动引导层

4. 创建传统补间动画

选择“毛笔”图层的第1帧，创建传统补间动画。在第1帧处，将毛笔的形状提示移动到路径的起点位置，在第60帧处插入关键帧，将毛笔的形状提示移动到路径的结束位置，如图7-16所示。

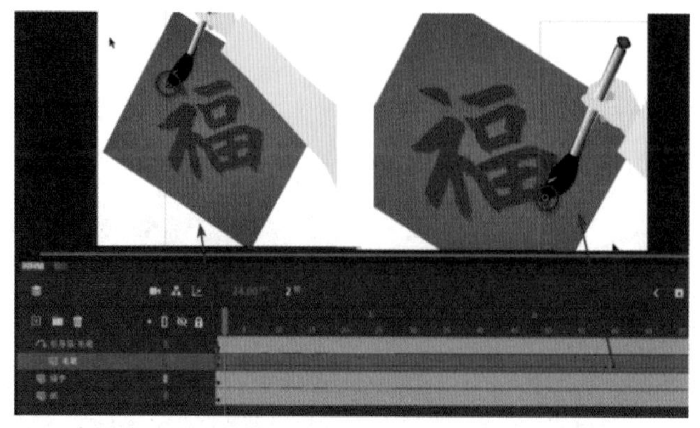

图7-16 创建传统补间动画

注意

如果引导线动画没有创建成功，可能的原因是引导线不连贯，或者引导线交叉过多，系统识别不出来。可以通过分段引导来检查错误，或者分段制作来创建引导线动画。

5．遮罩动画

使用遮罩动画来制作“福”字逐渐写出的效果。被遮罩层的内容不变，为“福”字。遮罩层的范围逐渐扩大，将“福”字逐渐覆盖。具体操作为：选择传统画笔工具，设置适合的形状和笔触大小，在遮罩层中逐帧将需要显示的文字覆盖，如图7-17所示。

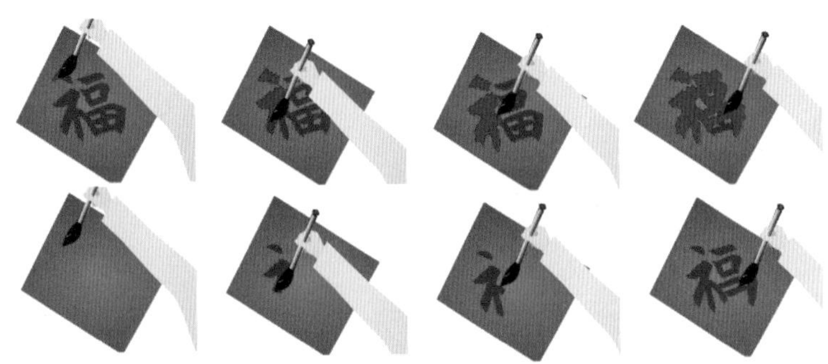

图7-17 文字逐渐显示

6．创建手臂离开舞台的传统补间动画

创建手臂离开舞台的传统补间动画，如图7-18所示，在第80帧处插入关键帧，将手臂元件实例移出舞台。

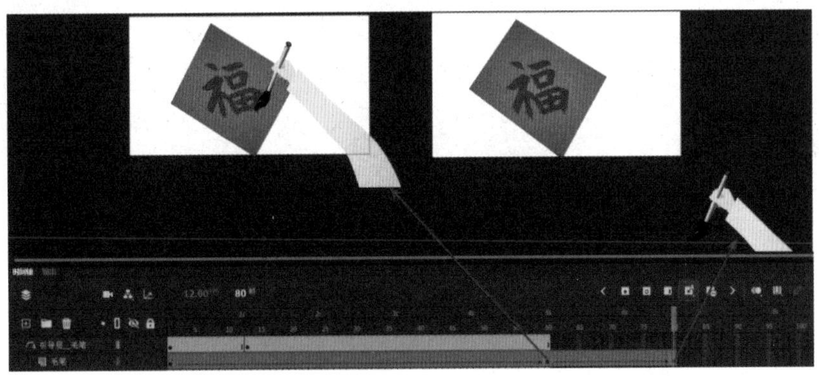

图7-18 创建手臂离开舞台的传统补间动画

7．场景切换

动画效果是将写好的“福”字贴在门上。新建两个图层，一个为“福字”图层，用于放置“福字组合”元件，制作旋转动画，最后“福”字落在门上，并调整好大小。另一个为“背景”图层，创建传统补间动画制作“淡入”效果，该效果主要通过设置元件实例的Alpha值从0%～100%来实现，如图7-19所示。

图 7-19　贴“福”字动画效果

8．拉镜头效果制作

动画效果是模拟拉镜头的镜头运动效果。画面效果为门上的“福”字逐渐缩小，最后看到的是整个入户门的全景镜头。具体操作为：在“时间轴”面板上单击“添加摄像头”按钮，时间轴上添加了摄像机图层，设置摄像机的放大动画效果。在第 80 帧处插入关键帧，创建补间动画，在第 120 帧处插入关键帧，在“属性”面板中设置摄像机的缩放属性为 21%，*Y* 轴向下移动 76 像素，如图 7-20 所示。

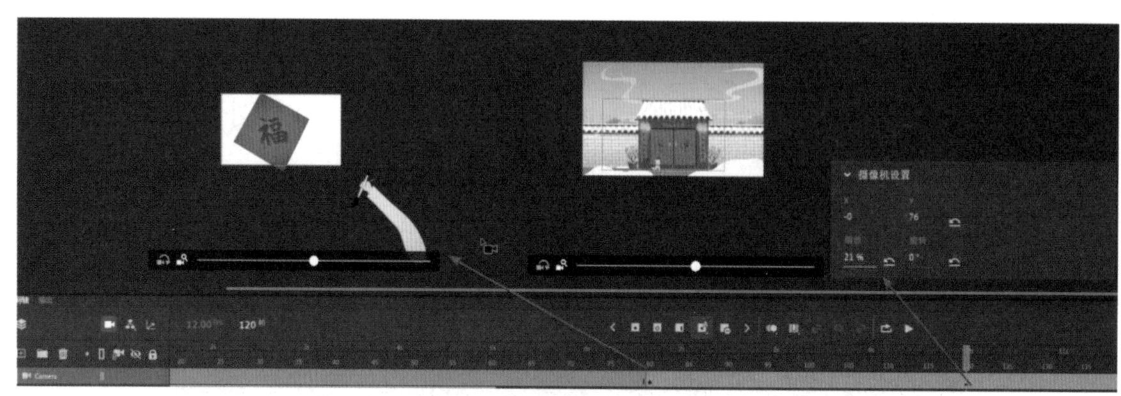

图 7-20　拉镜头效果制作

9．测试并发布影片

按 Ctrl+Enter 快捷键测试并发布影片。

举一反三

在上面的实例中通过引导线动画和遮罩动画呈现了写毛笔字的效果。举一反三，制作使用毛笔书写春联的动画效果，如图 7-21 所示。

进阶训练

本实例使用引导线动画制作过山车的动画效果，如图 7-22 所示。具体操作可参考配套教学资源中的“进阶训练 15”文档。

图 7-21　书写春联动画效果

图 7-22　过山车动画效果

7.2.2　引导线动画

1．引导层分类

引导层可以分为普通引导层和运动引导层。在运动引导层和普通引导层中绘制的内容，发布影片后都不显示，两者的区别如图 7-23 所示。

（1）普通引导层：普通引导层的图标为，下方没有被引导层，在制作动画的过程中起辅助作用。在该图层上绘制的辅助线，发布影片后不显示。

（2）运动引导层：运动引导层下方有被引导层，图标为，表示创建了引导线动画，可以引导被引导层中的对象按照绘制的路径运动。

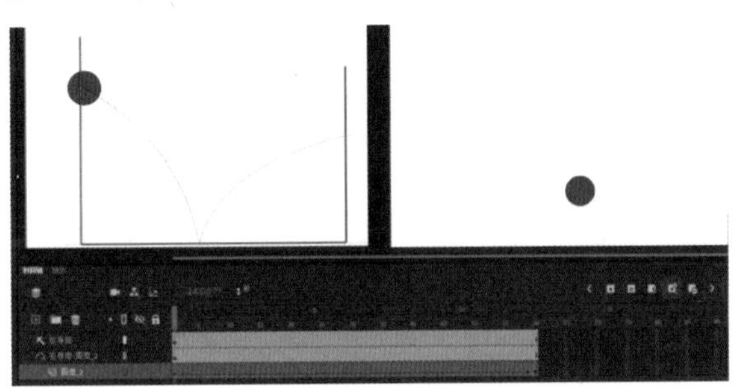

图 7-23　普通引导层和运动引导层的区别

2．创建引导线动画

在创建引导线动画时，至少需要制作两个图层，一个图层是运动引导层，用于提供运动路径，另一个是用于创建传统补间动画的普通图层。创建引导线动画的步骤如图 7-24 所示。

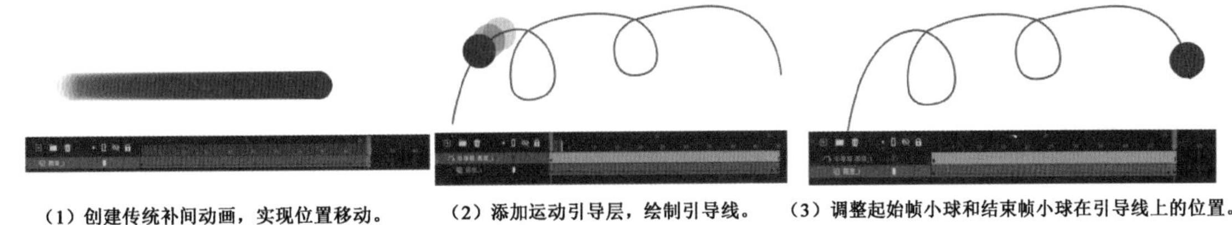

（1）创建传统补间动画，实现位置移动。　（2）添加运动引导层，绘制引导线。　（3）调整起始帧小球和结束帧小球在引导线上的位置。

图 7-24　创建引导线动画的步骤

引导线动画只引导传统补间动画。首先创建一个传统补间动画，然后在图层上单击鼠标右键，在弹出的快捷菜单中选择“添加传统运动引导层”命令，则在图层上方添加了一个运动引导层。在运动引导层上使用线条工具绘制引导线，传统补间动画的对象会自动吸附到引导线上，这时候调整起始帧小球和结束帧小球在引导线上的位置，就完成了引导线动画的创建。

另外，还有一种创建引导线动画的方法是，将绘制好的普通图层拖动到普通引导层下面，这样普通引导层将转换为运动引导层，如图 7-25 所示。

图 7-25　普通引导层转换为运动引导层

3．引导线动画制作过程中的注意事项

（1）引导线动画在制作时，至少需要创建两个图层，一个图层用于提供运动路径，另一个图层用于创建传统补间动画。

（2）一个运动引导层可以有多个被引导层，它们是一对多的关系。

（3）绘制的引导线需要流畅，中间不间断，否则运动引导不会成功。

（4）绘制的引导线不能封闭，要有起点和终点。如果运动路径为封闭路径，则 Animate 会自动识别最短路径进行引导。

（5）引导线转折处的线条转弯不宜过急、线条不宜过多，否则 Animate 无法准确判定对象的运动路径。

（6）引导线在最终的发布动画中是不可见的，可以在普通引导层上绘制辅助线。

7.2.3　摄像机动画

利用“Animate 中的摄像头”，动画制作人员可以模拟真实的摄像机，实现平移镜头、推镜头、拉镜头、旋转镜头等运动镜头效果。

1．添加摄像头

要创建摄像机动画，首先需要添加摄像头，可以在工具箱中单击“摄像头工具”按钮，或者在“图层”面板中单击“摄像头”按钮。

在添加摄像头后，当前文档被转换为摄像头模式，在舞台边界中可以看到摄像头边框。图层面板中会添加一个 Camera 图层，舞台上会出现控制摄像头旋转和缩放的滑块，可缩放或旋转摄像头。在“属性”面板的“工具”选项卡中可以设置摄像头的属性，如图 7-26 所示。

2．设置摄像头属性

在添加摄像头后，就可以对摄像头进行缩放、旋转和平移操作，如图 7-27 所示。

（1）缩放摄像头。单击屏幕上的“缩放摄像头”按钮，拖动控制滑块可实现缩放，或设置摄像头“属性”面板中的“缩放”值。

（2）旋转摄像头。单击屏幕上的“旋转摄像头”按钮，拖动控制滑块可实现旋转，或设置摄像头“属性”面板中的“旋转”值。

图 7-26　添加摄像头

缩放摄像头

旋转摄像头

平移摄像头

设置摄像头属性

图 7-27　摄像头缩放、旋转、平移操作

（3）平移摄像头。将鼠标指针移动到舞台上，当指针变成移动图标时，按住鼠标左键并拖动，可以移动摄像头，或者设置摄像头“属性”面板中的 X 和 Y 值。

3．创建摄像机动画

在添加摄像头后，就可以创建摄像机动画，与创建传统补间动画类似，如图 7-28 所示，具体操作步骤如下。

（1）选择 Camera 图层，在需要制作摄像机动画的时间帧上插入关键帧，作为摄像机动画的起始关键帧。在起始关键帧上单击鼠标右键，在弹出的快捷菜单中选择“创建补间动画”或“创建传统补间”命令。

（2）在结束关键帧上更改摄像头的属性，软件会根据摄像头的属性差异，制作摄像机的运动效果。

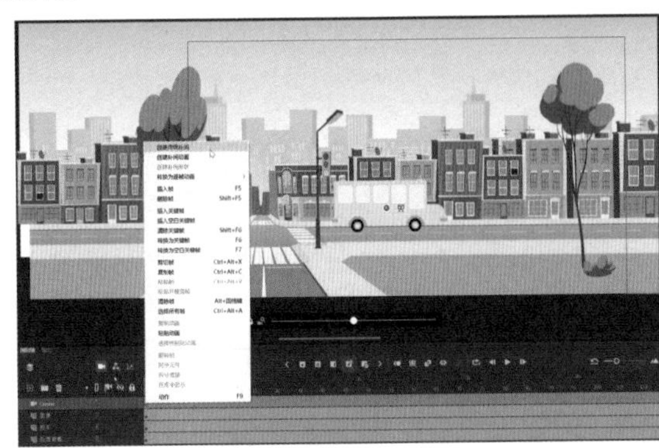

图 7-28　创建摄像机动画

知识拓展　运动镜头

在动画制作的过程中，经常会用到运动镜头，如推镜头、拉镜头、跟镜头、旋转镜头等，这可以使用元件动画来制作，也可以使用摄像机动画来制作。具体操作可参考配套教学资源中的“知识拓展 7”文档。

本章小结

本章详细介绍了图层的应用技巧和使用不同性质的图层来制作遮罩动画、引导线动画、摄像机动画的方法。图层的基本操作包括图层的新建、删除、复制、粘贴，以及图层的锁定、隐藏、显示轮廓等。图层文件夹的基本操作包括新建、删除、折叠、展开等。用户可以通过设置图层为遮罩层和引导层来创建遮罩动画和引导线动画。在“时间轴”面板上单击“添加摄像头”按钮，可以创建摄像机图层，模拟摄像机进行推、拉、旋转、移动等操作。

课后实训 7

《梅花》是北宋诗人王安石创作的一首五言绝句。“墙角数枝梅，凌寒独自开。遥知不是雪，为有暗香来。”的前一句描绘了墙角梅花不惧严寒，傲然独放的场景，后一句重点放在梅花的幽香上，以梅拟人，凌寒独开，喻典品格高贵。以梅花的坚强和高洁品格喻示那些像诗人一样，处于艰难环境中依然能坚持操守、主张正义的人。实例效果如图 7-29 所示，打开画轴，《梅花》诗句逐渐显示出来。

图 7-29　实例效果

操作提示

（1）采用遮罩动画来制作画轴打开、《梅花》诗句逐渐显示出来的动画效果。

（2）制作引导线动画完成雪花飘落效果。

具体操作可参考配套教学资源中的“课后实训 7”文档。

课后习题 7

1. 选择题

（1）在“时间轴”面板上图层的 图标的作用是（　　）。

A．确定运动种类　　　　　　B．确定某图层上有哪些对象
C．确定元件有无嵌套　　　　D．确定当前图层是否显示

（2）遮罩层的制作必须用两个图层才能完成，下面描述正确的是（　　）。

A．上面的层称为遮罩层，下面的层称为被遮罩层
B．上面的层称为被遮罩层，下面的层称为遮罩层
C．上下层都为遮罩层
D．以上答案都不对

（3）被引导层是（　　）形式。

A．补间动画　　　　　　B．传统补间动画
C．形状补间动画　　　　D．补间动画和传统补间动画

（4）遮罩层的内容可以为（　　）。

A．线条、图形、元件实例
B．元件实例、图形、位图、文本
C．元件实例、图形、位图、线条
D．元件实例、图形、线条、文本

2. 填空题

（1）“时间轴”面板上面的图标分别表示__________、________和____________。

（2）引导层可以分为_________和________。

3. 简答题

（1）简述创建遮罩动画的步骤。

（2）简述引导层包括哪些分类，以及它们的主要区别是什么。

（3）简述遮罩动画制作过程中的注意事项。

（4）简述摄像机动画的制作过程。

3D 动画和骨骼动画

第 8 章

学习目标

使用 Animate 中的 3D 平移工具和 3D 旋转工具，能够在舞台的 3D 空间中通过移动和旋转影片剪辑来创建 3D 动画效果。Animate 中的骨骼动画，利用反向运动（IK）可以方便地创建自然运动，例如，可以制作角色走路、跑步等动画效果。

- 掌握 3D 平移工具和 3D 旋转工具的操作和应用。
- 掌握创建骨骼和修改骨骼属性的基本操作。
- 掌握制作骨骼动画的方法。

重点难点

- 使用 3D 平移工具设置纵深效果。
- 使用 3D 旋转工具对实例对象进行各个角度的旋转。
- 利用“变形”面板进行 3D 旋转操作。
- 骨骼姿势的调整。

8.1 3D 动画

8.1.1 课堂实例 1——老师您辛苦了

实例分析

华夏文化源远流长，尊师重道是中华文化的优良传统。“师者，所以传道受业解惑也”。老师是人类灵魂的工程师，孕育着一代又一代学生。每个人的成长都离不开老师的谆谆教诲，年复一年，三尺讲台，爱与坚守始终不变。每年的 9 月 10 日是教师节，其旨在肯定老师为教育事业所做的贡献，不仅是赞美老师，更重要的是讴歌充满希望的、塑造人类灵魂的这个职业。

本实例首先利用 3D 旋转工具，将表示教室墙壁的几个面进行旋转，通过设置 *X* 轴、*Y* 轴、*Z* 轴的坐标位置，组合成一个一点透视效果的室内空间场景。然后利用 3D 平移工具制作纵深效果，实现推镜头效果，效果如图 8-1 所示。

图 8-1 动画效果

操作步骤

1. 新建文档并导入素材

新建文档，并将文档保存为“老师您辛苦了.fla”。将文档大小设置为 1280 像素×720 像素。选择“文件”—“导入”—“打开外部库”命令，在弹出的对话框中，将“第 8 章\实例 1 老师您辛苦了素材.fla”文件中的素材导入库中。

2. 组合“教室”影片剪辑元件

新建一个“教室”影片剪辑元件，库中有构成教室 5 个面的素材：“正面”“侧面 1”“侧面 2”“顶”“地面”。将各个面的素材拖动到“教室”影片剪辑元件编辑窗口中，各个面的宽度和高度如图 8-2 所示。将“正面”左上角的位置放置在舞台的(0,0)坐标上。

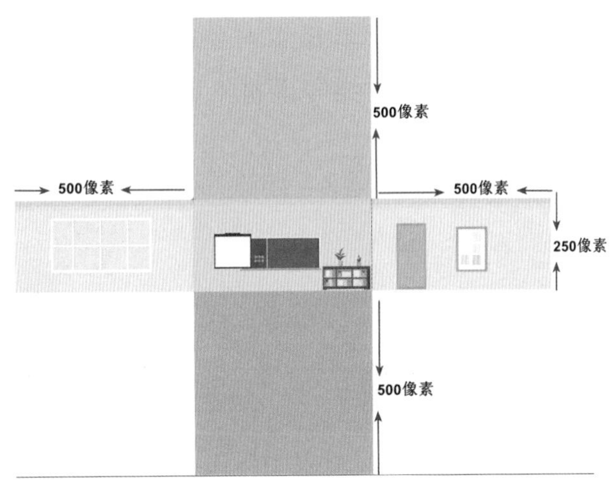

图 8-2 教室各个面的宽度和高度

选择“侧面 1”元件实例，使用 3D 旋转工具，将其沿 *Y* 轴旋转 90°。为了准确设置，可选择“变形”面板，在“3D 旋转”中设置 *Y* 轴旋转 90°。因为需要将旋转后的面与其他面对接，所以设置 *X* 轴坐标为 0，*Y* 轴坐标为 0，*Z* 轴坐标为 0。

同理，设置“侧面 2”元件实例的属性，将其沿 *Y* 轴旋转 90°，设置 *X* 轴坐标为 500，*Y* 轴坐标为 0，*Z* 轴坐标为 0。将“顶”元件实例沿 *X* 轴旋转-90°，设置 *X* 轴坐标为 0，*Y* 轴坐标为 0，*Z* 轴坐标为 0。将“地面”元件实例沿 *X* 轴旋转-90°，设置 *X* 轴坐标为 0，*Y* 轴坐标为 250，*Z* 轴坐标为 0。组合过程如图 8-3 所示。

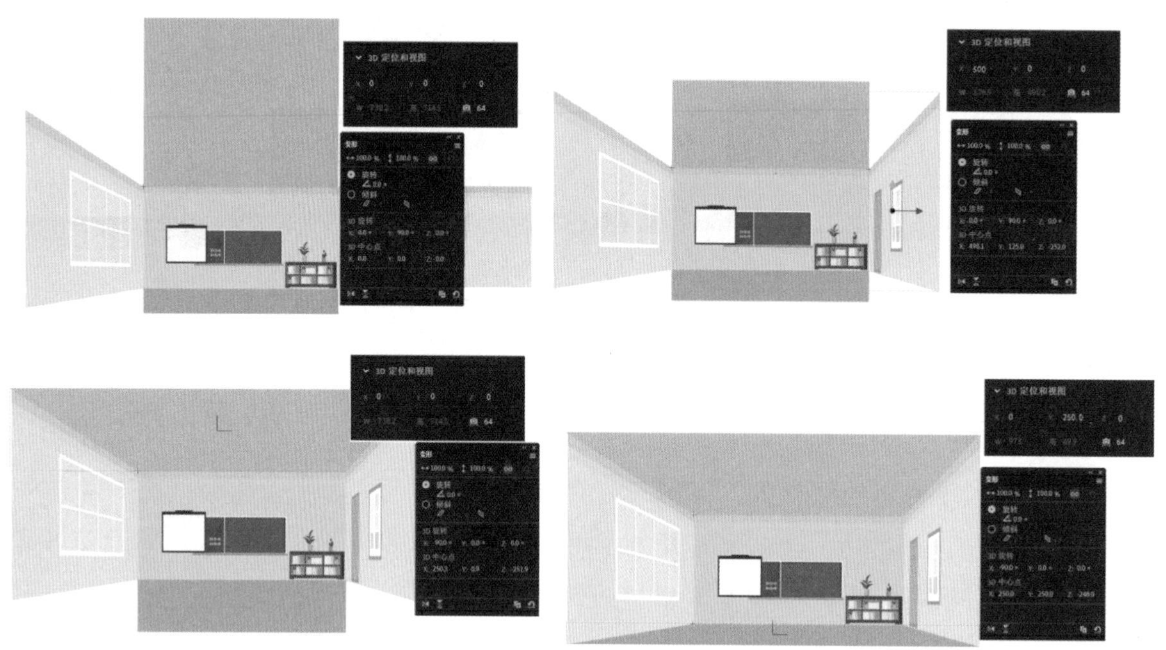

图 8-3　组合“教室”影片剪辑元件的过程

3．添加老师、学生等素材

新建一个“教室学生组合”影片剪辑元件，将“教室”元件拖动到舞台上，在“属性”面板上调整消失点的位置。消失点的参数设置和放置对象的位置有关系，读者可根据实际情况进行调整。新建图层，添加老师、学生、讲桌等素材，调整大小和位置，效果如图 8-4 所示。

（1）调整消失点的位置。

（2）添加老师、学生、讲桌等素材，调整大小和位置。

图 8-4　“教室学生组合”影片剪辑元件效果

4．制作推镜头效果

制作推镜头效果可以通过使用 3D 平移工具设置 *Z* 轴参数来实现。

将“教室学生组合”影片剪辑元件拖动到舞台上，使用 3D 平移工具并结合“属性”面板调整实例对象在舞台上的显示效果，如图 8-5 所示。

在图层上创建“补间动画”，在第 160 帧处插入关键帧，使用 3D 平移工具改变 *Z* 轴的值，或者在“属性”面板的“3D 定位和视图”选项组中修改 *Z* 轴的值，形成放大的效果。在第 300 帧处插入帧，延续动画播放时间。推镜头效果如图 8-6 所示。

图 8-5　调整实例对象在舞台上的显示效果

图 8-6　推镜头效果

5．添加文本动画

新建一个“文本”影片剪辑元件，输入“老师您辛苦了！”文本，调整好字体大小和字体类型，设置字体颜色为蓝色。创建遮罩动画实现文本逐渐出现的效果，如图 8-7 所示。

图 8-7　文本遮罩动画效果

6．测试并发布影片

按 Ctrl+Enter 快捷键测试并发布影片，即可完成动画的制作。

举一反三

按照上面实例的操作过程，绘制并构建室内空间，效果如图 8-8 所示。

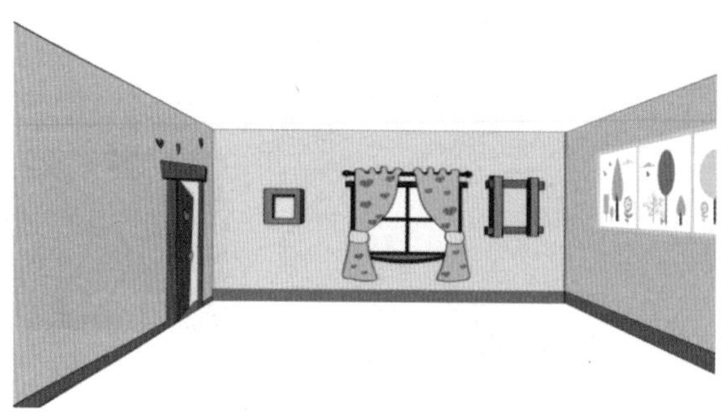

图 8-8　室内空间效果

进阶训练

本实例使用 3D 平移工具实现小车从远处驶来的动画效果，通过设置“汽车”影片剪辑元件实例 *Z* 轴的值来实现纵深的透视效果，如图 8-9 所示。具体操作可参考配套教学资源中的“进阶训练 16”文档。

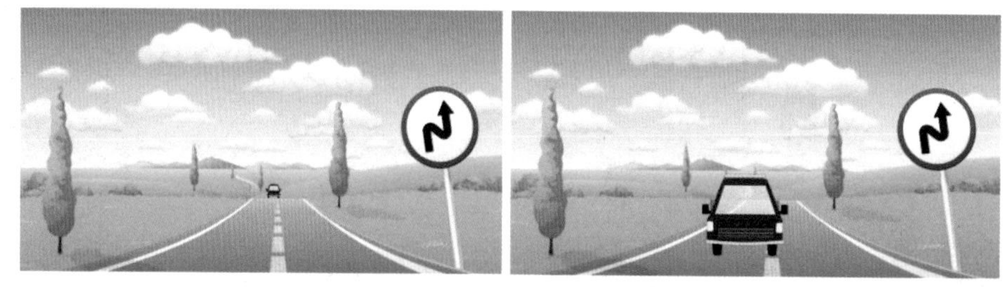

图 8-9　小车纵向行驶的动画效果

8.1.2　Animate 3D 空间基本概念

Animate 通过在每个影片剪辑实例的属性中增加 *Z* 轴的属性来表示 3D 空间。可以想象为 3D 空间的 *Z* 轴方向是垂直于屏幕的，舞台屏幕的坐标值为 0，当 *Z* 轴坐标值为正数时，实例对象向屏幕里面移动；当 *Z* 轴坐标值为负数时，实例对象向屏幕外面移动。*Z* 轴坐标值越小，实例对象越大；*Z* 轴坐标值越大，实例对象越小。

在 3D 术语中，在 3D 空间中移动对象称为平移，在 3D 空间中旋转对象称为变形。将这两种效果中的任意一种应用于影片剪辑后，Animate 会将其视为一个 3D 影片剪辑，每当选择该影片剪辑时就会显示一个彩色箭头。红色表示 *X* 轴方向，绿色表示 *Y* 轴方向，蓝色表示 *Z* 轴方向。

1．全局 3D 空间与局部 3D 空间

全局 3D 空间为舞台空间，全局变形和平移与舞台相关。局部 3D 空间为影片剪辑空间，局部变形和平移与影片剪辑空间相关。

3D 平移和变形工具的默认模式是全局。若要在局部模式中使用这些工具，单击工具箱的选项区中的“全局”按钮，选中该按钮则表示“全局 3D 空间”，否则表示“局部 3D 空间”，可以使用 D 键来进行切换。

如图 8-10 所示，在全局 3D 空间中，使用 3D 平移工具单击舞台上的实例对象后，实例对象的中心位置会出现一个红色箭头和绿色箭头，拖动红色箭头可实现 X 轴方向的移动，拖动绿色箭头可实现 Y 轴方向的移动，X 轴和 Y 轴的方向与舞台上 X 轴和 Y 轴的方向一致。而 Z 轴由中间的黑点表示，使用鼠标拖动黑点可以实现实例对象沿 Z 轴方向移动。而在局部 3D 空间中，将影片剪辑元件实例进行旋转后，可以明显看出 X 轴、Y 轴、Z 轴的方向是根据影片剪辑实例对象的方向来确定的。

图 8-10　全局 3D 空间与局部 3D 空间

2．透视角度

在影片剪辑元件实例的“属性”面板上有一个照相机图标，通过设置数值可以调整透视角度，默认值为 55°，透视角度的取值范围为 1°～180°。

简单理解，透视角度就像摄像机镜头，通过调整透视角度值，可以将镜头推近或拉远，如图 8-11 所示。

图 8-11　透视角度的区别

3．消失点

消失点确定了视觉方向，同时消失点确定了 Z 轴走向，Z 轴始终指向消失点。在影片剪辑元件实例的“属性”面板的“消失点”属性中，可以改变消失点 X 轴坐标值和 Y 轴坐标值。可将消失点设置在舞台的任何位置，系统默认消失点在舞台中心。

当改变消失点坐标值时，在舞台中会出现横竖交叉的线段，交叉点为所确定的消失点，如图 8-12 所示。消失点的位置不同，所呈现的透视效果也不同。

图 8-12　设置消失点

8.1.3 3D 平移

对影片剪辑实例对象进行 3D 平移，效果如图 8-13 所示。具体操作如下。

（1）在工具箱中选择 3D 平移工具（快捷键为 G）。选择需要操作的对象，如果在全局 3D 空间上，则出现 *X* 轴、*Y* 轴的控制箭头和 *Z* 轴的控制黑点，单击并拖动鼠标即可改变实例对象在 3D 空间中的位置。在局部 3D 空间上，如果 *X* 轴、*Y* 轴方向上有角度旋转，则可以看到红色的 *X* 轴箭头、绿色的 *Y* 轴箭头和蓝色的 *Z* 轴箭头，单击并拖动方向坐标即可改变实例对象的位置。

（2）选择需要操作的对象后，可以在“属性”面板的“3D 定位和视图”选项组中调整对象的 *X* 轴、*Y* 轴和 *Z* 轴的平移数值。

（3）选择多个被选中的对象，使用 3D 平移工具移动其中一个被选中的对象，其他对象将以相同的方式移动。

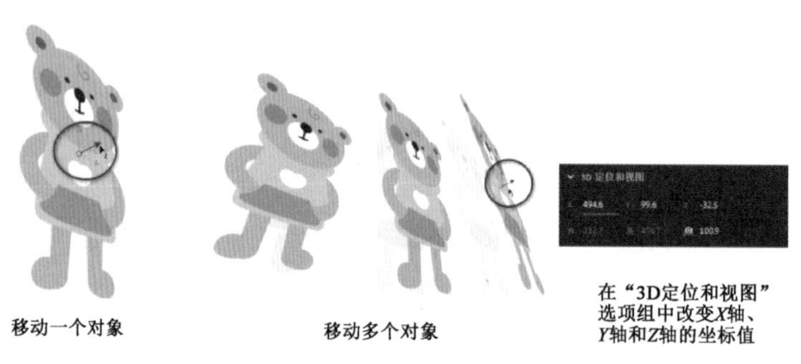

移动一个对象
移动多个对象
在“3D定位和视图”选项组中改变X轴、Y轴和Z轴的坐标值

图 8-13 3D 平移效果

8.1.4 3D 旋转

对影片剪辑实例对象进行 3D 旋转与进行 3D 平移操作类似。具体操作如下。

（1）选择需要操作的对象，在工具箱中选择 3D 旋转工具（快捷键为 Shift+W）。红色线表示对 *X* 轴进行旋转，绿色线表示对 *Y* 轴进行旋转，蓝色线表示对 *Z* 轴进行旋转。最外层的橙色线表示可以对 *X* 轴、*Y* 轴进行自由旋转。

（2）选择需要操作的对象，可以在“变形”面板的“3D 旋转”选项组中调整对象的 *X* 轴、*Y* 轴和 *Z* 轴的旋转角度，如图 8-14 所示。

图 8-14 调整 3D 旋转角度

（3）选择多个被选中的对象，使用 3D 旋转工具旋转其中一个被选中的对象，其他对象将以相同的方式旋转。

8.2 骨骼动画

8.2.1 课堂实例 2——皮影戏

实例分析

皮影戏（Shadow Puppets），又称“影子戏”或“灯影戏”，是一种用兽皮或纸板做成人物剪影来讲述故事的民间戏剧。在表演时，艺人们在白色幕布后面，一边操纵影人，一边用当地流行的曲调讲述故事，同时配以打击乐器和弦乐，具有浓厚的乡土气息。其流行范围极为广泛，并因各地所演的声腔不同而形成多种多样的皮影戏。2011 年，中国皮影戏入选联合国教科文组织人类非物质文化遗产代表作名录。

本实例采用骨骼工具，将皮影戏中的皮影角色关联起来，制作皮影角色走路的动画效果，如图 8-15 所示。

操作步骤

1．打开素材文件

打开“皮影戏素材.fla”文件，将文档大小设置为 1280 像素×720 像素。将库中角色的各个身体部分的素材拖动到舞台上，摆放好位置，呈现走路的状态。在脚下地面，头顶和身体中心分别添加辅助线，辅助动画制作，如图 8-16 所示。

图 8-15 皮影角色走路的动画效果

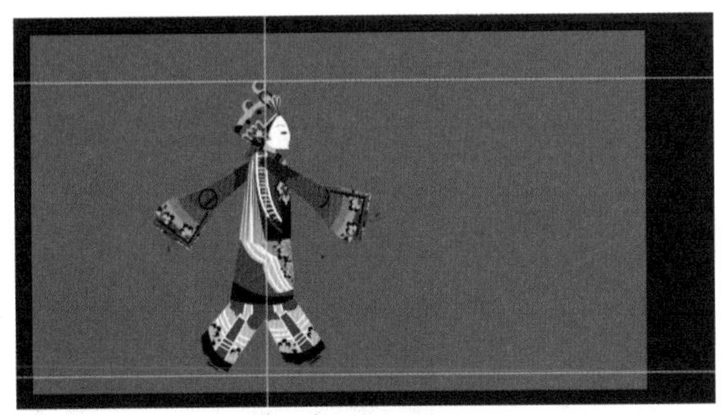

图 8-16 添加辅助线

2．添加骨骼

选择工具箱中的骨骼工具，使用鼠标拖动皮影角色的身体部分进行连接。具体操作如下。

例如，左臂从肩膀处连接到小臂，再连接到手，可以使用任意变形工具调整变形中心点的位置，也就是骨骼连接的位置。皮影角色的头、身体、裙子、腿为一副骨架，身体为根骨骼，分别连接到裙子和头，裙子分别连接到左腿和右腿，使用任意变形工具调整变形中心点的位置。具体操作过程如图 8-17 所示。在制作人物走路动画时，一般情况下，将骨骼连接在元件实例的上边缘，这样骨骼动画比较容易控制。

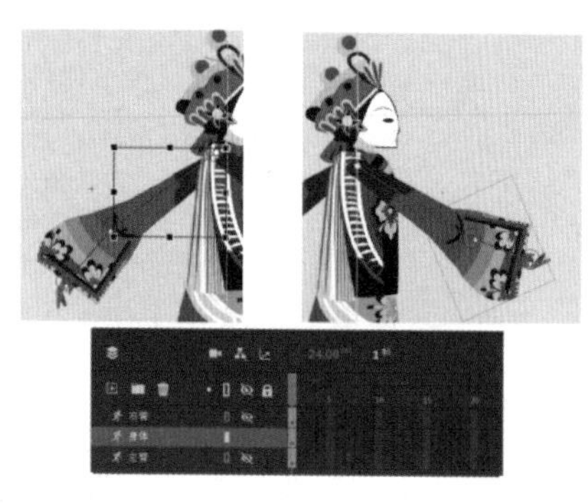
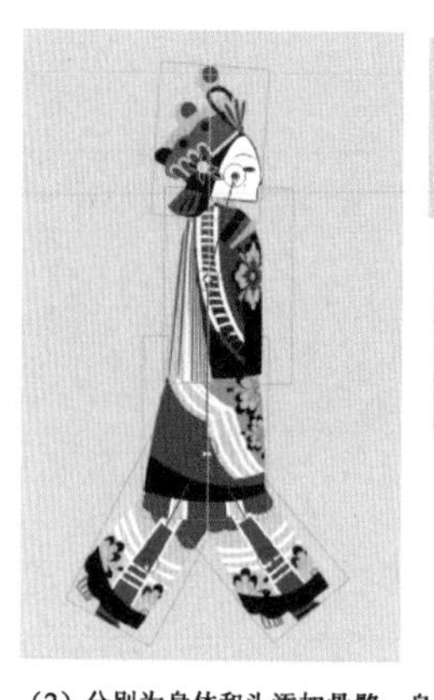

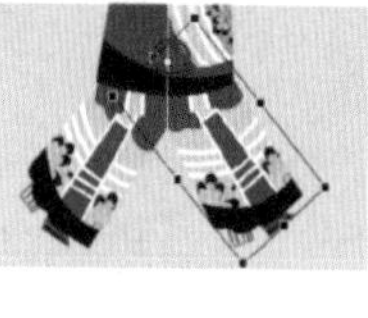

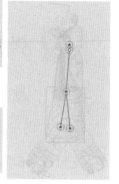

（1）为左、右手臂分别添加骨骼，使用任意变形工具改变变形中心点的位置，也就是骨骼连接的位置

（2）分别为身体和头添加骨骼，身体为根骨骼。

（3）使用任意变形工具改变变形中心点的位置。

图 8-17　添加骨骼的操作过程

3．设置骨骼属性

添加骨骼后，根据骨骼运动的规律，可以对骨骼的“旋转”“X 平移”“Y 平移”属性进行约束。对手臂的上臂旋转角度进行约束，角度为-46°～130°，这个范围可根据需要再进行调整。小臂和手的旋转角度可以适当缩小，不需要设置“X 平移”“Y 平移”属性，如图 8-18 所示。

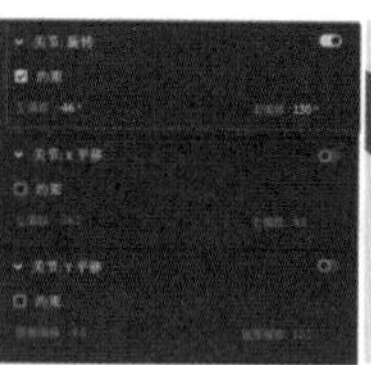
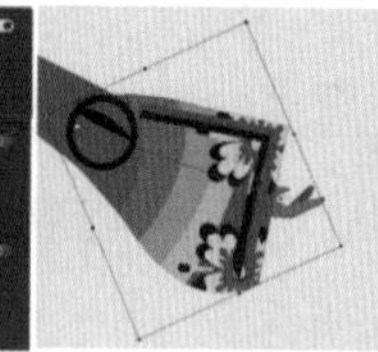

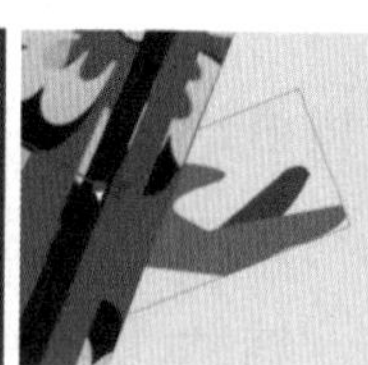
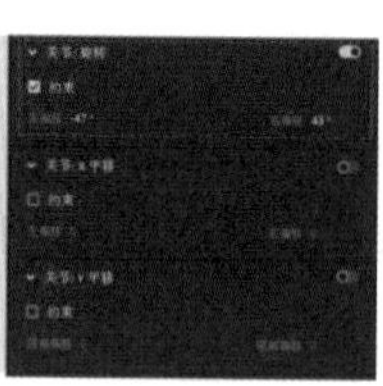

图 8-18　手臂骨骼的属性设置

身体骨骼的属性设置相对简单，将与头相连的骨骼设定为小角度的旋转，其他骨骼将“旋转”“X 平移”“Y 平移”属性取消，如图 8-19 所示。

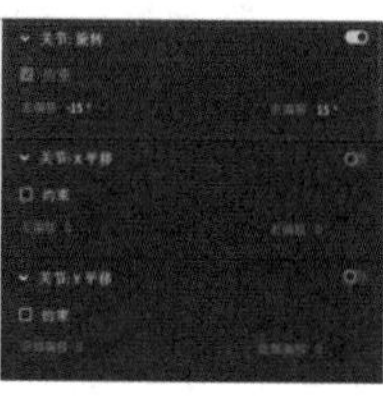

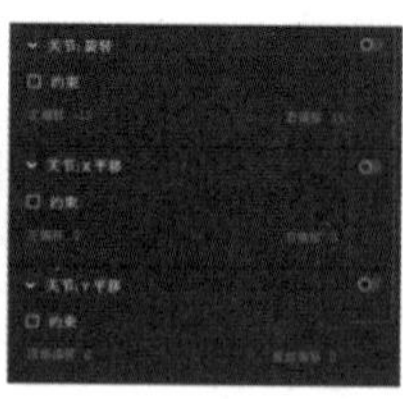

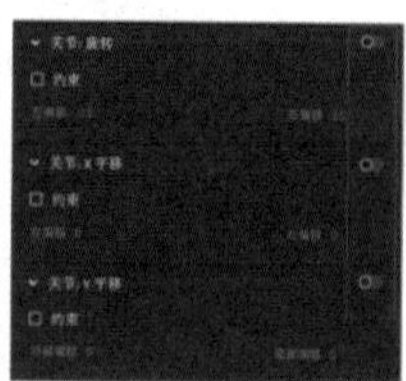

图 8-19　身体骨骼的属性设置

4．添加骨骼动画

制作一个 17 帧的循环动画，分别在第 9 帧、第 17 帧处单击鼠标右键，在弹出的快捷菜单中选择“插入姿势”命令，或者直接按 F6 键。将第 9 帧的姿势修改为第 1 帧姿势的相反状态，可以直接拖动骨骼完成。如果出现身体某个位置不合适的情况，可以按住 Ctrl 键并拖动元件实例来改变其位置。

在第 5 帧和第 13 帧处插入姿势，并修改为直立状态，整个身体上升，先选择所有对象，然后按上方向键进行控制，将整体位置上移。效果如图 8-20 所示。

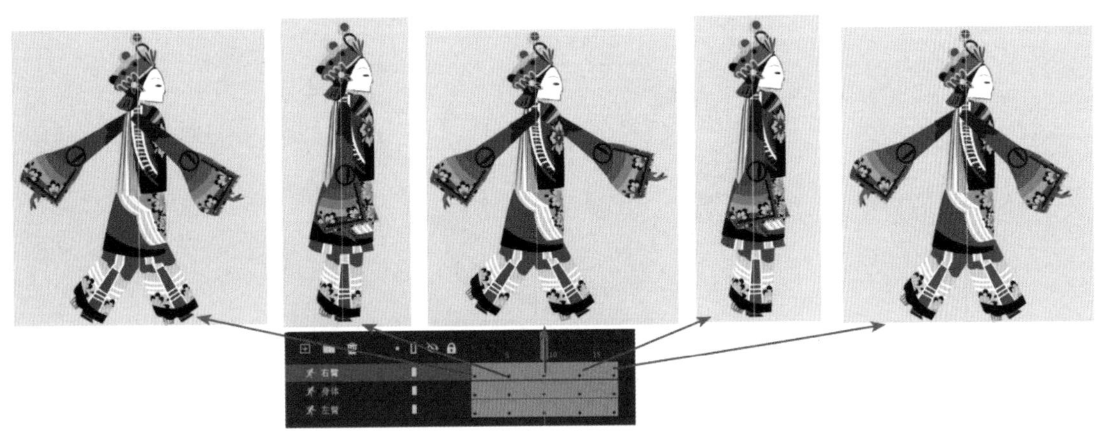

图 8-20　走路动画效果

5．测试并发布影片

按 Ctrl+Enter 快捷键测试并发布影片。

举一反三

创建骨骼动画，制作皮影角色的其他动作效果，如图 8-21 所示。

进阶训练

本实例采用骨骼工具制作章鱼运动动画效果，如图 8-22 所示。本实例主要通过在图形内部创建骨骼来制作，具体操作可参考配套教学资源中的“进阶训练 17”文档。

图 8-21　制作皮影角色的其他动作效果

图 8-22　章鱼运动动画效果

8.2.2　添加骨骼

IK 是一种使用骨骼对对象进行动画处理的方式，这些骨骼按照父子关系链接成线性或分支骨架。当一个骨骼移动时，与其连接的骨骼也会发生相应的移动。在使用 IK 进行动画处理时，只需指定对象的开始位置和结束位置即可。使用 IK，可以更加轻松地创建自然的运动效果。

用户可以通过以下方法使用 IK：一种是使用形状作为多块骨骼的容器，例如，可以为章鱼的爪子、柳树的枝条添加骨骼，使其逼真地运动；另一种是将元件实例链接起来，例如，可以将显示躯干、手臂、前臂和大腿的元件实例链接起来，使彼此协调而逼真地移动，如图 8-23 所示。需要注意的是，每个元件实例只属于一个骨架。

图 8-23　添加骨骼

1．为元件实例添加骨骼

用户可以为影片剪辑、图形和按钮元件实例添加 IK 骨骼。若要使用文本，则需要将其转换为元件。在为元件实例添加骨骼时，会创建一个链接实例链，元件实例的链接实例链可以是一个简单的线性链或分支结构。在添加骨骼之前，可以将元件实例放置在不同的图层上。在添加骨骼后，这些元件实例会被移动到新的图层上，此新图层称为“姿势图层”。

具体操作如图 8-24 所示。在舞台上创建元件实例，选择骨骼工具（快捷键为 X），单击要成为根骨骼的元件实例，将其拖动到其他元件实例中，这样两个元件实例之间就显示一条连接线，即创建好一个骨骼。拖动要创建分支的骨骼元件实例到另一个新的元件实例上就能创建一个分支。

骨架中的第一个骨骼是根骨骼，它显示为一个图案，分支骨骼显示为图案。骨骼与元件实例的连接点，就是变形中心点，可以使用任意变形工具调节变形中心点的位置，也就是调节骨骼连接点的位置。

图 8-24　为元件实例添加骨骼

2．为形状添加骨骼

可以将骨骼添加到同一图层的单个形状或一组形状上。无论是哪种情况，都必须首先选择所有形状，然后才能添加第 1 个骨骼。在添加骨骼之后，Animate 会将所有形状和骨骼转换为一个 IK 形状对象，并将该对象移至一个新的“姿势图层”上。创建过程如图 8-25 所示。

为形状添加骨骼后，该形状将具有以下限制。

- 不能将一个 IK 形状与其外部的其他形状进行合并。
- 不能使用任意变形工具旋转、缩放或倾斜该形状。

- 不建议编辑形状的控制点。

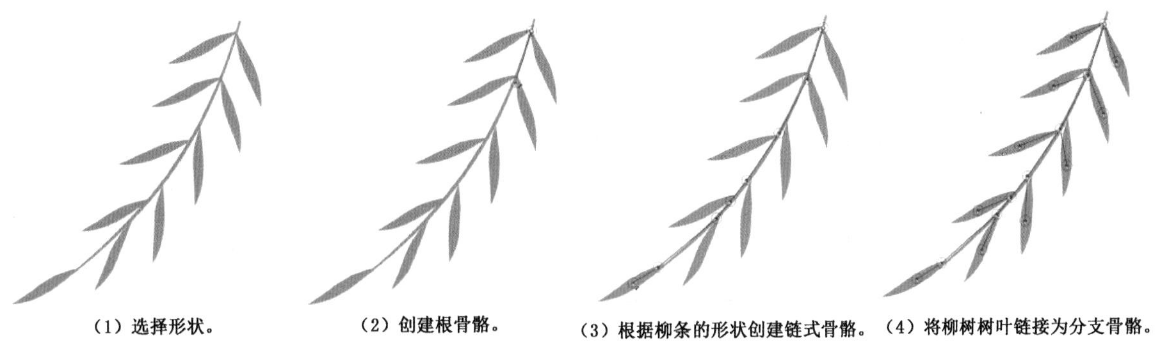

（1）选择形状。
（2）创建根骨骼。
（3）根据柳条的形状创建链式骨骼。
（4）将柳树树叶链接为分支骨骼。

图 8-25　为形状添加骨骼

在为形状添加骨骼之后，对形状进行编辑会受到很多限制，所以在为形状添加骨骼之前，使形状尽可能接近其最终形式，以防止后期编辑困难。

8.2.3　编辑骨骼

1．选择骨骼

使用选择工具单击骨骼即可选择单个骨骼，在“属性”面板中将显示骨骼的属性。

选择单个骨骼后，在“属性”面板中单击“上一个同级”按钮、“下一个同级”按钮、“父级”按钮、“子级”按钮，可以选择相应的骨骼。使用选择工具双击任意一个骨骼，可以选择所有骨骼，如图 8-26 所示。

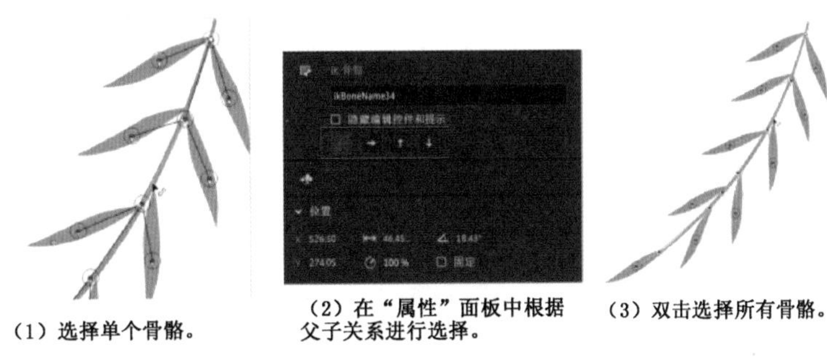

（1）选择单个骨骼。
（2）在“属性”面板中根据父子关系进行选择。
（3）双击选择所有骨骼。

图 8-26　选择骨骼

如果要选择元件实例连接的骨架，单击该姿势图层中包含骨架的帧，则可以选择整个骨架并在“属性”面板中显示骨架的属性。如果要选择形状骨架，则单击该形状即可选择形状骨架。

2．删除骨骼

删除骨骼可以执行以下操作。

- 删除单个骨骼及其所有子级，只需单击该骨骼并按 Delete 键，即可完成删除操作。按住 Shift 键并选择要删除的多个骨骼，按 Delete 键即可删除多个骨骼。
- 要从时间轴的某个 IK 形状或元件骨架中删除所有骨骼，只需在时间轴中右击 IK 骨架范围内的任意一帧，在弹出的快捷菜单中选择“删除骨架”命令即可。

- 要从舞台上的某个 IK 形状或元件骨架中删除所有骨骼，则双击骨架中的某个骨骼以选择所有骨骼，按 Delete 键完成删除，IK 形状将恢复为正常形状。

3．调整骨骼

使用鼠标拖动骨骼或者元件实例，即可移动骨骼，在移动的过程中，根据反向运动，与之相关的骨骼或者元件实例也会发生变化。如果骨架包含已链接的元件实例，则还可以拖动元件实例来移动骨骼。

如果要调整骨架的一个分支的位置，则拖动该分支中的骨骼即可，骨架中其他分支的骨骼不会移动。

在一般情况下，如果拖动子级骨骼，则父级骨骼也会跟随一起移动，要想实现在拖动子级骨骼时不移动父级骨骼，则可以在按住 Shift 键的同时拖动该骨骼或元件实例，如图 8-27 所示。

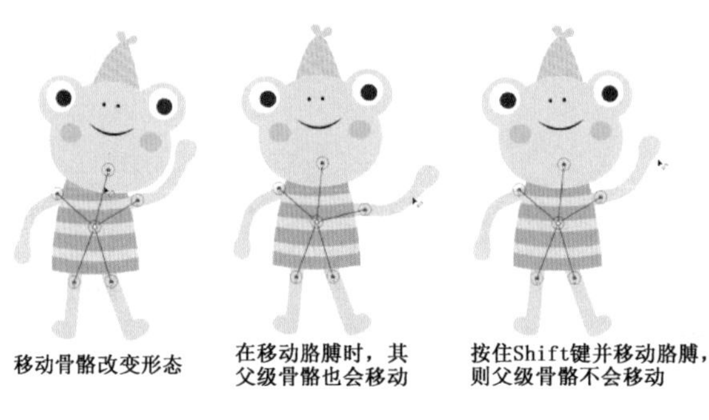

移动骨骼改变形态
在移动胳膊时，其
父级骨骼也会移动
按住Shift键并移动胳膊，
则父级骨骼不会移动

图 8-27　调整骨骼

4．调整骨骼长度

在创建骨骼后，使用选择工具拖动骨骼可以调整骨骼的位置、旋转角度等，但不能改变骨骼的长度。按住 Ctrl 键不放，拖动要调整骨骼长度的元件实例，就可以改变骨骼的长度。而对于 IK 形状，这种方法则不适用。

5．移动骨架

要想移动整个骨架，可以在“属性”面板中更改其 X 和 Y 的属性值，或者使用任意变形工具，选择实例对象后进行移动，还可以按住 Alt 键并拖动实例对象，实现整体移动，如图 8-28 所示。

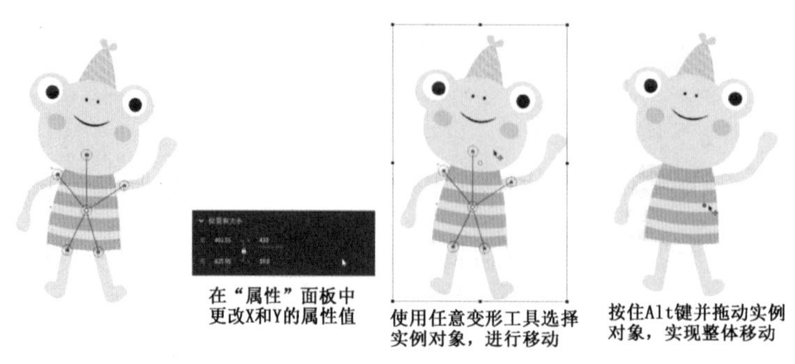

在“属性”面板中
更改X和Y的属性值
使用任意变形工具选择
实例对象，进行移动
按住Alt键并拖动实例
对象，实现整体移动

图 8-28　移动骨架

6．骨骼样式

骨骼样式在默认情况下为实线，选择骨架后，可以在“属性”面板的“选项”选项组的“样式”下拉列表中选择样式。如图 8-29 所示，骨骼样式包括实线、线框、线和无 4 种。如果将“骨骼样式”设置为“无”，则在保存文档后，Animate 在下次打开该文档时会自动将骨骼样式更改为“线”。

图 8-29　骨骼样式

8.2.4　骨骼动画基本操作

当为元件实例或形状添加骨骼时，Animate 会在时间轴中为它们创建一个新图层。此新图层被称为姿势图层。

创建骨骼动画与创建补间动画类似，软件会在姿势图层的两个“姿势”之间补充中间动画过程。创建骨骼动画也需要关键帧，姿势图层中的关键帧称为姿势，插入关键帧也就是插入姿势，可按 F6 键实现。在制作骨骼动画时，创建的姿势图层只能设置骨骼的位置属性，所以如果需要同时制作其他动画效果，则需要将骨骼动画先放在影片剪辑元件中，然后制作动画效果。

1．创建骨骼动画

创建骨骼动画的步骤如图 8-30 所示，在姿势图层的起始关键帧上调整好姿势，在结束关键帧上单击鼠标右键，在弹出的快捷菜单中选择“插入姿势”命令，使用选择工具更改骨架，Animate 将自动补充姿势变化创建骨骼动画。

图 8-30　创建骨骼动画的步骤

姿势图层中的关键帧被称为姿势，也有类似于关键帧的一些操作，可以进行清除姿势、复制姿势、粘贴姿势和剪贴姿势等操作。例如，在姿势处单击鼠标右键，在弹出的快捷菜单中选择“清除姿势”命令，即可完成“清除姿势”操作。

2．设置骨骼动画属性

选择一个骨骼，在“属性”面板中可以设置其约束条件，如图 8-31 所示。在默认情况下，创建骨骼时会为每个 IK 骨骼指定固定的长度，骨骼可以围绕其父关节旋转，但不能在 X 轴和 Y 轴方向运动。通过设置骨骼动画属性来约束骨骼的运动自由度，可以制作逼真的动画效果。例如，可以约束腿部骨骼的旋转角度，限制其向错误的方向弯曲。

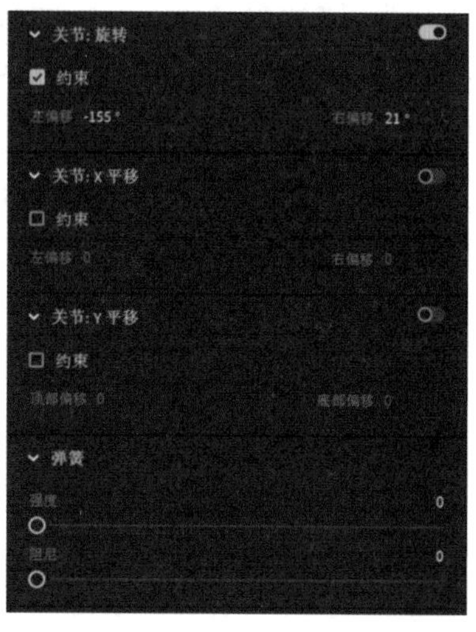

图 8-31　骨骼约束条件设置

“关节：旋转”在默认情况下是启用的，可以选择约束条件，设置旋转角度。“关节：X 平移”或“关节：Y 平移”在默认情况下是不启用的，启用后可以约束移动的距离。“强度”和“阻尼”属性可使骨骼动画效果逼真，强度值越高，创建的弹簧效果越强，阻尼是指弹簧效果的衰减速率，值越高，弹簧效果的衰减速率越快。

知识拓展　透视

在背景绘制中，透视主要分为 3 种类型，分别是平行透视、成角透视、倾斜透视，根据透视类型结合辅助线可以绘制出相应的动画背景，具体内容可参考配套教学资源中的“知识拓展 8”文档。

本章小结

本章主要介绍了 Animate 的 3D 平移工具、3D 旋转工具、骨骼工具的操作和使用。通过 3D 平移工具、3D 旋转工具可以对绘制对象进行 3D 平移和变形，虚拟的 Animate 3D 空间包括消失点、透视角度、X 轴、Y 轴、Z 轴等属性的设置。使用骨骼工具可以为元件实例和形状添加骨骼，通过添加骨骼，可以设置骨骼的姿势，创建骨骼动画，模拟人物、动物、物体的运动规律，制作逼真的动画效果。

课后实训 8

本实例主要采用骨骼工具制作挖掘机工作的动画，效果如图 8-32 所示。

操作提示

（1）将挖掘机各个部件组合成影片剪辑元件。

（2）创建骨骼，制作骨骼动画效果。

图 8-32 挖掘机动画效果

具体操作可参考配套教学资源中的“课后实训 8”文档。

课后习题 8

1. 选择题

（1）3D 平移工具的元素包括（　　）。

A. 影片剪辑元件　　B. 影片剪辑元件、图形元件

C. 图形元件、按钮元件　　D. 影片剪辑元件、图形元件、按钮元件

（2）3D 平移工具的快捷键为（　　）。

A. W　　B. Q　　C. G　　D. V

（3）3D 旋转工具的快捷键为（　　）。

A. W　　B. Q　　C. G　　D. V

（4）要实现子级骨骼移动时父级骨骼不移动，可以在按住______键的同时拖动该骨骼或元件实例。

A. Shift　　B. Alt　　C. Ctrl　　D. M

2. 填空题

（1）只能对____________元件实例进行 3D 旋转。

（2）在全局 3D 空间中，使用 3D 平移工具，拖动中间__________可改变 *Z* 轴的位置。

（3）添加骨骼后，会将与骨骼相关联的元件实例移动到新的图层上，此新图层称为________。

3. 简答题

（1）简述全局 3D 空间和局部 3D 空间的区别。

（2）简述实现 3D 旋转操作的步骤。

（3）简述制作骨骼动画的基本步骤。

外部素材的应用

第 9 章

学习目标

Animate 可以通过导入外部的图像素材、视频素材和声音素材来增加 Animate 动画的画面效果。本章主要介绍如何导入外部素材及对外部素材的操作和应用。

- 掌握导入位图素材及位图文件的处理方法。
- 掌握导入其他格式图像素材的方法。
- 掌握导入视频素材的方法。
- 掌握导入声音素材及设置声音的同步方式的方法。

重点难点

- 将位图转换为矢量图。
- 导入序列图片。
- 声音同步方式的设置。

9.1 导入外部素材

9.1.1 课堂实例 1——电闪雷鸣

实例分析

本实例将视频、图像等素材文件导入 Animate 中，对素材进行设置，综合应用前面所学知识制作电闪雷鸣的动画效果，如图 9-1 所示。

图 9-1　电闪雷鸣动画效果

操作步骤

1．新建文档并保存

新建文档，并将文档保存为“电闪雷鸣.fla”。将文档大小设置为 1280 像素×720 像素。

2．导入视频素材

选择“文件”—“导入”—“导入视频”命令，在弹出的对话框中，将素材文件夹中的“第 9 章\实例 1 电闪雷鸣\闪电.MP4”文件导入舞台上，如图 9-2 所示。

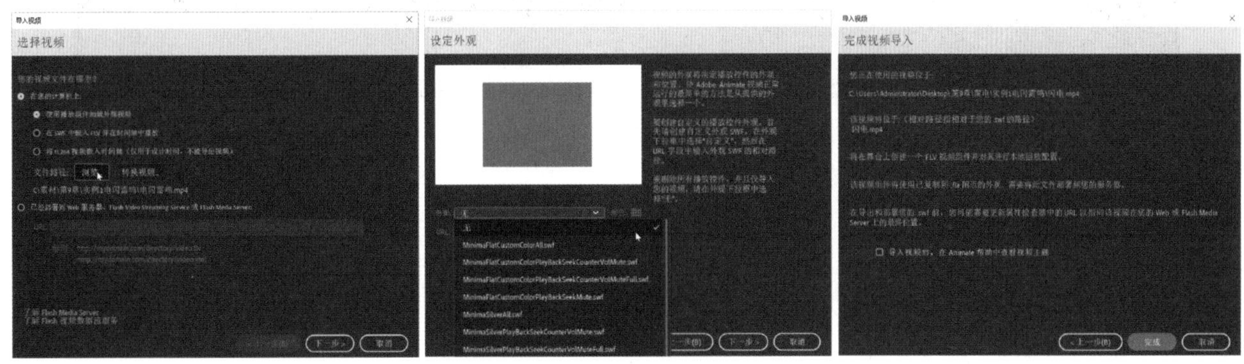

图 9-2 导入视频素材

根据“导入视频”向导进行操作，首先进入“选择视频”界面，选中“使用播放组件加载外部视频”单选按钮，浏览导入文件的路径，然后单击“下一步”按钮，进入“设定外观”界面，由于视频是用作背景的，因此设置组件外观为“无”，单击“下一步”按钮，进入“完成视频导入”界面，单击“完成”按钮即可。

在导入视频素材后可以使用任意变形工具调整大小，使其覆盖舞台。

3．导入楼房素材

新建图层，重命名为“远处楼房”，选择“文件”—“导入”—“导入到舞台”命令，在弹出的对话框中，将素材文件夹中的“第 9 章\实例 1 电闪雷鸣\楼房.jpg”文件导入舞台上。

图片上面有大面积的白色区域，需要将其删除，可以按 Ctrl+B 快捷键，或者选中图片单击鼠标右键，在弹出的快捷菜单中选择“分离”命令将图片分离，将“位图”转换为“形状”。选择魔术棒，将阈值调整得大一些，选择白色区域，按 Delete 键删除，并使用橡皮擦工具将多余部分擦除，如图 9-3 所示。

（1）将图片分离。

（2）使用魔术棒将白色区域选中并删除。

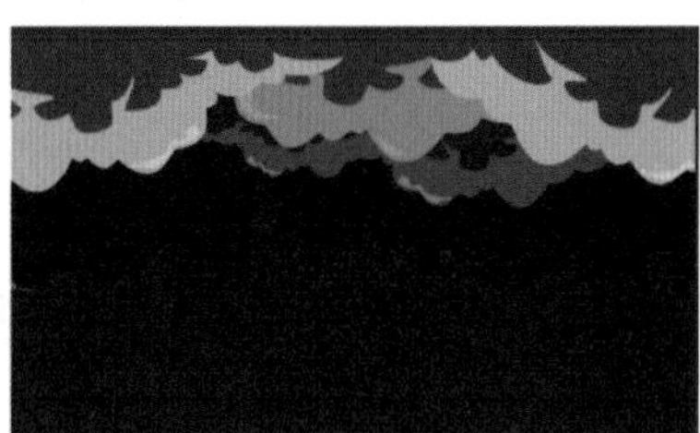

（3）使用橡皮擦工具擦除多余部分。

图 9-3 将图片分离并删除部分区域

4．导入草地素材

新建“草地”图层，选择“文件”—“导入”—“导入到舞台”命令，在弹出的对话框中，将素材文件夹中的“第 9 章\实例 1 电闪雷鸣\草地.jpg”文件导入舞台上。

导入的图片同样有大面积的白色区域，可以选择“修改”—“位图”—“转换位图为矢量图”命令，在弹出的“转换位图为矢量图”对话框中，设置“颜色阈值”“最小区域”“角阈值”“曲线拟合”的值，如图 9-4 所示。

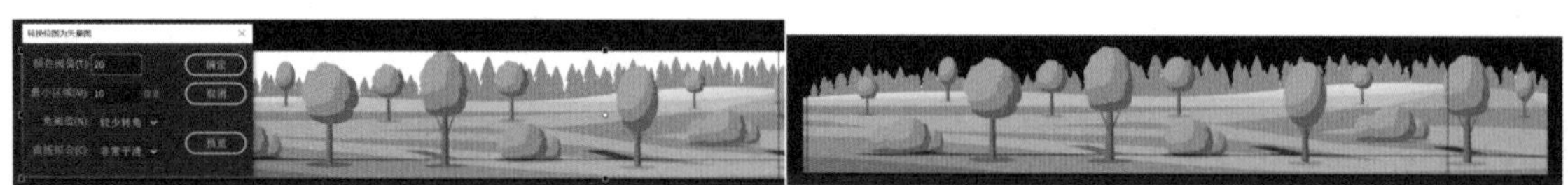

图 9-4　将位图转换为矢量图

将位图转换为矢量图后，整张位图图片变为由不同色块组成的矢量图，使用选择工具，选择外围的白色，按 Delete 键删除。将处理好的矢量图转换为元件，设置元件实例的亮度为-90%。

5．制作闪电效果

在动画中表现闪电时，除了直接描绘发生闪电时天空中出现的光带，往往还需要表现强烈闪光对周围景物的影响。复制“远处楼房”图层，将下面的“远处楼房”图层中的图形填充颜色修改为白色，并改变其位置，与原来的楼房位置稍微错开。模拟闪电照亮效果，将白色照亮效果的持续时间设置为 2 帧，插入空白关键帧，设置 3 个循环，播放后呈现闪电逆光照亮的效果，如图 9-5 所示。

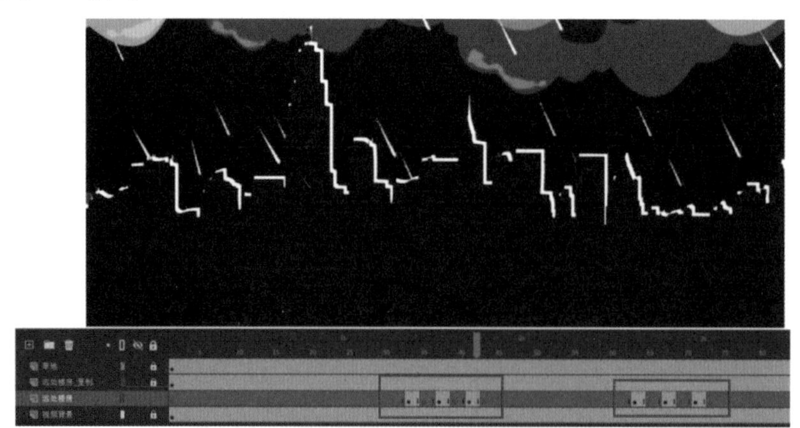

图 9-5　闪电逆光照亮的效果

6．测试并发布影片

按 Ctrl+Enter 快捷键测试并发布影片。

 举一反三

本实例主要将位图文件导入 Animate 中，并将位图转换为矢量图后，制作相应的动画效

果，如图 9-6 所示。

图 9-6 举一反三动画效果

进阶训练

在 Animate 中可以导入外部的声音素材作为动画的背景音乐或音效。本实例主要为按钮添加声音，当单击按钮时，按钮发出声音，如图 9-7 所示。具体操作可参考配套教学资源中的“进阶训练 18”文档。

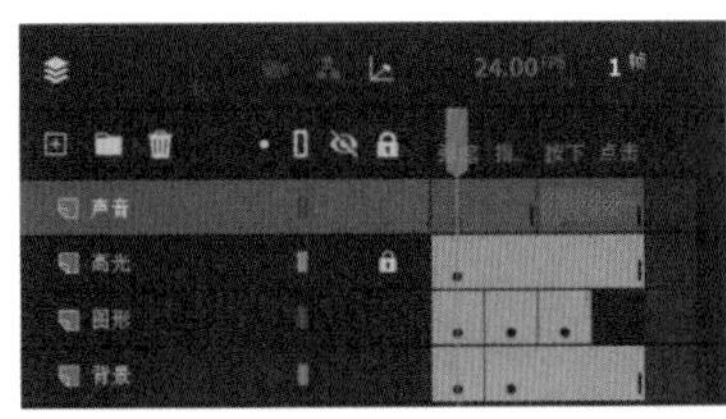

图 9-7 为按钮添加声音

9.1.2 导入图像素材

在 Animate 中可以导入位图和矢量图文件。位图文件包括 PNG、JPG、GIF 和 BMP 格式。在 Animate 中还可以导入由其他软件制作的图形文件，如由 Freehand、Illustrator、Photoshop 制作的图形文件。

1．导入位图素材

导入位图素材，可以分为将位图素材导入舞台或导入库，区别在于导入舞台是将导入的位图素材放置在舞台上，同时库中也存在该位图资源，而导入库则是直接将位图素材存放到库中，舞台上没有该位图素材。

选择“文件”—“导入”—“导入到舞台”或“导入到库”命令，在弹出的“导入”对话框中选择所要导入的素材即可，也可以选择多张位图，同时导入。

2．导入 GIF 格式的文件

GIF 的全称是 Graphics Interchange Format（可交换的文件格式）。GIF 格式提供了一种高压缩、高质量的位图，GIF 文件的扩展名是“.gif”。一个 GIF 文件中可以存储多张图片，形成一段动画。在 Animate 中导入 GIF 格式的文件，与导入普通位图的操作步骤是一致的，只是导入 GIF 格式的文件，实际是将 GIF 文件中存储的多张画面按照序列导入 Animate 中，并保留原来的动画效果，如图 9-8 所示。

图 9-8　导入 GIF 格式的文件

3．导入 AI 文件

AI 即 Adobe Illustrator，是全球著名的矢量图软件。在 Animate 中可直接导入由 Illustrator 制作的矢量图。

选择“文件”—“导入”—“导入到舞台”命令，选择需要导入的 AI 文件，弹出“将‘×××.ai’导入到舞台”对话框，如图 9-9 所示，设置如下。

- “将图层转换为：Animate 图层”表示将保持 AI 文件中原有的图层关系，将图形保存到 Animate 不同的图层中。
- “将图层转换为：单一 Animate 图层”表示将 AI 文件中的图形保存在 Animate 单个图层中。
- “将图层转换为：关键帧”表示将 AI 文件中不同图层的元素放置在不同的关键帧中。

在下面的复选框中可以选择是否“将对象置于原始位置”“导入为单个位图图像”“导入未使用的元件”“将舞台大小设置为与 Illustrator 画板同样大小（6792×3469）”。

单击“隐藏高级选项”按钮，切换到设置界面，可以选择图层转换和文本转换的方式。

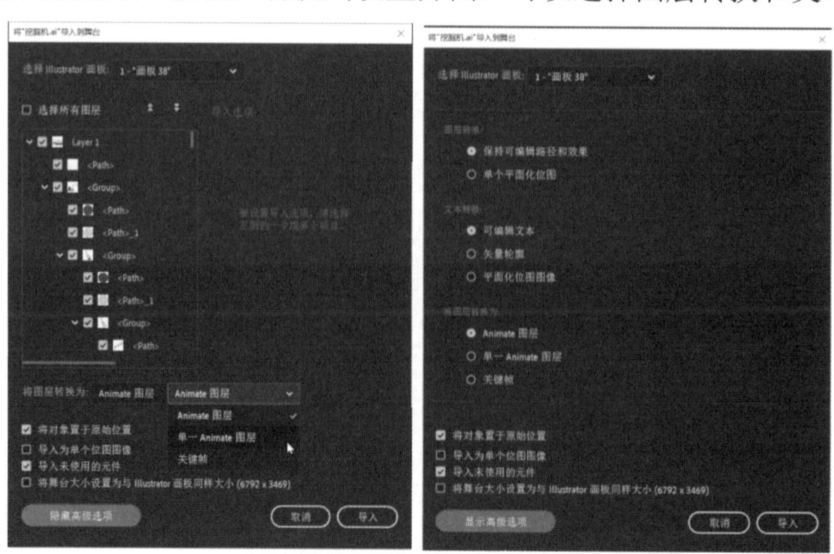

图 9-9　导入 AI 文件

4．导入 PSD 文件

PSD 是 Adobe 公司的图形设计软件 Photoshop 的专用格式。在 Animate 中可以直接导入由 Photoshop 设计的图形、图像，操作如下。

选择“文件”—“导入”—“导入到舞台”命令，选择需要导入的 PSD 文件，弹出“将‘×××.psd’导入到舞台”对话框，选项设置与导入 AI 文件的设置类似，需要设置“图层转换”、“文本转换”和“将图层转换为”3 个选项，也可以创建影片剪辑，如图 9-10 所示。

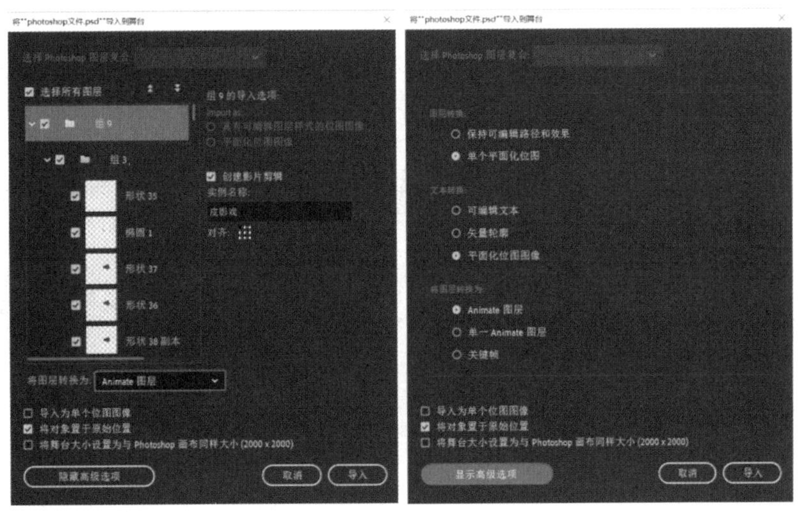

图 9-10 导入 PSD 文件

9.1.3 导入视频素材

在 Animate 中可以导入 MOV、AVI、MPG、FLV 等格式的视频文件，选择“文件”—“导入”—“导入视频”命令，弹出“导入视频”对话框。

在“选择视频”界面（见图 9-11）中，单击“文件路径”后面的“浏览”按钮，在弹出的“导入”对话框中选择需要导入的视频文件，则在“文件路径”下方会出现视频文件的本地路径，导入方式可以分为以下 3 种。

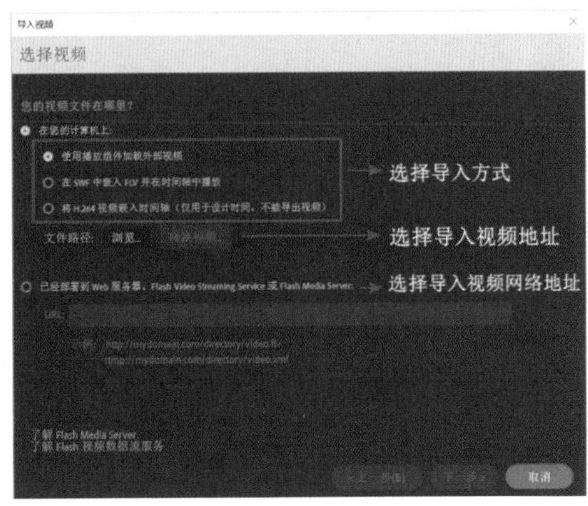

图 9-11 “选择视频”界面

1．使用播放组件加载外部视频

使用播放组件加载外部视频，表示导入的视频将使用播放组件来加载。在浏览素材后，单击“下一步”按钮进入“设定外观”界面，系统提供了多种外观样式，用户可以在“外观”下拉列表中进行选择，在“颜色”选项中可以设定外观的颜色，如图 9-12 所示。

单击“下一步”按钮，进入“完成视频导入”界面，单击“完成”按钮即可实现视频的导入。导入后舞台上会呈现导入的视频文件，而在“库”面板中会出现 FLVPlayback 组件的视频元素。

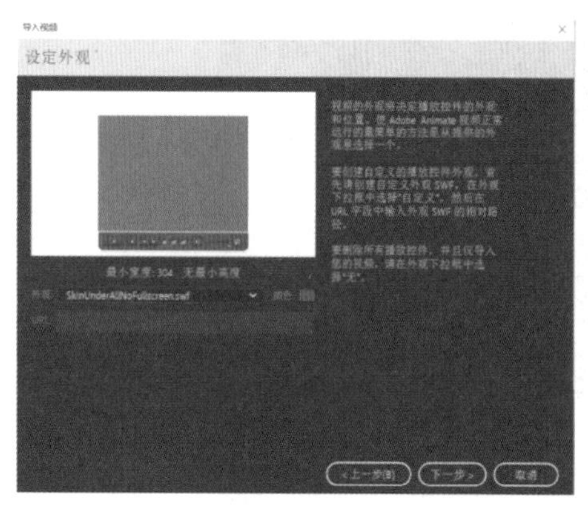

图 9-12　设定外观

2．在 SWF 中嵌入 FLV 并在时间轴中播放

在 SWF 中嵌入 FLV 并在时间轴中播放，表示导入的视频被嵌入在时间轴上，与时间轴同步播放，如图 9-13 所示。具体操作过程如下。

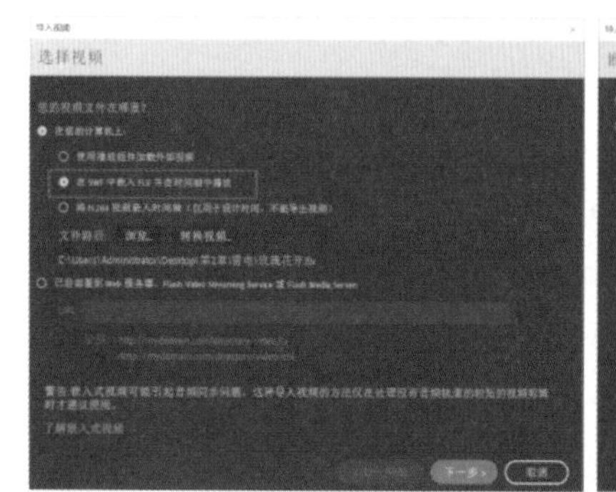
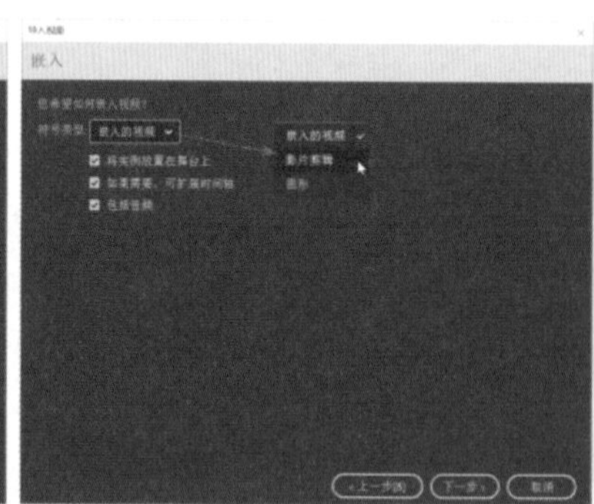

图 9-13　嵌入视频

当选择好导入的视频文件后，选中“在 SWF 中嵌入 FLV 并在时间轴中播放”单选按钮，单击“下一步”按钮，进入“嵌入”界面，在“嵌入”界面中可以选择“符号类型”，其包括“嵌入的视频”“影片剪辑”“图形”3 种类型。这 3 种类型的区别在于将导入的视频文件放置在什么位置。“嵌入的视频”将导入的视频文件放置在舞台上，而“影片剪辑”和“图形”则是将导入的视频文件嵌入影片剪辑元件和图形元件中。单击“下一步”按钮，进入“完成视频导入”界面，单击“完成”按钮即可实现视频的导入。

将视频导入舞台后，视频被嵌入在时间轴上，与时间轴同步。

3．将 H.264 视频嵌入时间轴

将 H.264 视频嵌入时间轴，仅用于设计时间，不能导出视频。也就是说，导入的视频不能导出到已发布的 SWF 文件中，而是被嵌入时间轴中，作为动画设计时的参考。在“嵌入”界面中可以选择“符号类型”，其包括“嵌入的视频”“影片剪辑”“图形”3 种类型，如图 9-14 所示。

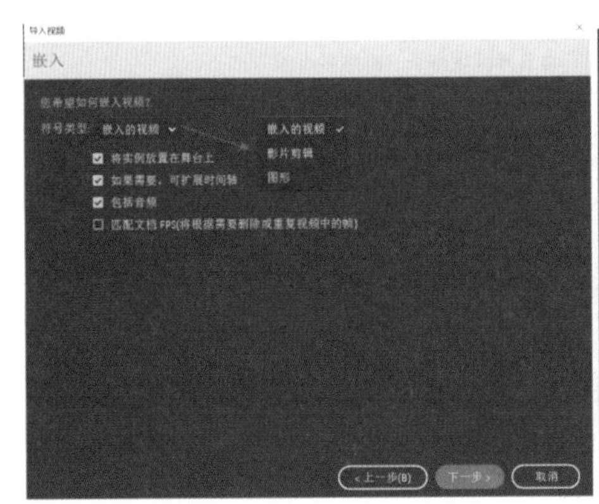

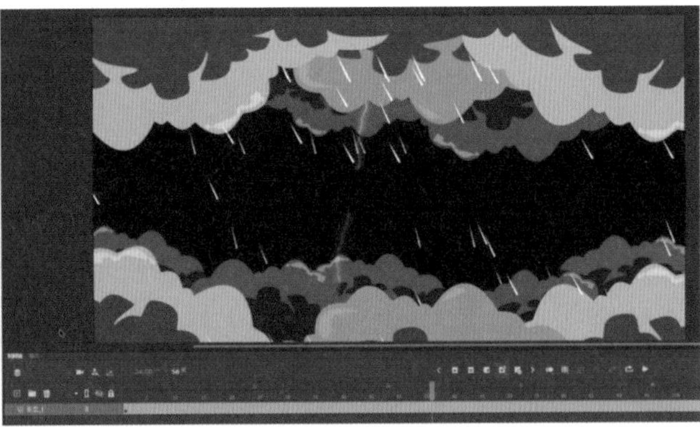

图 9-14　将 H.264 视频嵌入时间轴

9.1.4　导入声音素材

选择“文件”—“导入”—“导入到库”或“导入到舞台”命令，在弹出的对话框中，选择需要导入的声音文件即可导入声音。选择“导入到库”命令时，舞台上没有声音素材，需要进一步添加。

如图 9-15 所示，添加的声音素材在“库”面板的浏览窗口中可以看到声音的波形，单击右上角的“播放”按钮可以进行试听。

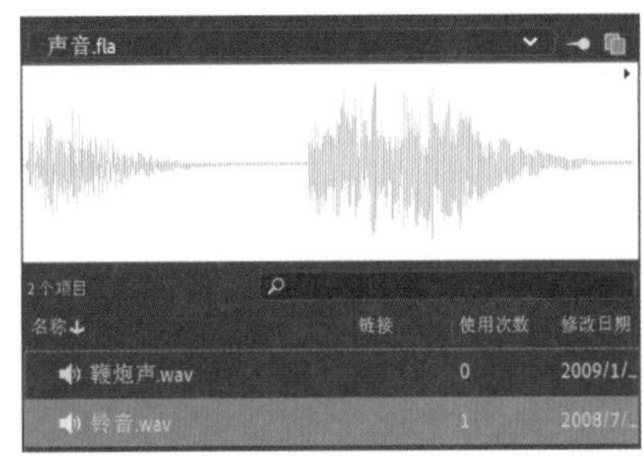

图 9-15　“库”面板中的声音素材

9.2　素材文件的应用

9.2.1　位图文件的处理

1．分离位图

在将 JPG、BMP、GIF 等位图格式的文件导入 Animate 后，如果只需要位图中的一部分，就需要将位图转换为“形状”后进行处理。

具体操作过程如下。

右击位图，在弹出的快捷菜单中选择“分离”命令（快捷键为 Ctrl+B），将位图转换为“形状”。使用选择工具、部分选择工具、套索工具、多边形工具、魔术棒等进行编辑处理。例如，使用多边形工具处理图像，如图 9-16 所示。

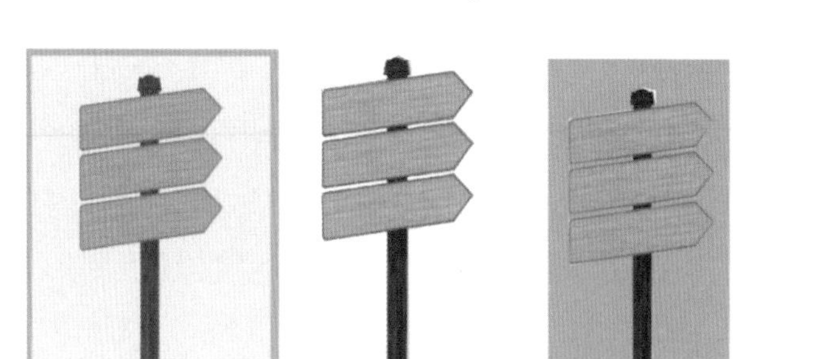

（1）分离图像。 （2）使用多边形工具选择想要的区域。 （3）将选择区域组合，删除多余部分，使用其他工具对图像进行调整。

图 9-16 使用多边形工具处理图像

2．将位图转换为矢量图

在 Animate 中可以将位图转换为矢量图。

具体操作如下：选择图像，选择“修改”—“位图”—“转换位图为矢量图”命令，在弹出的“转换位图为矢量图”对话框中设置属性值，如图 9-17 所示。

- 颜色阈值：用于设置位图转换为矢量图的色彩细节，颜色阈值越高，颜色数量越少。其数值范围为 0～500。
- 最小区域：用于设置位图转换为矢量图时色块的大小，数值范围为 0～1000 像素，值越大，色块越大。
- 角阈值：用于设置转角的精细程度，包括较多转角、一般和较少转角 3 个选项。
- 曲线拟合：用于设置图像转换过程中边缘的平滑程度，包括像素、非常紧密、紧密、一般、平滑和非常平滑 6 个选项。越平滑，失真度越大，所以针对色块比较大的位图图像可以选择“一般”或者“平滑”选项，而针对色块较小，绘制比较细腻的位图图像，可以选择“紧密”或者“非常紧密”选项。

设置不同的值，最后所转换的效果也不同。读者可根据具体的制作要求设置相应的值。

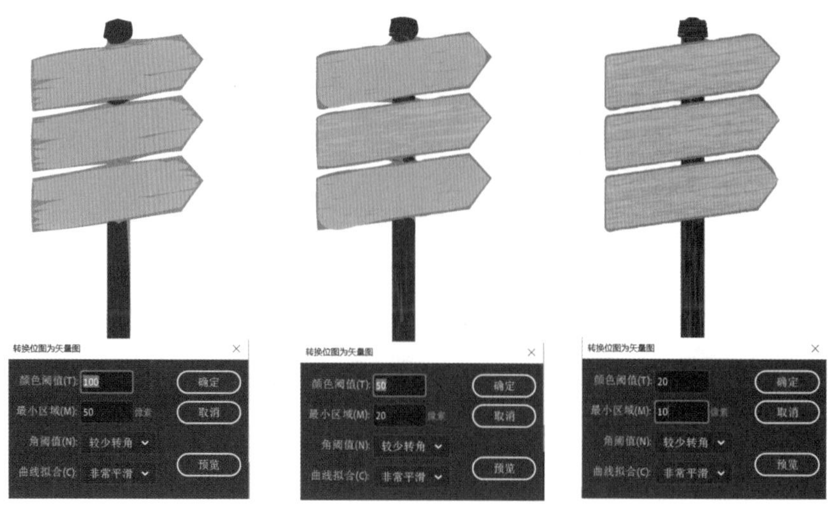

图 9-17 将位图转换为矢量图的属性值设置

9.2.2 导入序列图片制作逐帧动画

在 Animate 中可以导入序列图片，制作逐帧动画效果。

具体操作如下：选择“文件”—“导入”—“导入到舞台”命令，如果导入的图片是序列图片，则软件会弹出“此文件看起来是图像序列的组成部分。是否导入序列中的所有图像？”提示，单击“是”按钮，导入序列图片，单击“否”按钮则导入单张图片，如图 9-18 所示。导入后，在时间轴上会出现由序列帧组成的逐帧动画。

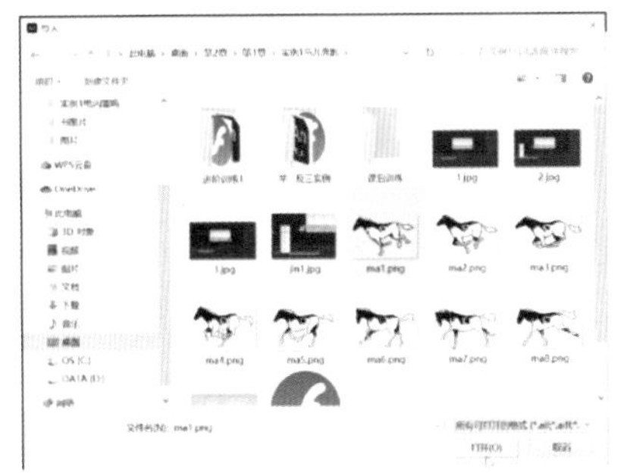
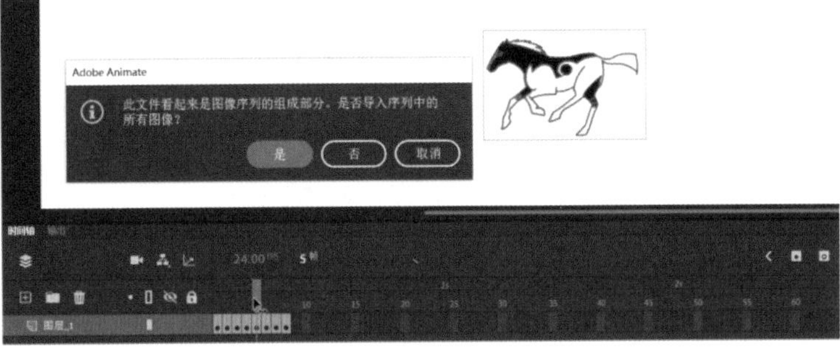

图 9-18 导入序列图片

9.2.3 声音属性的设置

将声音素材导入库中后，选择需要添加声音的关键帧，将库中的声音素材拖动到舞台上，同时在时间轴上会出现声音的波形。在帧的“属性”面板中可以实现对声音属性的设置，如图 9-19 所示。

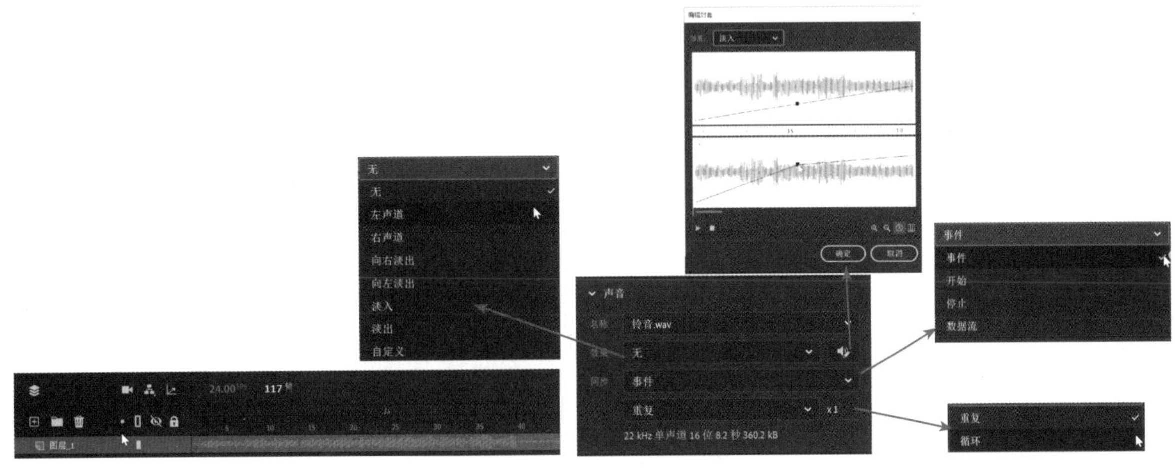

图 9-19 声音属性的设置

声音属性主要包括“名称”“效果”“同步”。

（1）名称：显示当前使用的声音的名称，“名称”下拉列表中呈现的是库中导入的所有声音的名称，在此可以切换为其他声音。

（2）效果：“效果”下拉列表中包括无、左声道、右声道、向右淡出、向左淡出、淡入、淡出、自定义 8 个选项，选择不同的选项，可以让声音的音量和声音的左、右声道发生不同的变化。也可以选择后面的“编辑声音封套”按钮，在弹出的“编辑封套”对话框中对声音效果进行编辑。

（3）同步：影片与声音的同步方式，“同步”下拉列表中包括事件、开始、停止和数据流 4 个选项。

- 事件：声音与触发事件同步播放。在 Animate 中，声音的触发事件一般为进入加载声音的关键帧，即当动画开始播放加载声音的关键帧时，声音开始播放，而无论后面的动画长短，在不关闭动画的情况下，都会将声音播放完毕。如果动画重复加载事件帧，则声音会不断累加。“事件”的同步方式比较适合添加按钮音效。
- 开始：与“事件”类似，会完整地播放加载的声音，但与“事件”不同，不会重复加载声音，在时间允许的条件下可以完整播放声音。“开始”的同步方式比较适用于背景音乐。
- 停止：禁止播放声音。
- 数据流：数据流将声音的播放过程与时间轴同步，时间轴播放到哪儿，声音就播放到哪儿。此同步方式能够保证动画与声音同步，适合制作动画短片等作品。

（4）重复：可以设置声音循环的次数，也可以设置循环播放声音。

知识拓展　声音的基本知识

在 Animate 中可以导入声音文件，声音的基本概念包括采样率、声道、音调、音量、音色、声音的格式等相关知识，读者可参考配套教学资源中的“知识拓展 9”文档，了解声音的基本知识。

本章小结

在 Animate 中可以导入外部的图像素材、视频素材和声音素材来增加 Animate 动画的画面效果。

在 Animate 中可以导入其他格式（如 PSD、AI、GIF 格式）的素材文件，软件会根据导入的素材的类型提示相应的导入设置，用户根据需要进行设置即可。导入视频素材主要分为“使用播放组件加载外部视频”、“在 SWF 中嵌入 FLV 并在时间轴中播放”和“将 H.264 视频嵌入时间轴”3 种方式，用户可根据需要进行设置。导入声音素材要注意声音同步方式的设置，熟悉并掌握“事件”、“开始”和“数据流”同步方式的不同及应用场景。

课后实训 9

本实例主要将视频文件导入 Animate 中，模拟电视播放视频的效果，如图 9-20 所示。

操作提示

（1）导入“电视背景.psd”文件，调整大小，使其覆盖舞台。

图 9-20　电视播放视频效果

（2）导入视频文件，调整大小，将其放置在电视的位置。

（3）创建“摄像机动画”，制作拉镜头效果。

具体操作可参考配套教学资源中的“课后实训 9”文档。

课后习题 9

1. 选择题

（1）下列关于在 Animate 中导入视频的说法正确的是（　　）。

A．在导入视频片段时，用户可以将其嵌入 Animate 影片剪辑元件中

B．在导入视频片段时，用户可以将其嵌入 Animate 图形元件中

C．嵌入 Animate 中的视频，不支持与主时间轴同步播放

D．采用“将 H.264 视频嵌入时间轴”的方式导入视频，不仅用于设计时间，还能导出视频

（2）在制作 MTV 时，最好将音乐文件加入（　　）。

A．图片元件中　　B．空白影片剪辑元件中

C．按钮元件中　　D．时间轴中

（3）为按钮添加音效，应选择的同步方式为（　　）。

A．事件　　B．开始　　C．数据流　　D．停止

（4）为影片添加背景音乐，应选择的同步方式为（　　）。

A．事件　　B．开始　　C．数据流　　D．停止

（5）将位图转换为形状的快捷键为（　　）。

A．Ctrl+B　　B．Ctrl+G　　C．Ctrl+C　　D．Ctrl+X

2. 填空题

（1）声音的同步方式包括__________、__________、__________和__________。

（2）导入视频素材包括__________、__________和__________3 种方式。

3. 简答题

简述声音的 4 种同步方式的区别。

ActionScript 3.0 编程基础

第 10 章

学习目标

ActionScript 3.0 是针对 Animate Player 运行时环境的编程语言，可以实现人机交互、数据交互等功能。本章主要结合 Animate 中的“动作”面板和“代码片段”面板，制作简单的时间轴控制动画。

- 熟悉并掌握“动作”面板的操作。
- 熟悉并掌握通过“代码片段”面板添加和修改简单代码的方法。
- 熟悉并掌握常用的影片剪辑（MovieClip 类）方法和属性。

重点难点

- gotoAndPlay()、play()、stop()方法的使用。
- preFrame()、nextFrame()方法的使用。
- 事件监听的语法和使用。
- 控制影片停止播放和时间轴的跳转。
- 通过编程改变实例对象的属性。

10.1 时间轴导航

10.1.1 课堂实例 1——我的作品

实例分析

本实例将前面章节制作的作品，制作为一个电子相册，作为前面章节学习的一个阶段性总结。通过不断地创作、积累作品，不仅可以提高自己的技能，还有助于提升自身的创造力、表达能力和解决问题的能力。在积累作品的同时，可以记录个人学习经历，也可以为后面的作品制作积累素材。积累的作品可以与他人分享，激发有益的讨论和思考，有助于自我反思，提高个人的自信心和自尊心。总之，在学习过程中，积累作品可以不断提升自己的专业能力、经验水平，以及增加知识储备，从而更好地应对各种工作挑战。

本实例主要通过“上一页”“下一页”“第一页”“最后一页”按钮来对导入的作品素材进行播放，主要应用到影片剪辑（MovieClip 类）的 gotoAndStop()、preFrame()和 nextFrame()方法。效果如图 10-1 所示。

图 10-1 “我的作品”电子相册效果

操作步骤

1. 新建文档并保存

新建文档，并将文档保存为“我的作品.fla”。将文档大小设置为 1280 像素×720 像素。

2. 导入图像素材

选择“文件”—“导入”—“导入到舞台”命令，在弹出的对话框中，将素材文件夹中的“素材\第 10 章\实例 1 我的作品\1.jpg”文件导入舞台上，此时弹出提示框提示“此文件看起来是图像序列的组成部分。是否导入序列中的所有图像？”，单击“是”按钮，导入 10 张序列图片，调整每张图片的大小，让图片覆盖舞台，如图 10-2 所示。

图 10-2 导入序列图片

3. 设置遮罩

创建遮罩动画为电子相册设计一个边框。具体操作过程如下。

新建一个“相册形状”图层，绘制一个形状，用户可自行修改样式。右击“相册形状”图层，在弹出的快捷菜单中选择“遮罩层”命令，即创建了遮罩动画，如图 10-3 所示。

4. 创建按钮

电子相册需要设置 4 个导航按钮：“上一页”“下一页”“第一页”“最后一页”。“第一页”按钮 4 个关键帧的效果如图 10-4 所示。设置“弹起”帧的字体颜色为白色，“指针经过”帧的字体颜色为黄色，“按下”帧的字体变大，“点击”帧延续“按下”帧的效果即可。在“背景”图层上设置一个五边形。

图 10-3 创建遮罩动画设计电子相册边框

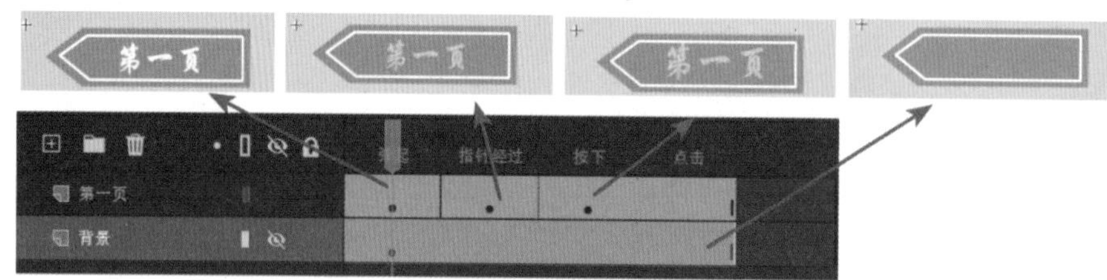

图 10-4 “第一页”按钮 4 个关键帧的效果

其他 3 个按钮也按照此方法制作。为了保证其他 3 个按钮的字体样式与“第一页”按钮的字体样式一致，可以选择“直接复制”命令，对“第一页”按钮进行复制，并在复制后的元件实例中修改文本。

5．添加按钮并布局

新建一个“按钮”图层，将 4 个按钮放置在舞台上，根据遮罩形状的倾斜角度摆放。可以使用“对齐”面板中的“间隔”选项，对 4 个按钮进行布局。首先确定“第一页”和“最后一页”按钮的位置，然后单击“对齐”面板中的“垂直平均间隔”和“水平平均间隔”按钮，效果如图 10-5 所示。

图 10-5 导航按钮布局

6．对按钮进行实例化命名

在为按钮添加代码动作之前，需要先对按钮进行实例化命名，单击“第一页”按钮，在“属性”面板中，将其命名为 first；单击“上一页”按钮，在“属性”面板中，将其命名为 previous；单击“下一页”按钮，在“属性”面板中，将其命名为 next；单击“最后一页”按钮，在“属性”面板中，将其命名为 last（用户可以自定义名称），如图 10-6 所示。

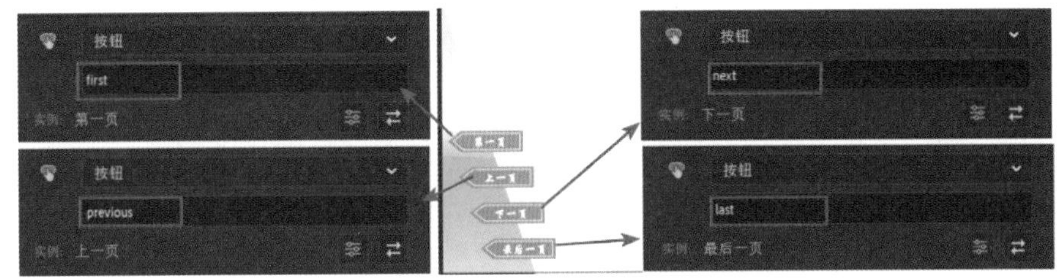

图 10-6 对按钮进行实例化命名

7. 帧停止操作

“我的作品”电子相册在显示时，时间轴在第 1 帧图片上停止，所以需要添加脚本命令来实现停止操作，具体操作过程如下。

选择“窗口”—“代码片段”命令，打开“代码片段”面板，展开 ActionScript 文件夹下的“时间轴导航”文件夹，选择时间轴某个图层的第 1 帧，双击“在此帧处停止”代码片段，即在弹出的“动作”面板中添加了命令脚本“stop();”，如图 10-7 所示①。

图 10-7 添加帧停止命令脚本

8. 添加“第一页”“最后一页”按钮的控制代码

需要为“上一页”“下一页”“第一页”“最后一页”4 个按钮添加控制代码。

单击“第一页”按钮，双击“代码片段”面板中的“单击以转到帧并停止”代码片段，在弹出的“动作”面板中会自动添加代码，如图 10-8 所示。将代码中的“gotoAndStop(5);”修改为“gotoAndStop(1);”，表示转到第 1 帧处并停止播放。

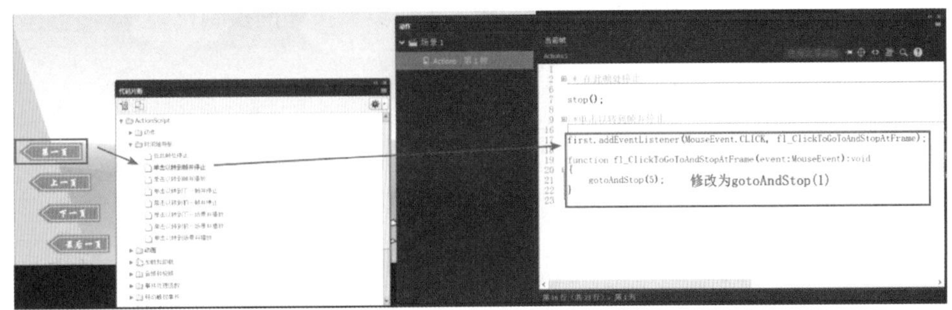

图 10-8 添加“第一页”按钮的控制代码

代码说明：为“第一页”按钮添加一个鼠标单击事件（MouseEvent.CLICK），当单击“第

① 图 10-7 中“代码片断”的正确写法应为“代码片段”。

一页”按钮时触发鼠标单击事件，调用 fl_ClickToGoToAndStopAtFrame()函数；在函数中执行 gotoAndStop(1);语句，实现转到第 1 帧处并停止播放的操作。

同理，单击“最后一页”按钮，双击“代码片段”面板中的“单击以转到帧并停止”代码片段。在弹出的“动作”面板中会自动添加代码。将代码中的“gotoAndStop(5);”修改为“gotoAndStop(10);”，表示转到第 10 帧处并停止播放，如图 10-9 所示。

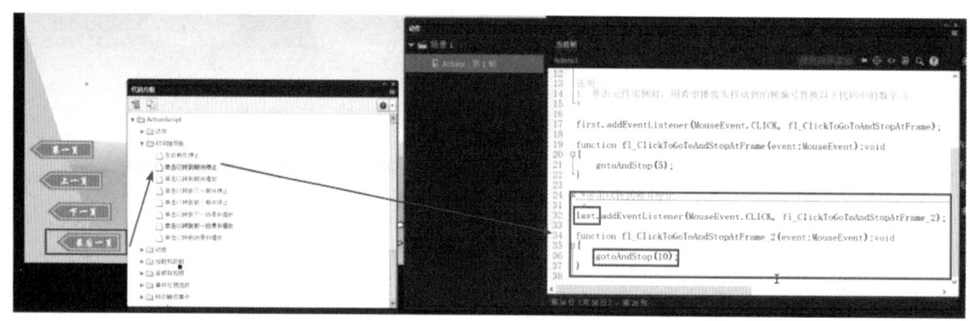

图 10-9　添加“最后一页”按钮的控制代码

9．添加“上一页”和“下一页”按钮的控制代码

单击“上一页”按钮实现的效果是，显示上一张图片。单击“上一页”按钮，在“代码片段”面板中双击“单击以转到前一帧并停止”代码片段，实现显示上一页图片的效果。同理，单击“下一页”按钮实现的效果是，显示下一张图片，在“代码片段”面板中双击“单击以转到下一帧并停止”代码片段，实现显示上一页图片的效果，如图 10-10 所示。

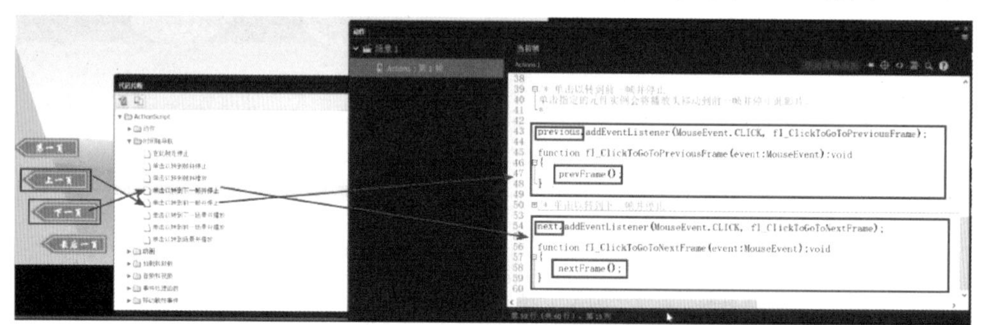

图 10-10　添加“上一页”和“下一页”按钮的控制代码

10．测试并发布影片

按 Ctrl+Enter 快捷键测试并发布影片。

举一反三

“我的作品”实例中实现了图片的切换，但图片之间没有过渡效果，可以将每张图片转换为影片剪辑元件，利用遮罩或者形状补间动画来实现过渡效果，如图 10-11 所示。

进阶训练

本实例主要通过“播放”和“停止”按钮来控制人物走路，主要应用影片剪辑（MovieClip 类）的 stop()方法和 play()方法来实现，如图 10-12 所示。具体操作可参考配套教学资源中的

“进阶训练 19”文档。

图 10-11 图片切换过渡效果

图 10-12 控制人物走路

10.1.2 “动作”面板

ActionScript 3.0 的代码可以写在时间轴的关键帧上或者外部类中，本章只是对 ActionScript 3.0 的初步介绍，代码简单，都写在关键帧上。代码是在“动作”面板中进行编写的，选择“窗口”—“动作”命令或者按 F9 键，可以打开“动作”面板，如图 10-13 所示。

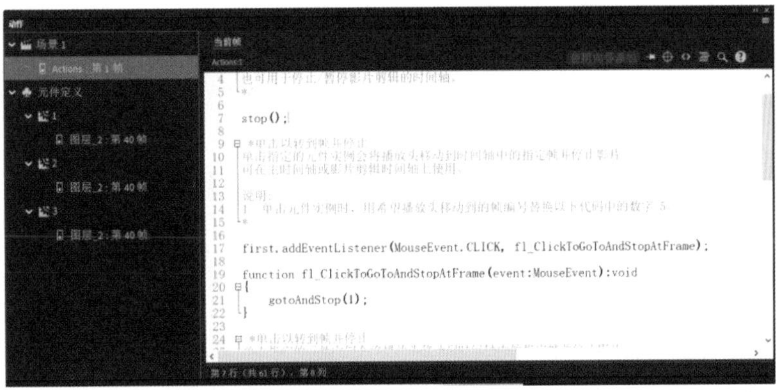

图 10-13 “动作”面板

“动作”面板主要包括两个部分，左侧为“脚本导航”窗口，用于提供添加编辑代码的位置，用户可以单击该窗口进行查看与编写；右侧为“脚本的输入和编辑”窗口，用户可以自行输入代码，或者通过“代码片段”面板进行添加。

10.1.3 “代码片段”面板

“代码片段”面板可以方便编程人员添加一些常见的功能代码，为不熟悉 ActionScript 3.0

的用户提供制作简单交换动画的捷径。

选择“窗口”—“代码片段”命令，即可打开“代码片段”面板，如图 10-14 所示。“代码片段”面板提供了动作、时间轴导航、动画、加载和卸载、音频和视频等代码片段。有的代码片段可以直接添加在时间轴的关键帧上，有的需要选择一个实例对象后添加。

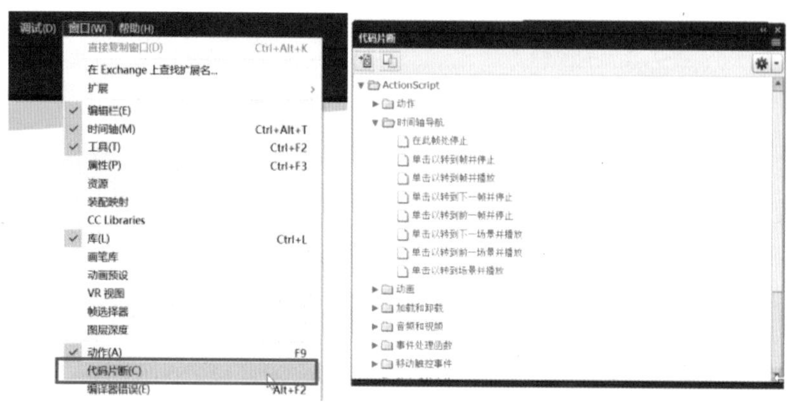

图 10-14　打开“代码片段”面板

只需双击代码片段的名称即可在“动作”面板上添加代码。用户可以在此基础上进行修改。

10.1.4　事件监听

事件监听是指在某个对象上设置一个监听器，监听器内部封装了事件的处理程序。当被监听对象发生某个事件时，事件监听器接收事件对象后进行某种处理。例如，在 10.1.1 节“进阶训练”的实例中，用户单击“停止”按钮，创建了一个鼠标单击的事件监听，当用户单击“停止”按钮后，就执行事件监听处理程序（停止播放的程序），实现时间轴的停止。

下面以单击 bofang 按钮执行播放（play()方法）命令为例说明事件监听的过程。

完成整个事件监听的过程如下：

```
bofang.addEventListener(MouseEvent.CLICK, clickbofang)
function clickbofang(event: MouseEvent): void {
    play();
}
```

1．确定触发事件的对象

触发事件的对象是事件监听的目标对象。例如，在“我的作品”实例中，导航按钮就是事件监听的目标对象。上面代码中的 bofang 按钮实例就是触发事件的对象。

2．注册事件监听

注册事件监听主要使用 addEventListener()方法。常用的格式为：

```
触发事件的对象.addEventListener(事件类型、函数名称);
```

代码说明。

- 触发事件的对象就是确定的事件监听的目标对象。

- addEventListener()是注册事件监听的方法，其中主要包括两个参数，一个是事件类型，如鼠标单击、鼠标移动、进入帧等一些交互事件；另一个是函数名称，这个函数就是针对某个特定事件定义的一个响应函数（方法），主要功能就是响应事件触发后所需要执行的操作。

bofang.addEventListener(MouseEvent.CLICK,clickbofang)语句表示为bofang这个实例添加事件监听，监听的事件类型为 MouseEvent.CLICK（鼠标单击事件），响应函数的名称为clickbofang。

3．执行事件响应函数

计算机中的“函数”，是一段可以重复使用的ActionScript代码。函数的创建使用function语句来完成。

事件监听的响应函数的格式如下：

```
function 函数名(事件参数) {
函数体
}
```

单击bofang按钮播放时间轴的响应函数的代码如下：

```
function clickbofang(event: MouseEvent): void {
    play();
}
```

代码说明。

- function 关键字表示正在声明一个函数。
- clickbofang 为函数名，函数名应当遵守变量的命名法则。
- event: MouseEvent 为事件类型。
- play()为函数体，执行播放命令。

10.1.5 时间轴导航常用方法

在 ActionScript 3.0 编程中，时间轴导航常用方法都是 MovieClip 类中的方法，主要包括以下几种。

（1）play()：表示在时间轴上向前移动播放头。

（2）stop()：表示停止当前正在播放的影片。此动作通常的用法是使用按钮控制影片剪辑。

（3）gotoAndStop(n)：单击以转到帧并停止。

（4）gotoAndPlay(n)：单击以转到帧并播放。

（5）preFrame()：单击以转到前一帧并停止。

（6）nextFrame()：单击以转到下一帧并停止。

10.2 影片剪辑属性设置

10.2.1 课堂实例 2——风力发电

实例分析

风，依律而动、来去无踪，蕴藏着难以想象的能量。风力发电是指把风的动能转为电能。风是无公害的能源之一，而且它取之不尽，用之不竭。缺水、缺燃料和交通不便的沿海岛屿、草原牧区、山区和高原地带，非常适合因地制宜地利用风力发电。

我国本着爱护地球环境的初心，竭力在清洁能源上谋求新的出路，先后在地域辽阔的大西北建立了多个风力发电厂，目前已经将风力发电厂的阵地扩大到了风力资源更为充沛的海上，相信在不久的将来，风力资源会给我们带来更多惊喜。

风是一种清洁无公害的可再生能源，利用风力发电非常环保。下面制作一个风力发电的动画，效果如图 10-15 所示。在“动作”面板中添加代码实现叶片的旋转，主要通过修改“叶片”实例对象的旋转属性来实现。叶片转动起来后，通过编程实现人机交互，在鼠标单击的位置添加风力发电机。具体操作步骤如下。

图 10-15　风力发电动画效果

操作步骤

1．新建文档并保存

新建文档，并将文档保存为“风力发电.fla”。将文档大小设置为 1280 像素×720 像素。

2．导入背景素材

将“素材\第 10 章\实例 2 风力发电素材.fla”文件中的素材导入本地库中。将背景拖动到舞台上，并覆盖舞台。

3．制作叶片旋转效果

新建 fengche 影片剪辑元件，将“库”面板中的叶片和柱子分图层放置在舞台上。选择“叶片”元件实例，在“属性”面板中将元件实例命名为 yepian。

选择 yepian 元件实例，打开“代码片段”面板，展开 ActionScript 文件夹中的“动画”文件夹，双击“不断旋转”代码片段，在“动作”面板中添加不断旋转的代码，如图 10-16 所示。

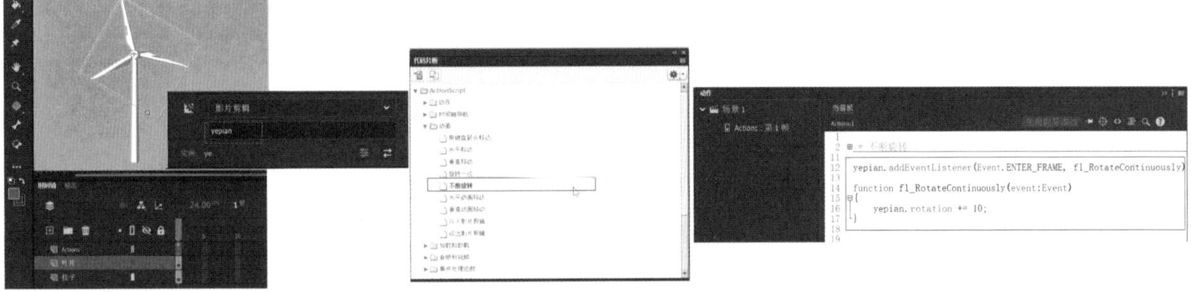

图 10-16　制作叶片旋转效果

代码说明。

- 本实例触发 ENTER_FRAME 事件，表示当程序进入添加代码的关键帧时触发事件，执行 fl_RotateContinuously()函数。
- fl_RotateContinuously()函数主要执行 yepian.rotation +=10;语句，表示将 yepian 元件实例旋转 10° 。所编写代码的默认旋转方向为顺时针。如果要将旋转方向更改为逆时针，则将数值 10 更改为负数即可。要更改元件实例的旋转速度，可以将数字 10 更改为其他值，值越大，旋转速度越快。
- 在上面的代码中，事件被触发一次，元件实例旋转 10° ，而当动画不断触发 ENTER_FRAME 事件时，就形成了连续的旋转动画。

4. 单击鼠标添加风力发电机

在“库”面板中，选择 fengche 影片剪辑元件，单击鼠标右键，在弹出的快捷菜单中选择“属性”命令，单击“高级”按钮以展开“元件属性”对话框，勾选“为 ActionScript 导出”复选框，此操作是将 fengche 影片剪辑元件发布为一个 fengche 类，可以通过编程来添加、改变属性，如图 10-17 所示。

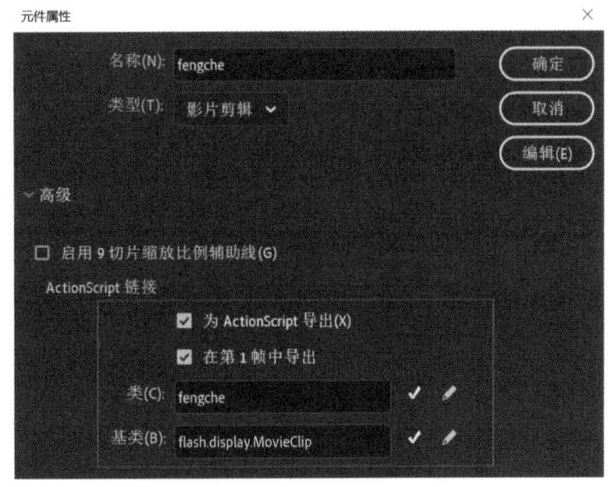

图 10-17　链接类

选择舞台第 1 帧，打开“动作”面板，输入下面的代码：

```
stage.addEventListener(MouseEvent.CLICK,addfengche);
function addfengche(e:MouseEvent )
{
    var myfc:fengche= new fengche();
    myfc.x = mouseX;
    myfc.y = mouseY;
    myfc.scaleX = myfc.scaleY = Math.random()*0.5;
    addChild(myfc);
}
```

代码说明。

（1）stage.addEventListener(MouseEvent.CLICK,addfengche);表示为舞台添加鼠标单击事件监听器，当在舞台上出现鼠标单击事件时，则会执行 addfengche()函数。

（2）function addfengche(e:MouseEvent)表示创建鼠标单击事件响应函数。

（3）var myfc:fengche= new fengche();表示创建 fengche 影片剪辑元件实例，实例名称为 myfc。

（4）myfc.x = mouseX;和 myfc.y = mouseY;表示设置 myfc 实例在舞台上的位置，即鼠标单击的位置。mouseX 和 mouseY 可以获取鼠标的位置坐标。

（5）myfc.scaleX = myfc.scaleY = Math.random()*0.5;表示设置 myfc 实例的缩放比例，myfc 实例是等比例缩放的，所以用了连等设置，大小都为 Math.random()*0.5。Math.random()表示获取 0～1 的随机数，由于 myfc 实例整体偏大，因此乘以系数 0.5，让缩放的大小在 0～0.5 随机获取。用户可根据实际情况修改数值。

（6）addChild(myfc);表示把 myfc 实例添加到舞台上。

5．测试并发布影片

按 Ctrl+Enter 快捷键测试并发布影片。

举一反三

按照上面实例的操作步骤制作旋转的摩天轮动画效果，如图 10-18 所示。

图 10-18　旋转的摩天轮动画效果

进阶训练

本实例为影片剪辑元件实例制作多种场景切换效果。例如，淡入、淡出、水平移动、垂直移动等效果，如图 10-19 所示。具体操作可参考配套教学资源中的“进阶训练 20”文档。

图 10-19　场景切换效果

10.2.2　常见的动画效果

选择“窗口”—“代码片段”命令，打开“代码片段”面板。展开 ActionScript 文件夹下的“动画”文件夹，如图 10-20 所示。

1．用键盘方向键移动

通过触发键盘事件，实现用键盘方向键移动指定的元件实例，如图 10-21 所示。要增加或减少移动量，可用希望每次按键时元件实例移动的像素数替换代码中的数字 5。

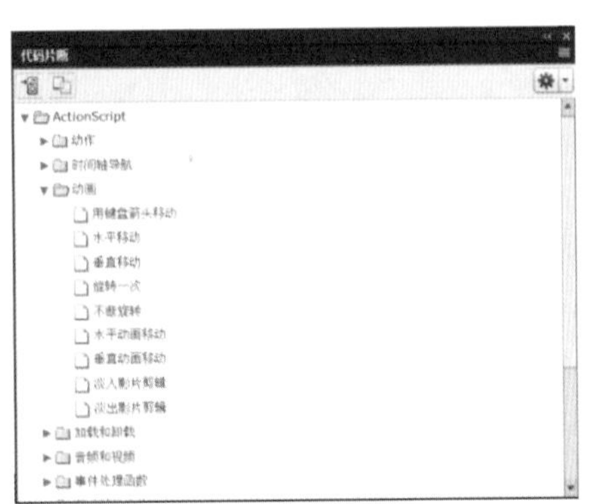

图 10-20　“代码片段”面板

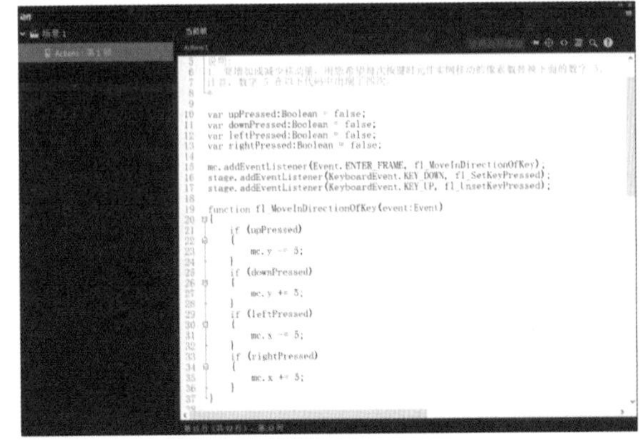

图 10-21　用键盘方向键移动

2．水平移动一次

通过减少或增加所指定元件实例的 x 属性值，将元件实例向左或向右移动。下面的代码在默认情况下会将元件实例移动到右侧 100 像素的位置，用户可以修改移动的数值，当设置数值为负数时，则元件实例会向左侧移动。代码如下：

```
mc.x += 100;
```

3．垂直移动一次

通过减少或增加所指定元件实例的 y 属性值，将元件实例向上或向下移动。数值为正数，元件实例向下移动；数值为负数，元件实例向上移动。代码如下：

```
mc.y += 100;
```

4．旋转一次

改变影片剪辑元件实例的 rotation 属性值可以实现元件实例的旋转。可修改旋转的数值，数值为正数，旋转方向为顺时针；数值为负数，旋转方向为逆时针。代码如下：

```
mc.rotation += 45;
```

5．不断旋转

通过在 ENTER_FRAME 事件中更新元件实例的旋转属性使其不断旋转。代码如下：

```
mc.addEventListener(Event.ENTER_FRAME, fl_RotateContinuously);
function fl_RotateContinuously(event:Event)
{
    mc.rotation += 10;
}
```

代码说明。

- 本实例触发 ENTER_FRAME 事件，表示当程序进入添加代码的关键帧时触发事件，执行 fl_RotateContinuously()函数。
- fl_RotateContinuously()函数主要执行 mc.rotation += 10;语句，表示将 mc 元件实例顺时针旋转 10°。
- 在上面的代码中，事件触发一次，元件实例旋转 10°，而当动画不断触发 ENTER_FRAME 事件时，就形成了连续的旋转动画。

6．水平/垂直动画移动

通过监听 ENTER_FRAME 事件，在响应函数中减少或增加元件实例的 x 属性值，可以实现元件实例在舞台上向左或向右移动。同理，监听 ENTER_FRAME 事件，在响应函数中减少或增加元件实例的 y 属性值，可以实现元件实例在舞台上向上或向下移动。代码如下：

```
mc.addEventListener(Event.ENTER_FRAME, fl_AnimateHorizontally);
function fl_AnimateHorizontally(event:Event)
{
    mc.x += 10;     //水平移动
    //或
    mc.y+=10;       //垂直移动
}
```

代码说明。

- 默认动画的 x、y 属性值都为正数，元件实例向右或向下移动。如果想实现元件实例向左或向上移动，可以将数值改为负数。
- 要更改元件实例的移动速度，可以更改每帧中移动的像素数，数值越大，移动速度越快。
- 当动画不断触发 ENTER_FRAME 事件时，就形成了连续的移动动画。

- 可以通过多条语句的结合，实现 *X* 轴、*Y* 轴方向的同时移动。

7．淡入/淡出影片剪辑

通过在 ENTER_FRAME 事件中增加元件实例的 Alpha 值对其进行淡入，直到它完全显示。代码如下：

```
mc.addEventListener(Event.ENTER_FRAME, fl_FadeSymbolIn);
mc.alpha = 0;
function fl_FadeSymbolIn(event:Event)
{
    mc.alpha += 0.01;
    if(mc.alpha >= 1)
    {
        mc.removeEventListener(Event.ENTER_FRAME, fl_FadeSymbolIn);
    }
}
```

代码说明。

- mc.alpha = 0;语句用于初始化实例对象的透明度，淡入时设置透明度为 0。
- 触发一次 ENTER_FRAME 事件，则执行 mc.alpha += 0.01;语句，将透明度的值增大，逐渐实现淡入效果。
- 影片剪辑元件实例的 Alpha 值最大为 1，所以使用 if(mc.alpha >= 1)判断是否完成淡入，如果 Alpha 的值为 1，则执行 mc.removeEventListener(Event.ENTER_FRAME, fl_FadeSymbolIn);语句，移除事件监听，完成淡入。

淡出影片剪辑与淡入影片剪辑相反，初始设置 Alpha 值为 1。通过在 ENTER_FRAME 事件中减少元件实例的 Alpha 值对其进行淡出，直到它完全消失。所以通过事件触发调用函数后，执行 mc.alpha -= 0.01;语句来降低透明度。通过 if 语句判断，如果 Alpha 的值为 0，则移除事件监听。代码如下：

```
mc.addEventListener(Event.ENTER_FRAME, fl_FadeSymbolOut);
mc.alpha = 1;
function fl_FadeSymbolOut(event:Event)
{
    mc.alpha -= 0.01;
    if(mc.alpha <= 0)
    {
        mc.removeEventListener(Event.ENTER_FRAME, fl_FadeSymbolOut);
    }
}
```

知识拓展　MovieClip 类常用的方法和属性

在 ActionScript 3.0 编程中，时间轴导航常用方法都是 MovieClip 类中的方法，并且实现元件实例的位置移动、大小变化、旋转、淡入、淡出等效果是通过改变影片剪辑元件实例的属性来实现的。关于 MovieClip 类常用的方法和属性，读者可参考配套教学资源中的“知识拓展 10”文档。

本章小结

本章主要结合 Animate 中的“动作”面板和“代码片段”面板添加常用的代码片段，制作简单的人机交互的动画效果。例如，时间轴导航中常用的方法包括 gotoAndPlay()、play()、stop()、preFrame()、nextFrame()等，可以实现时间轴导航、电子相册、播放/暂停等动画效果。通过编程可以修改影片剪辑元件实例的属性，制作旋转、位置移动、淡入、淡出等动画效果。

课后实训 10

在制作动画短片时，经常会通过添加“播放”和“重播”按钮来控制短片的播放。下面以写“福”字为例，为其添加“播放”和“重播”按钮来控制短片的播放，如图 10-22 所示。

图 10-22　添加“播放”和“重播”按钮

操作提示

在第 1 帧处，时间轴停止，需要添加“在此帧处停止”代码片段，为“播放”按钮添加“单击以转到帧并播放”代码片段，转到第 2 帧开始播放。

在动画结束帧，添加“在此帧处停止”代码片段，为“重播”按钮添加“单击以转到帧并播放”代码片段，转到第 1 帧开始播放。具体操作可参考配套教学资源中的“课后实训 10”文档。

课后习题 10

1．选择题

（1）Animate 内嵌的脚本程序是（　　）。

A．ActionScript 3.0　　B．VBScript

C. JavaScript　　D. JScript

（2）打开“动作”面板的快捷键是（　　）。

A. F8　　B. F9　　C. F10　　D. F11

（3）Animate 中的 gotoAndPlay(n)方法具有（　　）功能。

A. 转到　　B. 转到第 n 帧并播放

C. 播放　　D. 播放到第 n 帧

（4）转到第 10 帧并停止的语句是（　　）。

A. gotoAndStop(10)　　B. gotoAndPlay(10)

C. play(10)　　D. stop(10)

2. 填空题

（1）控制影片停止播放，使用的脚本代码为__________________。

（2）控制时间轴转到下一帧并停止的代码为__________________。

（3）控制时间轴转到前一帧并停止的代码为__________________。

（4）控制时间轴转到第 5 帧并播放的代码为__________________。

3. 简答题

简述在 ActionScript 3.0 中实现事件监听的过程。

动画的输出与发布

第 11 章

学习目标

在 Animate 中完成动画制作后，为了提高在网络上传播的速度，需要对动画进行优化，尽量减小动画文件的容量。在动画优化后，可以将其发布为其他格式，以方便浏览和观看。本章的主要内容是对 Animate 动画进行测试、优化、发布和导出。

- 熟悉并掌握测试动画的环境。
- 熟悉并掌握优化动画的方法。
- 熟悉并掌握发布动画的方法。
- 熟悉并掌握导出动画的方法。

重点难点

- 优化动画。
- 导出不同格式的文件。
- 导出序列图片。

11.1 测试动画

11.1.1 在编辑环境中测试动画

在制作动画的过程中，需要经常对动画进行测试并修改，以提高动画的质量。在 Animate 中有两种测试方式：一种是在编辑环境中对动画进行测试；另一种是在测试环境中对动画进行测试。

在编辑环境中，按 Enter 键可以对动画进行简单的测试，用户可通过观察舞台上的动画变化来检测动画。当按 Enter 键后，播放头向前移动并演示动画，再次按 Enter 键则停止动画的播放。

除了按 Enter 键控制播放头，还可以使用时间轴上的播放导航按钮来控制动画的播放。按钮的含义依次为“循环”“后退一帧”“播放”“前进一帧”。单击时间轴上方的“循环”按钮，则时间轴上方会出现标记范围，使用鼠标拖动左右两侧的三角形按钮，就可以调整循环播放的范围。单击“播放”按钮即可实现在所选择的范围内循环播放动画，如图 11-1 所示。

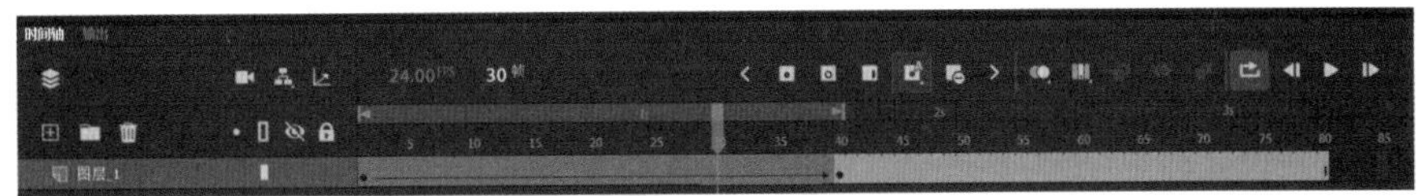

图 11-1　测试部分动画

需要注意的是，在编辑环境中可以测试在主时间轴上制作的动画效果，如添加的声音、遮罩动画和引导线动画，但不能测试动画的所有内容，如动画中的影片剪辑元件、按钮元件及动画脚本的交互效果。在编辑环境中测试动画得到的动画速度比导出或优化后的动画速度慢，所以编辑环境不是用户的首选测试环境。

11.1.2　在测试环境中测试动画

在 Animate 中打开要测试的 Animate 动画源文件，选择“控制”—“测试影片”命令（快捷键为 Ctrl+Enter），即可打开测试窗口测试动画，如图 11-2 所示。

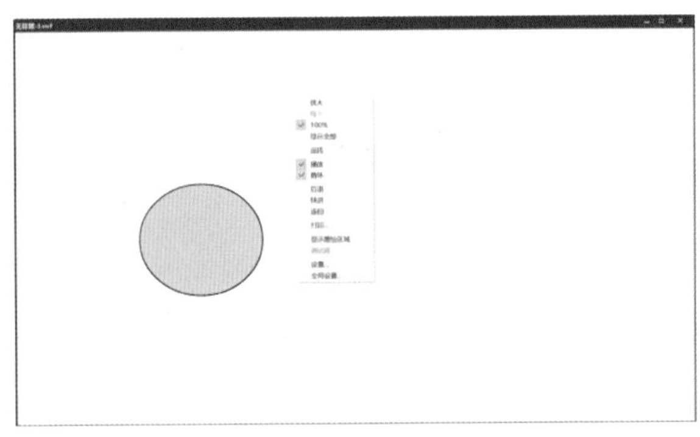

图 11-2　测试动画

右击测试窗口，在弹出的快捷菜单中提供了测试影片的一些命令。

- 放大：将动画画面放大一倍。
- 缩小：将放大的动画画面缩小为原来的 1/2。
- 100%：按照原来尺寸的 100%显示。
- 显示全部：在整个窗口区域中显示动画内容。
- 品质：用于设置画面质量，有高、中、低 3 个选项，画面质量依次降低，但是加载速度依次加快。
- 播放：表示播放一次后停止。
- 循环：测试动画，循环播放。
- 后退/快进/返回：控制动画的播放进度。
- 显示重绘区域：在播放器窗口中显示重绘的内容区域。

11.2 优化动画

Animate 文件能在网络上广泛传播应用，很大一部分原因是 Animate 文件小，方便上传和下载。为了提高 Animate 文件的下载速度，在导出和发布动画文件之前要尽量减小 Animate 文件的容量，对动画文件进行优化。动画文件的优化主要包括对动画的优化、对图形的优化和对文本的优化。

11.2.1 优化动画

在动画制作的过程中对动画进行优化包括以下几点。

（1）对于重复使用的元素，可以将其转换为元件。如果在 Animate 中某个图形或者元素被反复使用多次，则可以将其转换为元件，多次使用元件则是对库中元件的引用，可以减小 Animate 文件的容量。

（2）能够通过补间动画创建的动画，不建议使用逐帧动画来制作，逐帧动画会增加 Animate 文件的数据量。

（3）在制作动画过程中，尽可能将动画元素中发生变化的内容和不发生变化的内容分别放置在不同的图层上，以减小 Animate 文件的容量。

（4）在使用图形时，尽量使用矢量图，因为矢量文件数据量小，而位图文件数据量大。如果使用位图，应尽量避免对位图图像进行动画处理，可以将其作为背景或者静态元素。

（5）如果有声音素材，最好将声音素材进行压缩，采用 MP3 格式。例如，右击“库”面板中的声音素材，在弹出的快捷菜单中选择“属性”命令，在弹出的“声音属性”对话框中，将“压缩”属性设置为 MP3，单击“确定”按钮即可实现对声音素材的压缩。压缩后的声音素材是原来的 4.5%，如图 11-3 所示。

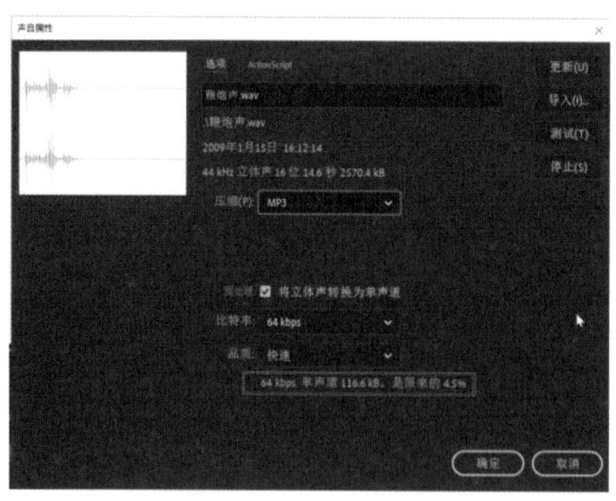

图 11-3　压缩声音素材

11.2.2 优化图形、线条、颜色

Animate 主要用于对矢量图进行绘制，在绘制过程中要尽量减小文件数据量，应注意以下几点。

（1）在绘制线条时，尽量避免使用特殊的线条类型，如虚线、点刻线、斑马线等，因为与实线相比它们的数据量更大。

（2）使用铅笔工具绘制的线条要比使用传统画笔工具绘制的线条占用的数据量小。

（3）选择“修改”—“形状”—“优化”命令，在弹出的“优化曲线”对话框中通过设置“优化强度”来减小文件的容量，如图 11-4 所示。

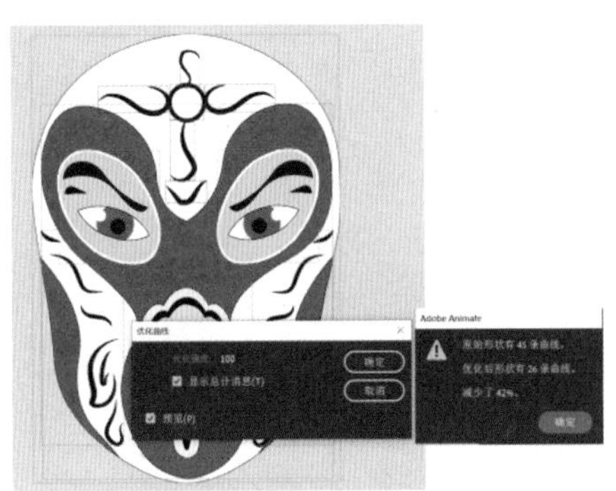

图 11-4 优化图形

（4）过多地使用“修改”—“形状”菜单下的“将线条转换为填充”、“柔化填充边缘”或“扩展填充”命令会增加文件的数据量。

（5）在对图形进行填充时，过多地使用“渐变填充”和“径向填充”会增加文件的数据量。

（6）过多地设置图形的 Alpha 值，会增加文件的数据量。

11.2.3 优化文本

在制作 Animate 动画的过程中，对文本的优化应注意以下几点。

（1）尽可能使用同一字体、同一字号的文本。过多地使用字体样式，会增加文件的数据量。

（2）尽量不将文本分散为形状，分散为形状后会增加文件的数据量。

（3）尽量使用 Animate 系统内嵌的一些字体，嵌入字体会增加文件的数据量。

11.3 发布动画

优化并测试 Animate 动画运行无误后，就可以将 Animate 动画发布为所需要的格式。在默认情况下，Animate 动画发布为 Flash（.swf）文件，除了以“.swf”格式发布，还可以用其他格式（如 HTML、GIF、JPEG、PNG 等）发布 Animate 文件。

1．发布为 Flash（.swf）文件

在发布 Animate 动画之前，首先需要进行发布设置。选择“文件”—“发布设置”命令，弹出“发布设置”对话框。在“发布设置”对话框左侧的列表框中可选择不同的发布格式，如果需要发布为 Flash（.swf）文件，则勾选 Flash（.swf）复选框，右侧切换到发布为 Flash（.swf）文件的属性设置，如图 11-5 所示。

对发布的 Animate 动画进行发布设置后，单击“发布”按钮即可发布文件。

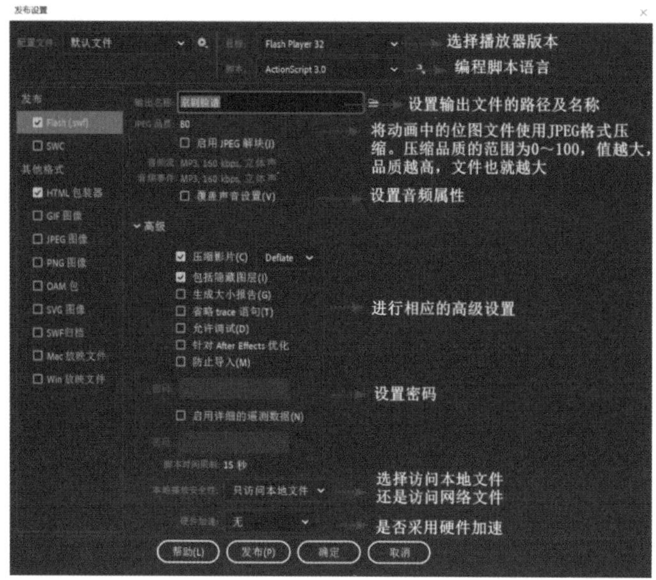

图 11-5　发布为 Flash（.swf）文件的属性设置

2．发布为 HTML 文件

将 Animate 动画发布为 HTML 文件，是指将 Animate 发布的.swf 文件插入网页中进行浏览，并进行一些属性设置。选择“文件”—“发布设置”命令，弹出“发布设置”对话框，在左侧的列表框中勾选“HTML 包装器”复选框，右侧切换到发布为 HTML 文件的属性设置，如图 11-6 所示，包括模板、大小、播放、品质、窗口模式、缩放和对齐等属性设置。

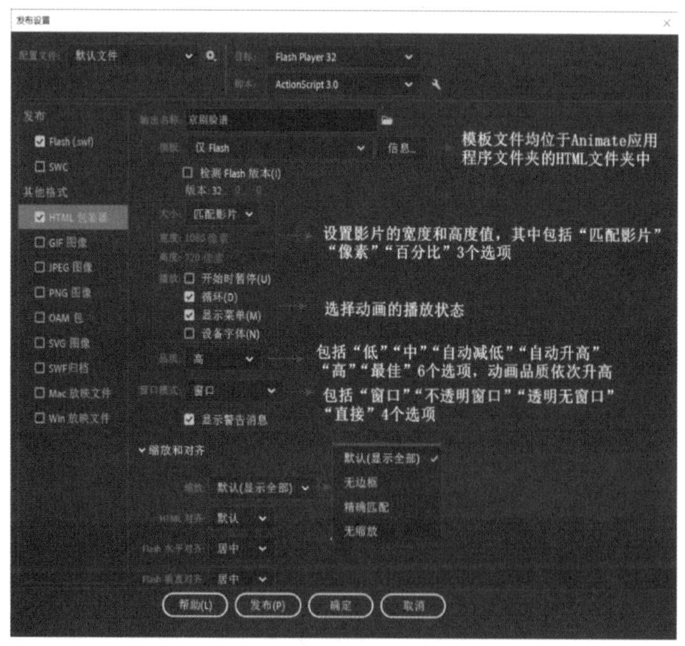

图 11-6　发布为 HTML 文件的属性设置

其中，窗口模式包括“窗口”“不透明窗口”“透明无窗口”“直接”4 个选项。

- 窗口：将 Animate 内容的背景设置为不透明并使用 HTML 背景颜色。
- 不透明窗口：将 Animate 内容的背景设置为不透明，并遮蔽该内容下面的所有内容。

- 透明无窗口：将 Animate 内容的背景设置为透明，并使 HTML 内容显示在该内容的上方和下方。
- 直接：Animate 动画在网页中的显示方式是默认的方式，不做任何设置。

缩放：可以更改文档的原始宽度和高度，包括“默认”“无边框”“精确匹配”“无缩放”4 个选项。

- 默认：保持原有 Animate 文件的宽高比，不发生扭曲，应用程序的两侧可能会显示边框。
- 无边框：对文档进行缩放以填充指定的区域，并保持 Animate 文件的原始宽高比，同时不发生扭曲，并根据需要裁剪 Animate 文件边缘。
- 精确匹配：在指定区域内显示整个文档，但不保持 Animate 文件的原始宽高比，因此可能会发生扭曲。
- 无缩放：禁止文档在调整 Animate Player 窗口大小时进行缩放。

对齐：包括 HTML 对齐、Flash 水平对齐和 Flash 垂直对齐。

对发布的 Animate 动画进行发布设置后，单击“发布”按钮即可发布文件。

3．发布为 GIF 文件

选择“文件”—“发布设置”命令，弹出“发布设置”对话框，在左侧的列表框中勾选“GIF 图像”复选框，右侧切换到发布为 GIF 文件的属性设置，如图 11-7 所示。

图 11-7　发布为 GIF 文件的属性设置

设置属性主要包括大小、播放和平滑。

- 大小：如果勾选“匹配影片”复选框，则导出 GIF 文件的大小与动画的舞台大小一致；如果没有勾选该复选框，则在下方可设置导出 GIF 文件的宽度值和高度值。
- 播放：播放设置包括“静态”和“动画”两个选项。选择“静态”选项，则导出动画第 1 帧的画面；选择“动画”选项，则导出 GIF 动画。
- 平滑：勾选“平滑”复选框，可以消除导出的位图图像的锯齿，从而生成较高品质的位图图像。

对发布的 Animate 动画进行发布设置后，单击“发布”按钮即可发布文件。

4．发布为 JPEG 文件

选择“文件”—“发布设置”命令，弹出“发布设置”对话框，在左侧的列表框中勾选“JPEG 图像”复选框，右侧切换到发布为 JPEG 文件的属性设置，如图 11-8 所示。

设置属性主要包括大小、品质和渐进。

- 大小：如果勾选“匹配影片”复选框，则导出 JPEG 文件的大小与动画的舞台大小一致；如果没有勾选该复选框，则在下方可设置导出 JPEG 文件的宽度值和高度值。
- 品质：压缩品质的范围为 0～100，值越大，品质越高，文件也就越大。在选择时需要平衡文件的动画品质和播放速度等因素。
- 渐进：如果勾选该复选框，则在浏览器中可以渐进显示图像。如果网络速度较慢，则这一功能可以加快图片的下载速度。

在对发布的 Animate 动画进行发布设置后，单击“发布”按钮即可发布文件。

5．发布为 PNG 文件

选择“文件”—“发布设置”命令，弹出“发布设置”对话框，在左侧的列表框中勾选“PNG 图像”复选框，右侧切换到发布为 PNG 文件的属性设置，如图 11-9 所示。

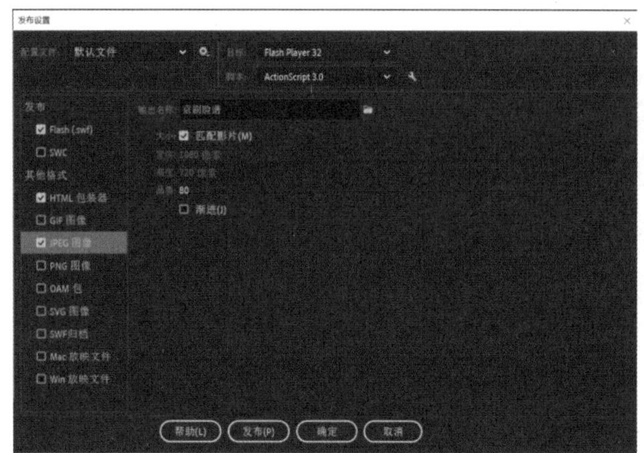

图 11-8　发布为 JPEG 文件的属性设置

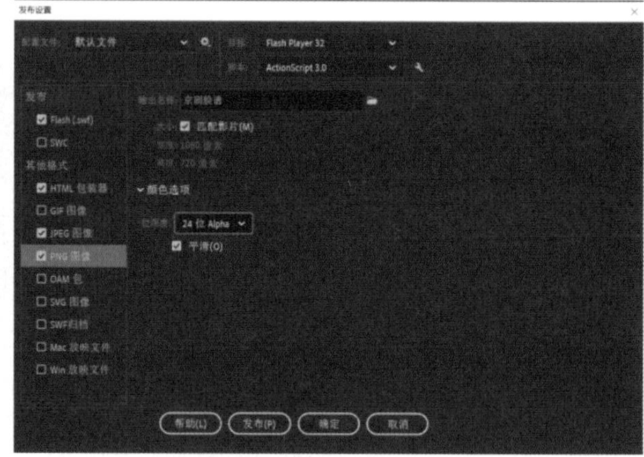

图 11-9　发布为 PNG 文件的属性设置

设置属性主要包括大小、位深度和平滑。

- 大小：如果勾选“匹配影片”复选框，则导出 PNG 文件的大小与动画的舞台大小一致；如果没有勾选该复选框，则在下方可设置导出 PNG 文件的宽度值和高度值。
- 位深度：可以指定在创建图像时每像素所用的位数，位数越高，文件越大。
- 平滑：勾选该复选框，可以消除导出的位图图像的锯齿，从而生成较高品质的位图图像。

在对发布的 Animate 动画进行发布设置后，单击“发布”按钮即可发布文件。

11.4 导出动画

选择“文件”—“导出”命令，在子菜单中可以选择“导出图像”“导出影片”“导出视频/媒体”“导出动画 GIF”“将场景导出为资源”命令。用户可以将 Animate 动画导出为所需要的文件格式。

1．导出图像

选择“文件”—“导出”—“导出图像”命令，弹出“导出图像”对话框，如图 11-10 所示。

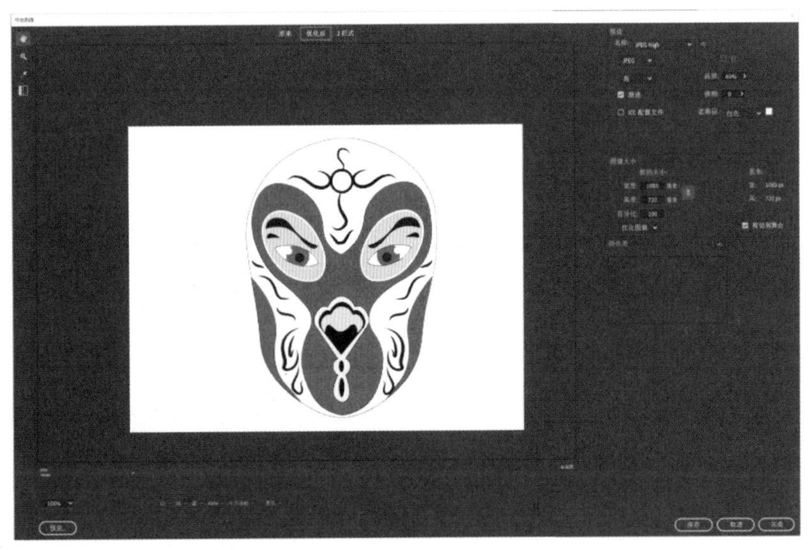

图 11-10 “导出图像”对话框

在弹出的“导出图像”对话框中，可以选择导出文件的格式，格式不同，文件的属性设置也不同。图 11-11 所示分别为 JPEG、GIF、PNG 格式的属性设置对话框。

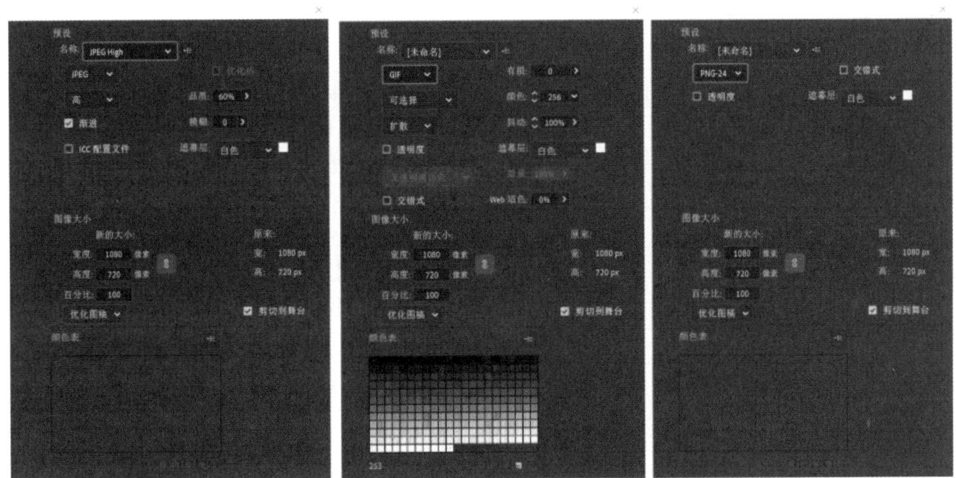

图 11-11 JPEG、GIF、PNG 格式的属性设置对话框

在对话框中可以设置图像的大小、颜色、品质等属性。

2．导出影片

选择“文件”—“导出”—“导出影片”命令，弹出“导出影片”对话框，如图 11-12 所示。

在弹出的“导出影片”对话框的“保存类型”下拉列表中，可以选择“SWF 影片（*.swf）”“JPEG 序列（*.jpg；*.jpeg）”“GIF 序列（*.gif）”“PNG 序列（*.png）”“SVG 序列（*.svg）”类型。

- SWF 影片导出的是.swf 格式的 Animate 发布影片，使用 Flash Player 播放器播放。
- PNG 序列、GIF 序列、JPEG 序列和 SVG 序列导出的是影片第一帧到最后一帧的图片序列。

3．导出视频

选择“文件”—“导出”—“导出视频/媒体”命令，弹出“导出媒体”对话框，如图 11-13 所示。

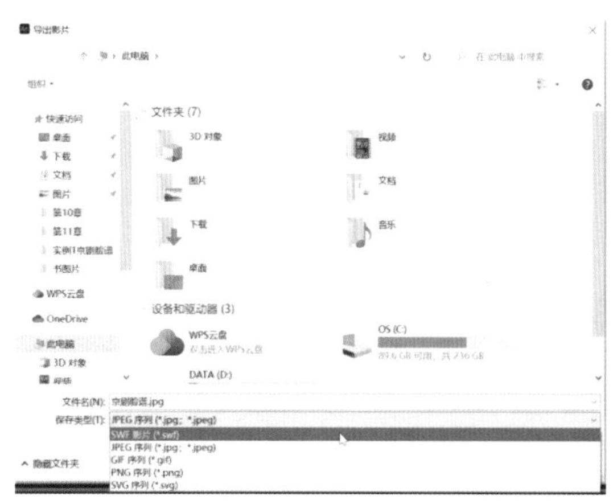

图 11-12 “导出影片”对话框

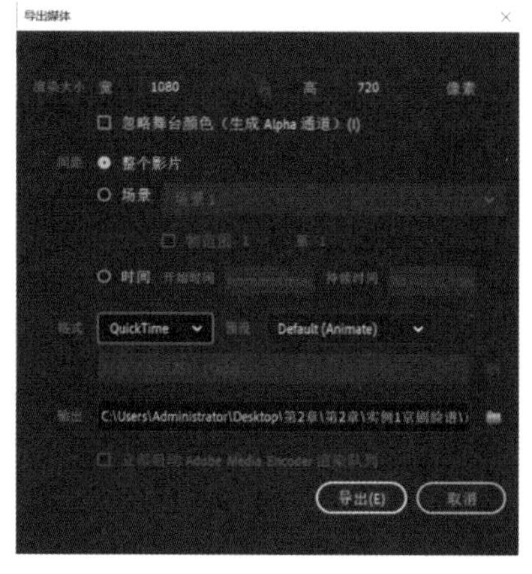

图 11-13 “导出媒体”对话框

在此对话框中可以设置导出视频的宽/高、导出间距、导出格式和输出地址等属性。

4．导出动画 GIF

选择“文件”—“导出”—“导出动画 GIF”命令，弹出“导出图像”对话框，如图 11-14 所示，与导出 GIF 图像的对话框类似，不同的是，GIF 图像是一张静态图像，GIF 动画是多张 GIF 图像按一定规律快速、连续播放的动画画面，是一张动态图像。在“导出图像”对话框中可以设置图像大小、有损压缩的百分比、颜色的数量、透明度、遮幕层的颜色等属性。

5．将场景导出为资源

选择“文件”—“导出”—“将场景导出为资源”命令，弹出“导出资源”对话框，填写导出资源的标记名称，单击“导出”按钮，将弹出“导出资源”对话框，单击“保存”按钮，即可将场景动画保存为资源文件，如图 11-15 所示。

在“资源”面板中可以将导出的资源文件导入该面板中。

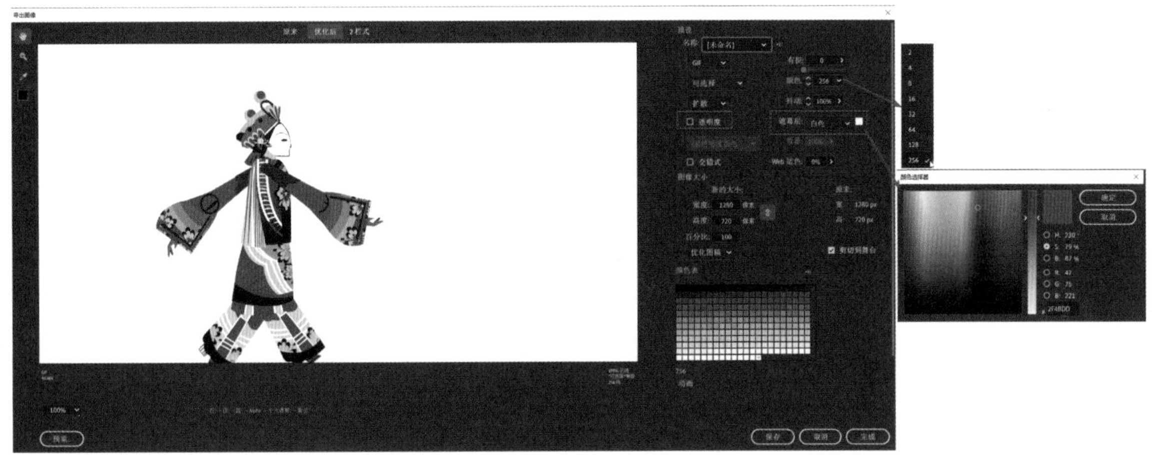

图 11-14 “导出图像”对话框

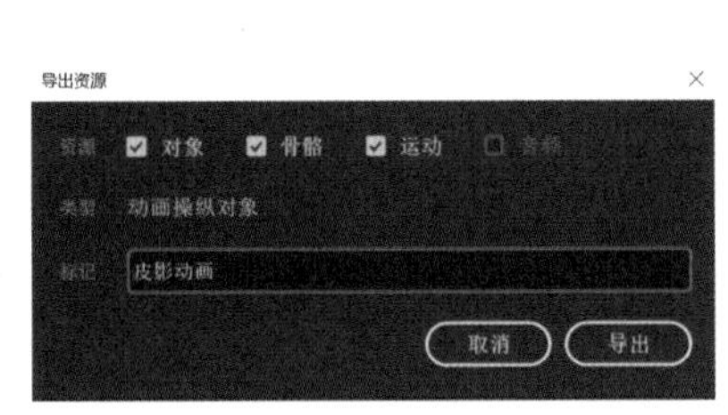

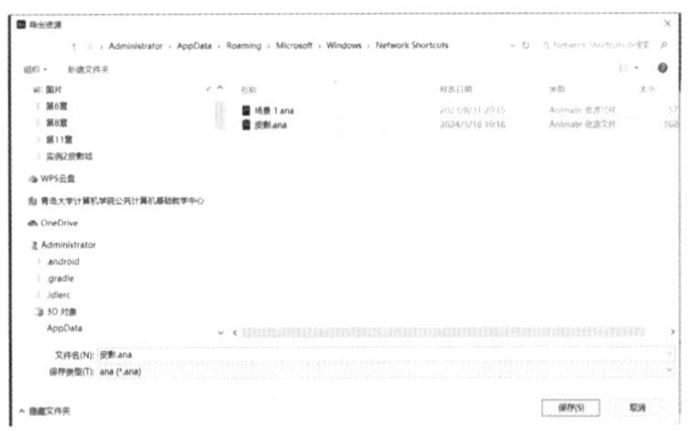

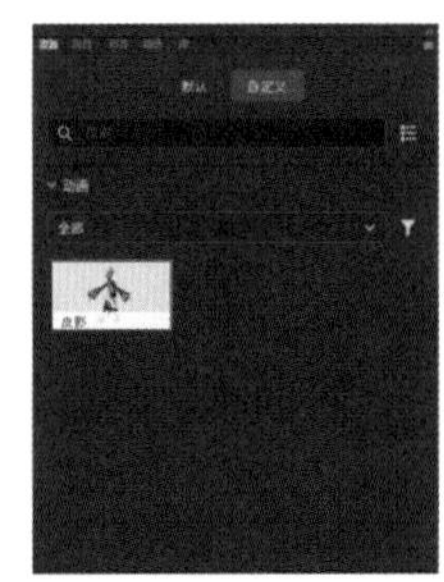

图 11-15 导出资源文件

知识拓展 常见的图片格式

常见的图片格式有 BMP、JPG、PNG、GIF、SVG、PSD、AI、TIFF、Webp 等，读者可参考配套教学资源中的“知识拓展 11”文档，详细了解它们的特点。

本章小结

本章的主要内容是对 Animate 动画进行测试、优化、发布和导出。对 Animate 动画的测试分为在编辑环境下测试和在测试环境下测试两种。在制作动画时，对动画的制作过程、线条、颜色、图形等方面进行优化处理，尽量保证 Animate 文件的传播速度。在对动画进行优化和测试后，可以将 Animate 动画发布为.swf 格式、HTML 格式、JPEG 格式、GIF 格式和 PNG 格式的文件，在“发布设置”对话框中对发布类型进行设置，也可以通过“导出”命令将动画导出为图像、影片、视频等格式。

课后实训 11

将“皮影戏.fla”实例导出为序列图片、第 15 帧画面、视频文件、GIF 动画、透明背景图片（见图 11-16）等多种格式的文件。

图 11-16　导出为透明背景图片格式的文件

操作提示

（1）导出为序列图片的方法：选择“导出影片”命令，在弹出的“导出影片”对话框中选择“JPG 序列（*.jpg；*.jpeg）”类型。

（2）导出为第 15 帧画面的方法：将播放头放置在第 15 帧处，导出图像。

（3）导出为透明背景图片，则需要导出 PNG 格式的图像。

具体操作可参考配套教学资源中的“课后实训 11”文档。

课后习题 11

简答题

（1）简述在制作动画过程中对动画的优化包括哪些内容。

（2）简述在编辑环境中测试动画不能测试哪些内容。

综合实训

第 12 章

学习目标

动画制作是目前 Animate 的主要应用之一，使用 Animate 制作出的动画，具有制作费用低、表现形式多样、感染力强、可以在网络上广泛传播的特点。本章主要结合《春节童谣》进行音乐动画的设计与制作。

- 了解使用 Animate 进行动画制作的流程。
- 掌握 Animate 中字幕与声音同步效果的制作方法。
- 掌握动画场景切换效果的制作方法。
- 根据歌词意境进行相应动画效果的制作。

重点难点

- 分镜设计。
- 场景动画的设计与制作。
- 声音与字幕的同步设置。

12.1 《春节童谣》分镜设计

百节年为首，春节是农历的岁首，是中国最盛大、最热闹，也是最重要的一个传统节日。它有着悠久的历史，古老的习俗，是中华文明集中的体现。《春节童谣》是一首朗朗上口且充分体现春节文化的童谣，也是伴随几代人一起成长的经典童谣，它描绘了从农历腊八到大年初二迎接春节的场面，经典歌词如下。

小孩小孩你别馋，过了腊八就是年。腊八粥，喝几天，哩哩啦啦二十三。二十三，糖瓜粘。二十四，扫房子。二十五，磨豆腐。二十六，去买肉。二十七，宰公鸡。二十八，把面发。二十九，蒸馒头。三十晚上熬一宿，初一初二满街走。

主要的动画场景设计如表 12-1 所示。

表 12-1　动画主要场景设计

镜　头	画　　面	动　　作	对　　白	秒数（帧数）	备　　注
1		场景元素入场动画，《春节童谣》标题文字弹跳的动画效果	无	第 0～60 帧	

续表

镜　头	画　　面	动　　作	对　　白	秒数（帧数）	备　　注
2		放大处理，前景中的窗户放大淡出	小孩小孩你别馋	第 61～135 帧	推镜头
3		家人一起吃腊八粥，腊八粥冒热气	过了腊八就是年	第 136～195 帧	淡入、淡出切换效果
4	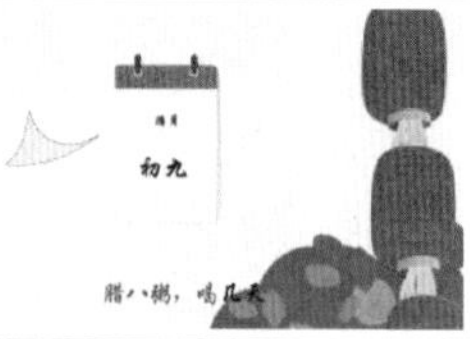	日历翻页效果	腊八粥，喝几天 哩哩啦啦二十三	第 196～345 帧	放大移动
5		腊月二十三，家人团聚，女孩拿出糖瓜与亲人分享	二十三，糖瓜粘	第 346～410 帧	向下划入， 向下划出
6		女孩除尘，爸爸擦窗户，小兔子端水盆	二十四，扫房子	第 411～480 帧	向下划入， 向下划出
7		女孩和爷爷一起打豆浆，女孩将打好的豆浆端给爷爷品尝	二十五，磨豆腐	第 481～555 帧	向下划入， 向下划出
8		女孩和妈妈去买肉，拉手走	二十六，去买肉	556～630 帧	向下划入， 向下划出
9		小兔子追赶大公鸡。女孩和爸爸妈妈买年货	二十七，宰公鸡	631～705 帧	向下划入， 向下划出
10		女孩和小兔子贴窗花，妈妈和面	二十八，把面发	第 706～775 帧	推镜头， 淡出
11		女孩和爸爸妈妈一起蒸馒头，妈妈点赞	二十九，蒸馒头	第 776～850 帧	向下划入， 拉镜头， 向下划出

续表

镜 头	画 面	动 作	对 白	秒数（帧数）	备 注
12		除夕吃年夜饭	三十晚上熬一宿	第 851～920 帧	淡出
13		大年初一给长辈拜年	初一初二满街走	第 921～965 帧	淡出
14		初一出门看舞狮子、放烟花等民俗活动，推镜头至烟花效果	满街走	第 966～1110 帧	淡入，推镜头，淡出
15		春节快乐	过年了	第 1111～1230 帧	淡入

12.2 角色设计与角色动作制作

1．角色设计

在《春节童谣》中出现的主要角色是爸爸、妈妈、女孩，次要角色是爷爷、奶奶、小兔子、卖肉老板、赶集的商家。本实例中的角色主要采用半侧面设计，而且人物在室内和室外穿着不同的衣服。女孩、爸爸、妈妈的角色设计效果如图 12-1 所示。主要角色需要完成一些简单的动作，所以在制作的时候可以将动与不动部分进行分层显示。

图 12-1　女孩、爸爸、妈妈的角色设计效果

爷爷、奶奶主要在除夕和大年初一的场景中出现，主要是坐在餐桌上和初一拜年的场景，结合场景，其角色设计效果如图 12-2 所示。

小兔子、阿姨、小男孩和卖肉商家的角色设计效果如图 12-3 所示。

图 12-2　爷爷、奶奶的角色设计效果

图 12-3　小兔子、阿姨、小男孩和卖肉商家的角色设计效果

2．角色动作制作

女孩角色需要制作走路动画。制作过程如下：将身体各个部分转换为元件，对角色身体部分进行分层显示，采用逐帧动画完成制作，各个关键帧的动作如图 12-4 所示。

图 12-4　女孩走路各个关键帧的动作

12.3 场景设计

《春节童谣》讲述的故事主要发生在家里的客厅、厨房、餐厅，以及超市、集市、街道等场景中。设计效果如图 12-5 所示。

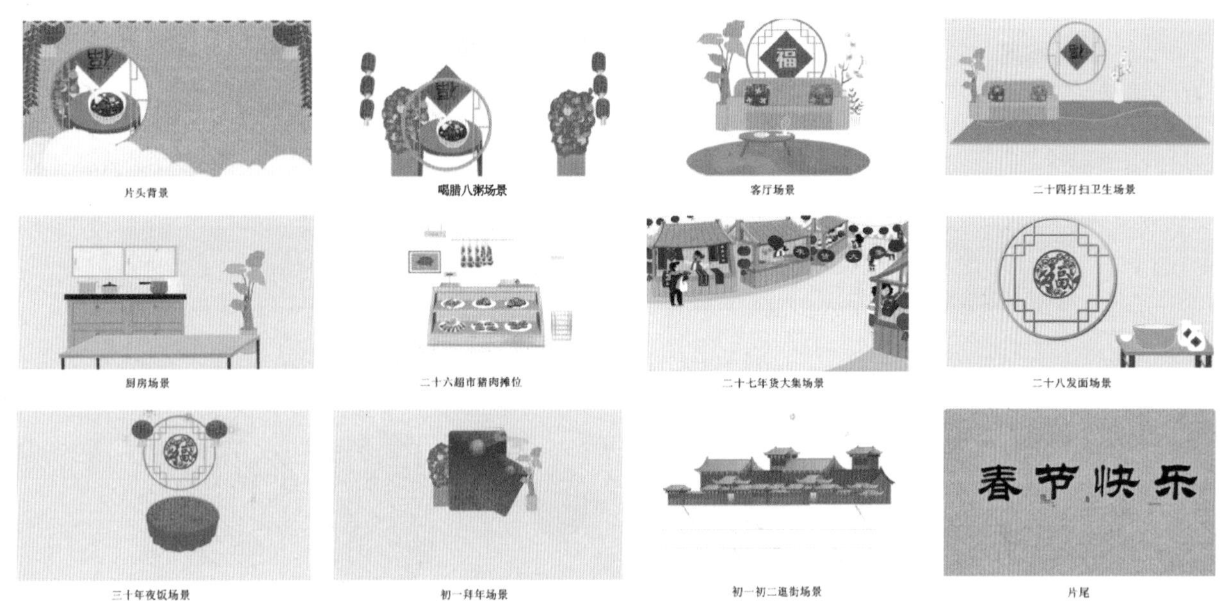

图 12-5　场景设计效果

12.4 素材设计

1．音乐

音乐为《春节童谣》，童声演唱，MP3 格式，将音乐导入“库”面板中。

2．腊八粥

腊八粥，又称七宝五味粥、佛粥、大家饭等，是一种由多种食材熬制而成的粥。“喝腊八粥”是腊八节的习俗，腊八粥的传统食材包括大米、小米、玉米、薏米、红枣、莲子、花生、桂圆和各种豆类，如图 12-6 所示。

3．日历

在场景动画中，“腊八粥，喝几天，哩哩啦啦二十三”表示时间飞快过去，所以制作翻日历的动画效果，如图 12-7 所示。分为 4 个图层，“旧日期”图层中显示上一日的日期，“新日期”图层中显示今日的日期。“日历”图形元件采用逐帧动画制作，主要绘制 4 个关键帧，表示日历翻动效果，重复复制 4 个关键帧，并改变“旧日期”和“新日期”图层中的日期即可。

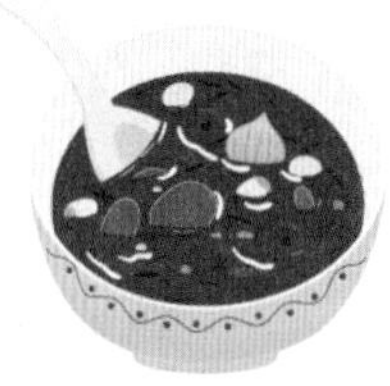

图 12-6　腊八粥

4．春节装饰素材

春节期间，人们都会挂灯笼、贴福字、贴窗花等，以烘托节日气氛。本实例中出现了鞭炮、灯笼、福字、窗花等素材，如图 12-8 所示。

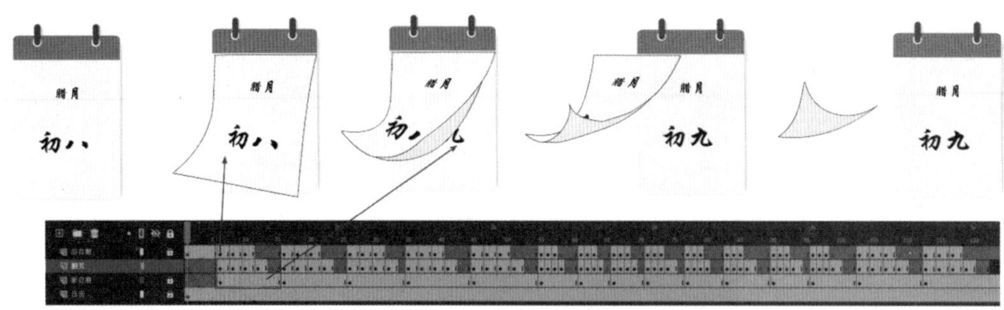

图 12-7　翻日历动画效果

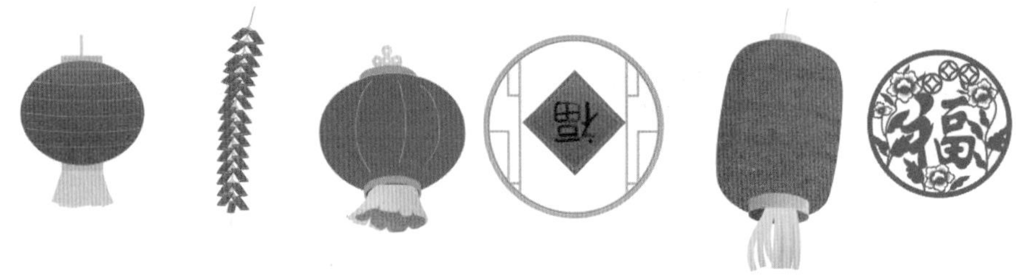

图 12-8　春节装饰素材

5．居家生活用品素材

居家生活用品素材包括绿植、花瓶、沙发、豆浆机、吸尘器、扫地机器人等，如图 12-9 所示。

6．整理素材

动画素材很多，可根据场景动画，将素材进行分类整理，放在不同的文件夹中，如图 12-10 所示，里面一般包含这个场景动画所需要的背景素材、角色素材和其他素材。

图 12-9　居家生活用品素材

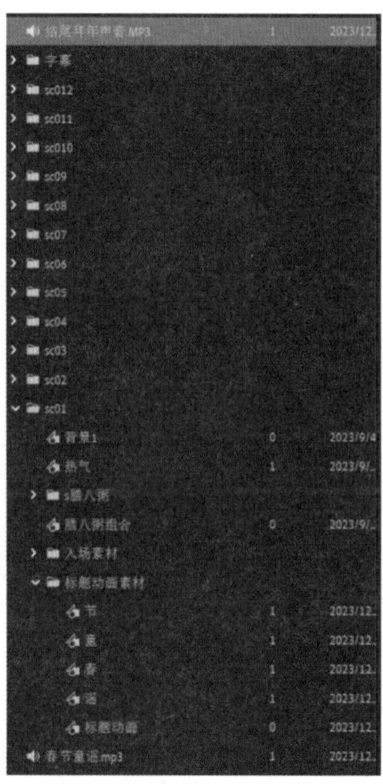

图 12-10　库文件

12.5 声音与字幕同步

首先将声音与字幕同步效果制作出来，然后根据歌曲声音的时间划分各个场景动画的时间。

1．添加声音

新建“声音”图层，将库中的“春节童谣.mp3”文件拖动到舞台上，在图层的时间轴上会出现声音的波形，在“属性”面板上将声音的同步方式设置为“数据流”，如图 12-11 所示，在时间轴的第 1160 帧处插入帧，使声音在时间轴上播放完毕，这也就表明需要制作 1535 帧的动画。

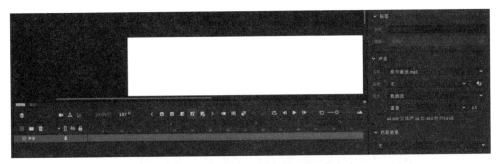

图 12-11　添加声音并设置同步方式

新建一个图层，重命名为“声音 1”，在第 1050 帧处插入关键帧，将库中的“结尾拜年声音.MP3”文件拖动到舞台上，在第 1250 帧处插入帧，如图 12-12 所示，为了让两个声音较好地融合，将“结尾拜年声音.MP3”的效果设置为“淡入”。

图 12-12　添加结尾声音

2．添加字幕

新建“字幕”图层。在编辑窗口中按 Enter 键，时间轴上的播放头向前播放，同时可以听到歌曲的声音。当听到第 1 句歌词后，按 Enter 键，将播放头适当前移，确定好位置，按 F7 键添加空白关键帧。在帧的“属性”面板的“名称”文本框中输入歌词“小孩小孩你别馋”，为关键帧添加一个“帧标签”，如图 12-13 所示。

按照上面的操作步骤，在每句歌词的开始位置，添加空白关键帧，并为关键帧添加一个“帧标签。这个操作是给帧重命名，方便识别歌词及场景内容，而帧还是空白关键帧，舞台上没有内容。

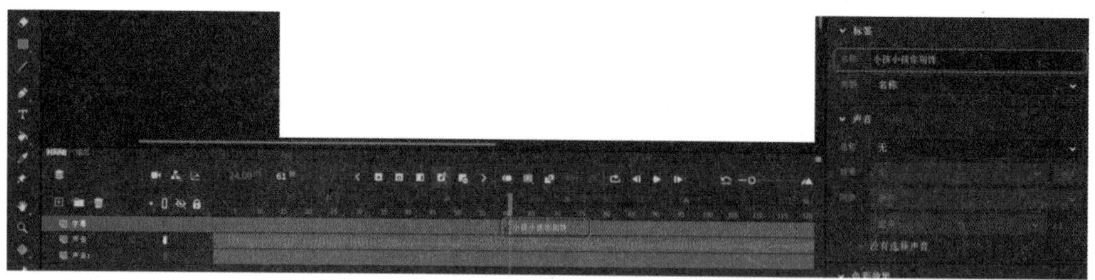

图 12-13　为关键帧添加“帧标签”

3．制作字幕动画

在演唱歌曲时，先显示整句歌词，然后字幕随着歌曲演唱逐渐改变颜色，效果可采用遮罩动画来完成。

新建一个图形元件，命名为“字幕 1 小孩小孩你别馋”，创建 3 个图层，分别为“遮罩层”“红色文本”“黑色文本”，“黑色文本”和“红色文本”图层的内容都为文字，文字内容、大小、位置都相同，只是颜色不同。而“遮罩层”的内容为黑色矩形，作为补间形状，从左侧运动到右侧。效果如图 12-14 所示。

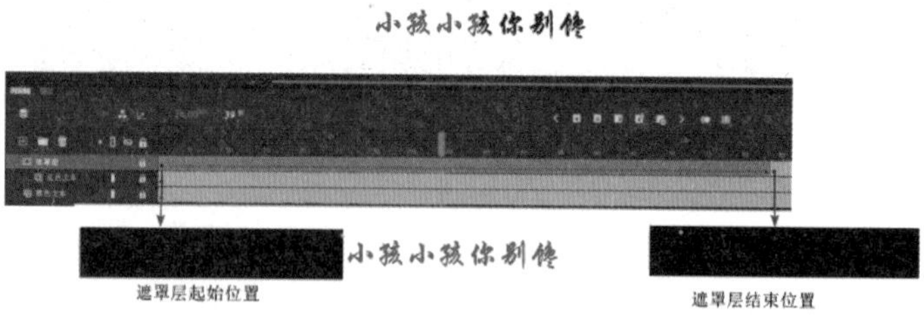

小孩小孩你别馋

小孩小孩你别馋

遮罩层起始位置　　遮罩层结束位置

图 12-14　字幕动画效果

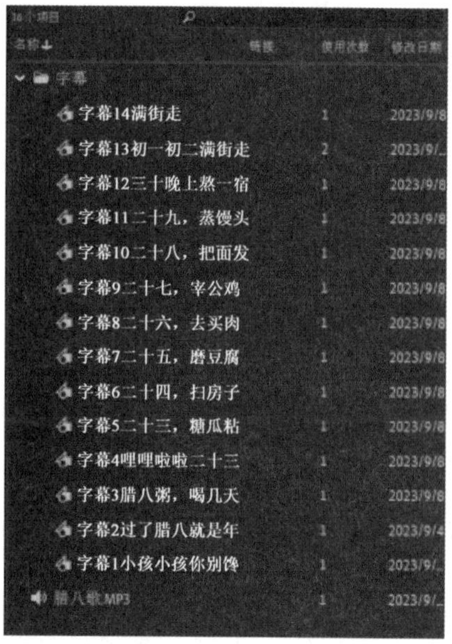

字幕14满街走
字幕13初一初二满街走
字幕12三十晚上熬一宿
字幕11二十九，蒸馒头
字幕10二十八，把面发
字幕9二十七，宰公鸡
字幕8二十六，去买肉
字幕7二十五，磨豆腐
字幕6二十四，扫房子
字幕5二十三，糖瓜粘
字幕4哩哩啦啦二十三
字幕3腊八粥，喝几天
字幕2过了腊八就是年
字幕1小孩小孩你别馋
腊八歌.MP3

图 12-15　“字幕”文件夹

其余歌词的制作可以在复制“小孩小孩你别馋”图形元件的基础上进行修改。在“库”面板中，右击“小孩小孩你别馋”图形元件，在弹出的快捷菜单中选择“直接复制”命令，会弹出“直接复制元件”对话框，在该对话框中输入新的歌词名称，单击“确定”按钮即可完成图形元件的复制。

将新复制的图形元件的“红色文本”和“黑色文本”图层中的文字修改为新的歌词，而字幕动画持续的时间帧可根据歌词所唱的时间长短来增加或删减。

将所有歌词的图形元件创建好之后，放置在“字幕”文件夹中，如图 12-15 所示。把歌词的图形元件放置在“字幕”图层相应的关键帧上，完成声音与字幕同步效果的制作。

12.6 场景动画的设计制作

12.6.1 场景 1——片头制作

1. 场景布局

新建一个“腊八粥组合”图形元件，将“库”面板中的素材拖动到舞台上，布置效果如图 12-16 所示。

腊八粥的冒热气效果，采用形状补间动画制作。形状颜色为线性渐变，3 个控制点的颜色都是白色，Alpha 值分别为 0%、30%、0%，如图 12-17 所示。

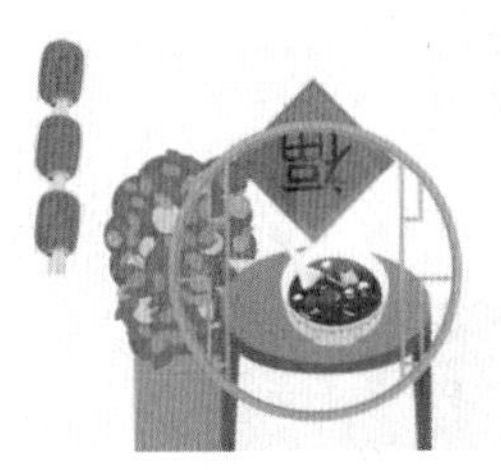

图 12-16 场景布置效果

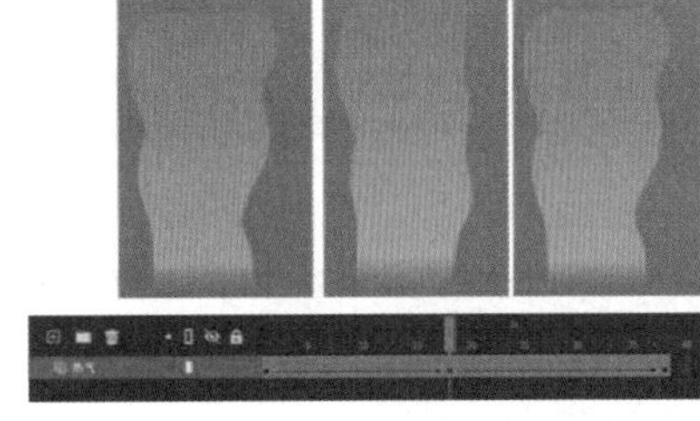
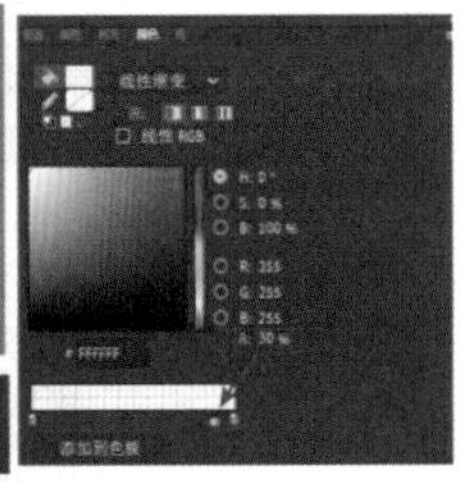

图 12-17 冒热气的形状补间动画

由于只显示窗户区域的内容，因此采用遮罩动画来制作，效果如图 12-18 所示。遮罩层为与窗户大小相同的圆形，窗户放置在图层最上面。效果为一张透过窗户的桌子上放置了一碗腊八粥。

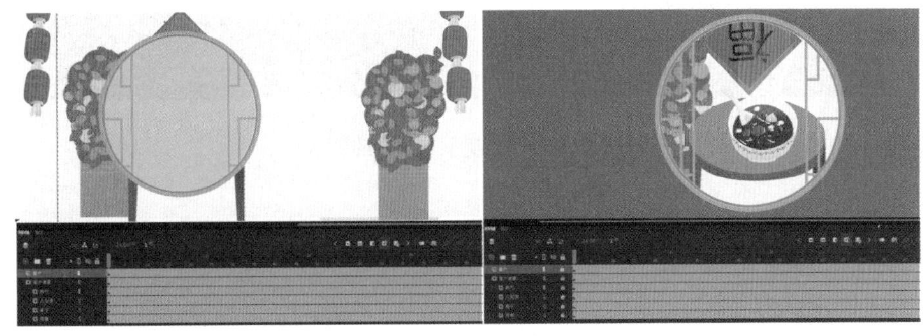

图 12-18 遮罩动画效果

2. 进场动画效果

新建 sc1 图形元件，进入编辑窗口，将“库”面板的 sc01 文件夹中的“背景 1”“腊八粥组合”“灯笼鞭炮”“装饰”“云”等素材放置在舞台上，分别创建“传统补间动画”，效果为从舞台外的位置进入舞台，时间在开始帧上稍微错开，如图 12-19 所示。

3. 标题文字动画效果

新建一个“标题”图层，输入“春节童谣”，调整字体大小和颜色。将颜色设置为腊八粥的颜色（#773029），将“春节童谣”转换为“标题动画”图形元件。进入元件实例的编辑窗口，添加一个“枣”元件，制作补间动画，改变运动轨迹。

将“春节童谣”文字分离后分别转换为“春”“节”“童”“谣”图形元件，分散到图层中，当“枣”接触文字后，完成压缩恢复的动画效果，如图 12-20 所示。

图 12-19　进场动画效果

图 12-20　标题文字动画效果

4．推镜头效果

将 sc1 元件拖动到舞台上，在标题文字动画播放结束后，制作推镜头效果。具体操作：在第 55 帧和第 75 帧处插入关键帧，创建传统补间动画，在第 75 帧处将元件放大，动画效果如图 12-21 所示。

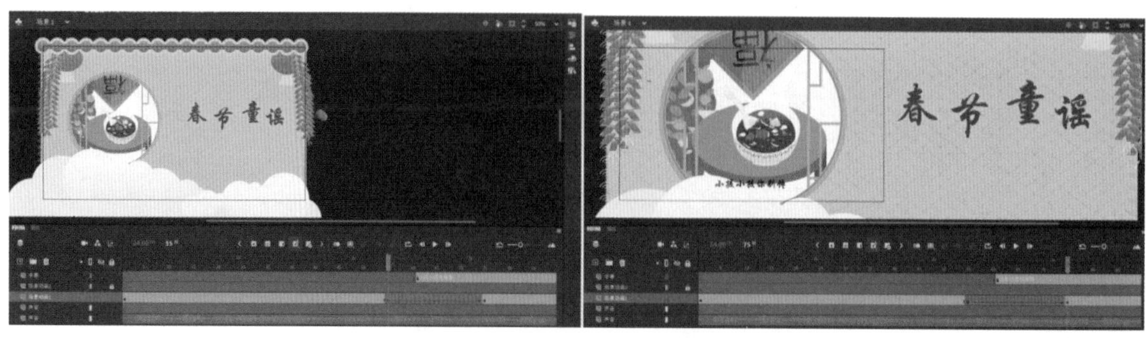

图 12-21　推镜头动画效果

双击进入 sc1 元件实例的编辑窗口，除“腊八粥组合”图层外，为其他各个图层的第 55～75 帧创建传统补间动画，在第 75 帧处将 Alpha 值设置为 0%，实现淡出效果，在第 76 帧处插入空白关键帧，减小文件的容量，如图 12-22 所示。

图 12-22　其他元素淡出效果

5．窗户淡出效果

在第 65 帧处，双击“腊八粥组合”图层进行编辑，这时播放头停在第 65 帧的位置，在该帧的位置上，为“窗户”图层的第 65～80 帧创建传统补间动画，将窗户放大并设置 Alpha 值为 0%，实现淡出效果，并在第 81 帧处插入空白关键帧。

为“窗户遮罩”图层的第 65～80 帧创建形状补间动画，遮罩圆形形状与窗户大小一致，并进行放大处理。在操作时可以同时选中窗户和遮罩圆形进行放大变形，以保证遮罩圆形和窗户的大小变化同步，如图 12-23 所示。

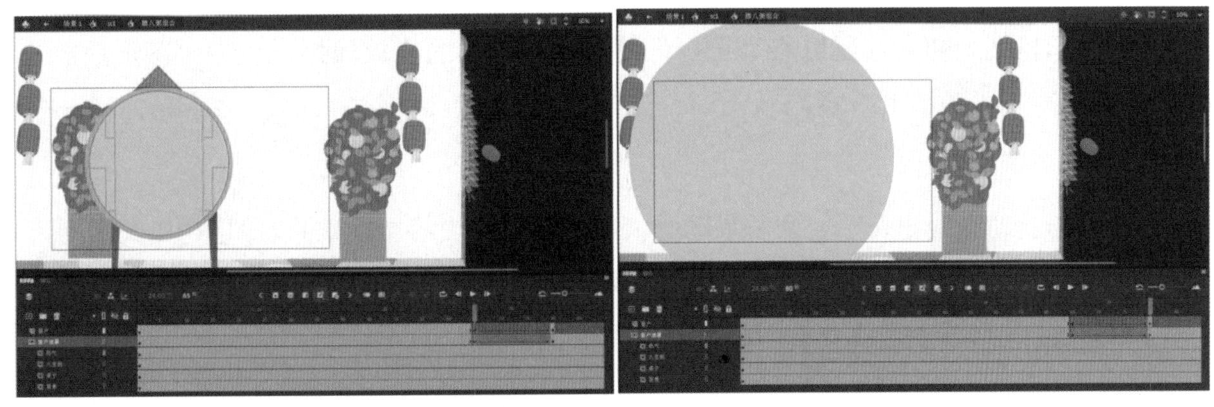

图 12-23　窗户淡出效果

6．场景淡出效果

回到主场景中，在第 130～140 帧处创建传统补间动画，将第 140 帧处的 Alpha 值设置为 0%，制作淡出效果，如图 12-24 所示。

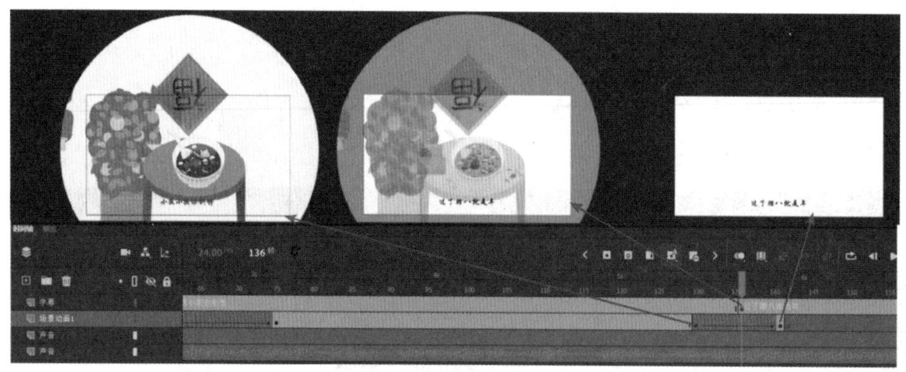

图 12-24 场景淡出效果

12.6.2 场景 2——喝腊八粥

1．场景布局

新建 sc2 图形元件，创建背景场景，可将“腊八粥组合”图形元件直接复制后进行修改，添加“女儿”“小兔子”“妈妈”“日历”元件到舞台上。为小兔子创建传统补间动画，制作位置移动，从下方入场。场景布局如图 12-25 所示。

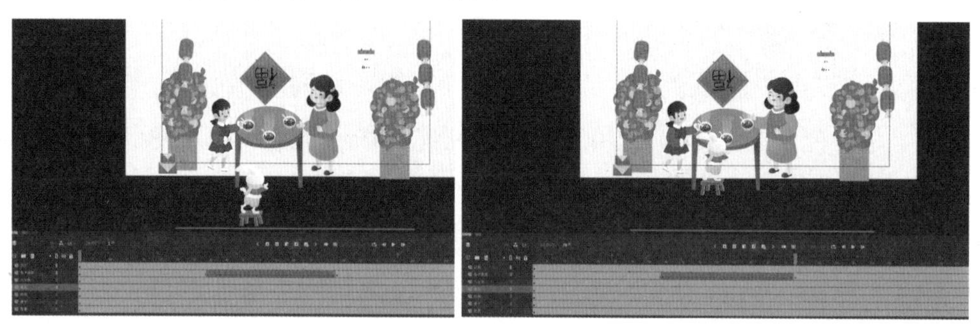

图 12-25 场景布局

日历显示日期为初八，所以将“日历”图形元件实例的播放属性设置为“图形播放单个帧”，只显示第 1 帧的图形内容。

2．主场景淡入效果

上一个场景动画淡出，下一个场景动画淡入，形成叠化的切换效果，如图 12-26 所示。在第 130～140 帧处创建传统补间动画，制作本场景动画淡入效果。将第 130 帧的 Alpha 值设置为 0%，第 140 帧的 Alpha 值设置为 100%，制作淡入效果。

3．推镜头至日历效果

在主场景的第 190～210 帧制作传统补间动画，对 sc2 元件进行放大，形成将镜头推到日历处的动画效果，如图 12-27 所示。

4．日历显示效果

在主场景第 210 帧处双击进入 sc2 的编辑窗口，为“妈妈”素材制作传统补间动画，移出舞台。在第 140 帧处插入空白关键帧，将除舞台以外的元素删除，效果如图 12-28 所示。

图 12-26 淡入、淡出效果

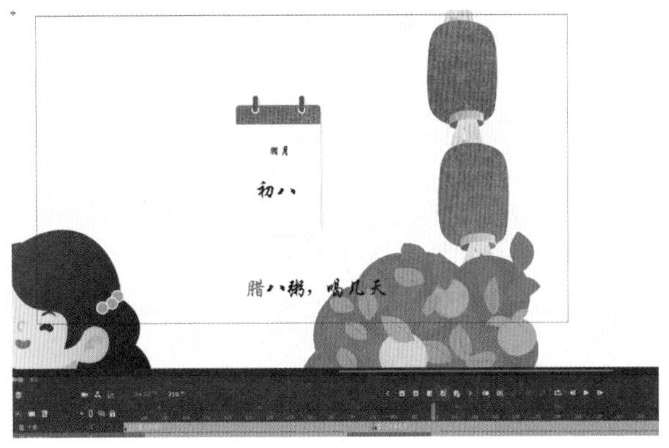

图 12-27 推镜头至日历效果

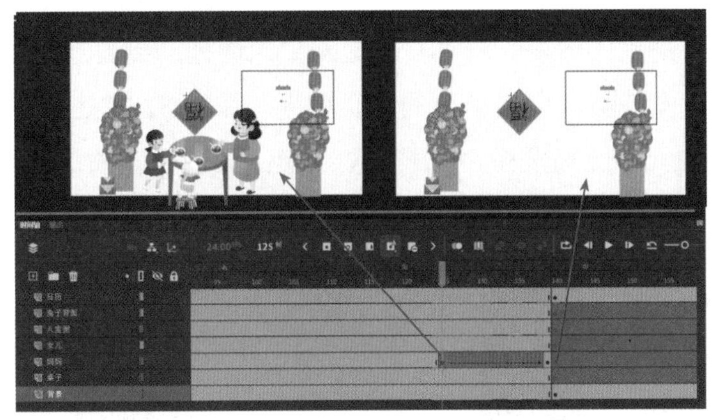

图 12-28 日历显示效果

用撕日历的动画效果表示时间从腊八到腊月二十三的过渡。在第 141 帧处插入关键帧，选择“日历”实例，在“属性”面板上，设置循环方式为“循环播放图形”，并在第 300 帧处插入帧，延续动画的播放时间。

5．划入、划出动画效果

主场景动画与下一个场景动画之间实现从上到下划出的动画效果。在第 340～350 帧处创建传统补间动画，制作向下划出画面的动画效果。而下一个场景在另一个图层上进行添加，实现从上到下移动到场景中的动画效果，最终实现两个场景划入、划出的场景切换动画效果，如图 12-29 所示。

图 12-29 划入、划出场景切换动画效果

为了保持切换效果的统一，后面多个场景之间的切换都采用这种方法，就不再进行赘述了。

读者可以变换其他场景的切换效果，常见的有“淡入”“淡出”“圈入”“圈出”“叠化”“划入”“划出”等。

12.6.3 场景 3——二十三，糖瓜粘

腊月二十三俗称“小年”，有传统文化中祭灶、吃灶糖的习俗，现在已经逐渐变成亲朋好友团聚的节日，从这一天开始，大家开始做迎接新年的准备。

“二十三，糖瓜粘”的动画效果是女孩端着装糖瓜的盘子和家人一起分享。新建“sc3”图形元件，将背景和主要角色摆放好。将“女孩走路”元件拖动到舞台上，在第 10～50 帧处创建传统补间动画，制作女孩移动到桌子前的动画效果。在第 52 帧处将“女孩走路”元件实例进行“分离”，与原来的元件脱离关系，使用任意变形工具调整腿的形状，制作女孩站立效果，如图 12-30 所示。

图 12-30 “二十三，糖瓜粘”动画效果

12.6.4 场景 4——二十四，扫房子

“腊月二十四，掸尘扫房子”，即年终大扫除，北方叫“扫房子”，南方叫“掸尘”。在新春到来之际，家家户户都有除尘迎春的传统。民谚称：“腊月不扫尘，来年招邪神。”因“尘”与陈旧的“陈”是同音，所以除尘也有除旧布新之意。如今，腊月大扫除，已不只是为了驱邪避灾，祈福降祥，它还寄托着人们除旧立新的美好愿望，成为文明社会的一种新风尚。

“二十四，扫房子”的动画效果是女孩在除尘，爸爸在擦窗户，小兔子端来一盆水帮忙，地上的扫地机器人在工作。

1．爸爸擦窗户

爸爸擦窗户的动作比较简单，将爸爸手臂分散到图层，并将爸爸手臂转换为元件，创建传统补间动画，制作简单的旋转动画效果，注意将手臂的变形中心点放置在肩膀位置，如图 12-31 所示。

2．女孩除尘

新建“女孩除尘”图形元件，女孩使用吸尘器的主要动作不仅包括吸尘器来回移动，手臂也需要做简单的动作调整。首先将“女孩左手”“女孩右臂”“女孩左臂”“吸尘器”等需要做动画的部分转换为元件，然后分散到图层，分别制作传统补间动画，如图 12-32 所示。制作第 24 帧的循环动画，在第 1 帧、第 12 帧、第 24 帧处插入关键帧，并在第 12 帧处改变吸尘器的位置和手臂动作。

图 12-31　爸爸擦窗户

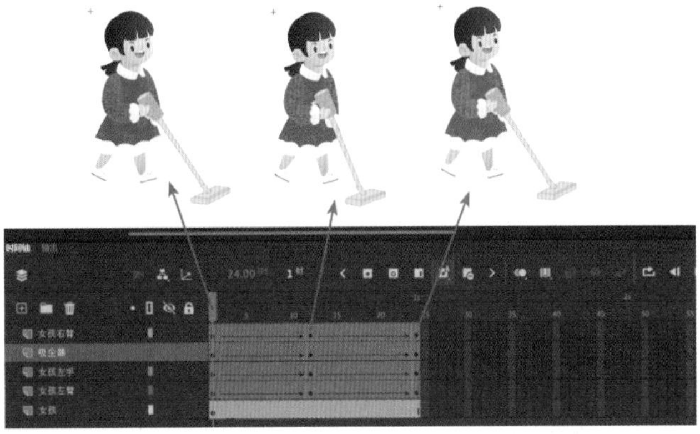

图 12-32　女孩除尘

3．小兔子走路

小兔子走路采用逐帧动画来制作，如图 12-33 所示，左腿右腿做交替动作，身体有高低起伏变化。

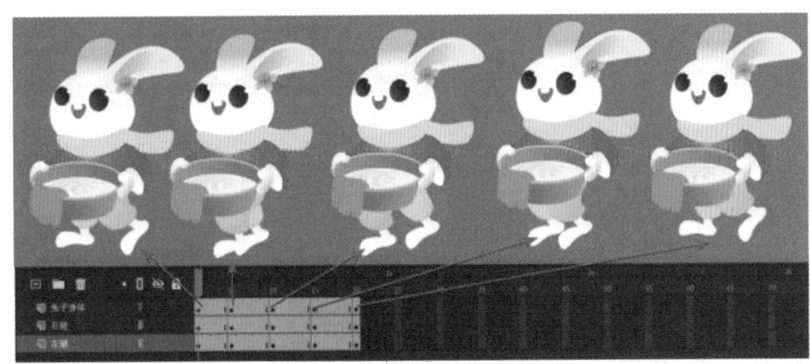

图 12-33　小兔子走路

4．sc4 场景动画效果

将“库”面板中 sc04 文件夹中的“背景 4”“爸爸”“小兔子”“女孩除尘”“扫地机器人”等元件拖动到舞台上。

为“小兔子”元件制作传统补间动画，位置从右侧运动到爸爸身边。扫地机器人的动画效果是在地上做曲线运动，可以使用补间动画来制作，改变扫地机器人的位置属性，并调整运动路径。将“女孩除尘”元件拖动到中间位置即可。效果如图 12-34 所示。

图 12-34 sc4 场景动画效果

12.6.5 场景 5——二十五，磨豆腐

民谚称："腊月二十五，推磨做豆腐。"豆腐的"腐"和富裕的"富"是谐音，取吉祥如意好兆头。二十五磨了豆腐，祈愿来年的生活能过得富裕，豆腐听起来像"都富"，家里团团圆圆吃豆腐，年味儿就是这样，简简单单却温馨美好。

本场景的动画效果是，女孩和爷爷一起用豆浆机磨豆子，女孩抬手将做好的豆浆端给爷爷喝。

1．场景布局

新建 sc5 图形元件，在 sc5 场景中将"爷爷""女孩""背景 5"等元件拖动到舞台上。由于爷爷的身体在桌子前面，而手臂在桌子的后面，因此需要将爷爷手臂分散到图层，放置在"桌上"图层上面。

女孩右手也是需要放置在桌子前面的，所以将女孩右手转换为元件后，分散到图层，放置在"桌上"图层上面。女孩右手需要完成抬手动作，也需要将其放置在单独图层中进行显示。图层效果如图 12-35 所示。

图 12-35 图层效果

2．女孩举杯子效果

如图 12-35 所示，分别在"女孩右手""女孩左手""豆浆"图层的第 15 帧和第 30 帧处

插入关键帧，在第 15～30 帧处创建传统补间动画，调整女孩的手臂和水杯的位置，制作举杯子的效果。

12.6.6 场景 6——二十六，去买肉

因为以前老百姓手头拮据，所以才会出现大家扎堆等到腊月二十六，一起去“买年肉”的大众民俗。肉本身代表着富裕的意思，即使到了今天，在腊月二十六置办点年肉也成了许多人的传统。本场景的主要动作效果是女孩和妈妈去超市买完肉一起往回走。

1．女孩走路

女孩走路采用逐帧动画来制作，各个帧的动画效果如图 12-36 所示。

2．sc6 场景动画

新建 sc6 图形元件，在 sc6 场景中将“女孩走路”“妈妈伸手”“购物车”“背景 6”等元件拖动到舞台上，调整合适的位置和大小，如图 12-37 所示。

图 12-36 女孩走路各个帧的动画效果

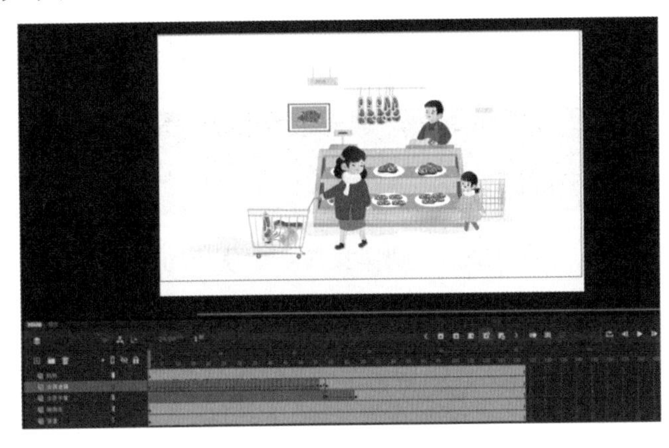

图 12-37 sc6 场景动画

在“女孩走路”图层的第 1～55 帧处制作传统补间动画，制作女孩位置移动逐渐走向妈妈的动画效果。在第 60 帧处插入关键帧，按 Ctrl+B 快捷键分散图形，将女孩右臂分散到图层，制作传统补间动画，女孩伸出右手与妈妈牵手。同理，在“妈妈伸手”图形元件中，将妈妈的左臂分散到图层，制作传统补间动画，妈妈伸出左手与女儿牵手，如图 12-38 所示。

图 12-38 妈妈伸手动作

12.6.7　场景7——二十七，宰公鸡

到了腊月二十七，大家都会宰公鸡、赶大集、买年货。本场景的动画效果是女孩和爸爸妈妈赶大集，爸爸妈妈拿着很多购买的物品，女孩吃糖葫芦，场景中出现小兔子追赶大公鸡的动画。

1．女孩吃糖葫芦

将女孩拿糖葫芦的手臂分离，使用传统补间动画制作女孩吃糖葫芦的动作，如图12-39所示。在“手臂”图层的第35～60帧处插入关键帧，制作传统补间动画，注意将女孩手臂的变形中心点移动到肩膀的位置。

2．小兔子跑步逐帧动画

小兔子跑步关键帧的动画效果如图12-40所示，幅度要比走路的幅度大。

图12-39　制作女孩吃糖葫芦的动作

图12-40　小兔子跑步关键帧的动画效果

3．公鸡跑步动画效果

公鸡跑步动画效果主要是采用传统补间动画来制作的，将公鸡的两条腿分别放置在不同的图层上，分别在第1帧、第5帧、第10帧处插入关键帧，在第5帧处改变鸡腿的位置和状态。注意将变形中心点放置在鸡腿的根部，如图12-41所示。

图12-41　公鸡跑步动画效果

4．sc7场景动画

新建sc7图形元件，在sc7场景中将“女孩”“妈妈”“爸爸”“公鸡跑步”“小兔子跑步”

“背景 7”元件放置在舞台上，调整到合适的位置和大小。sc7 场景动画比较简单，为“公鸡跑步”“小兔子跑步”元件创建传统补间动画，完成位置移动，从舞台的右侧移动到左侧。效果如图 12-42 所示。

图 12-42 sc7 场景动画效果

12.6.8 场景 8——二十八，把面发

腊月二十八的民谣有“腊月二十八，把面发”，各家各户要开始准备过年的主食了。也有“腊月二十八，打糕蒸馍贴花花”的传统习俗。本场景的主要动作是女孩贴窗花，小兔子来帮忙，妈妈和面。

1．女孩动作

女孩手臂上下摆动，表示贴窗花，采用传统补间动画制作。将女孩左手分散到图层，在第 35～80 帧处创建传统补间动画，在中间插入多个关键帧，改变手臂的旋转角度，形成上下摆动的动画效果，注意将变形中心点放置在肩膀位置，如图 12-43 所示。

2．小兔子动作

小兔子的动作为踩在凳子上帮忙，采用逐帧动画来制作，主要分为 3 个关键帧，如图 12-44 所示。

图 12-43 女孩摆动手臂动作

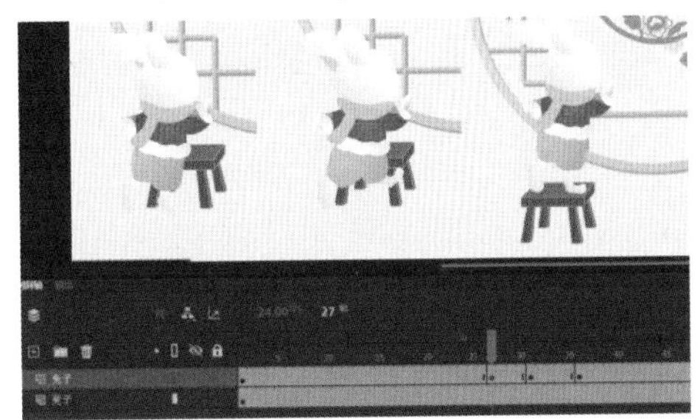

图 12-44 小兔子踩凳子动作

3．sc8 场景动画

新建 sc8 图形元件，在 sc8 场景中将“女孩贴窗花”“妈妈和面”“小兔子踩凳子”“背景 8”

元件放置在舞台上，调整到合适的位置和大小。

sc8 场景动画需要制作一个推镜头效果，画面中心落在妈妈和面的动作上，设置透明度，进行淡出转场，如图 12-45 所示。

图 12-45　sc8 场景动画效果

12.6.9　场景 9——二十九，蒸馒头

“二十九，蒸馒头”的场景动画效果是女孩和爸爸、妈妈一起蒸馒头。女孩双手举起馒头让妈妈看做得怎么样，妈妈伸出大拇指点赞。

1．女孩和妈妈动作

女孩的动作是双手举起馒头让妈妈看做得怎么样，采用传统补间动画来制作。妈妈伸出大拇指点赞的动作也是采用传统补间动画来制作的，效果如图 12-46 和图 12-47 所示。

图 12-46　女孩双手举起馒头效果

图 12-47　妈妈点赞效果

2．sc9 场景动画

新建 sc9 图形元件，在 sc9 场景中将“女孩拿馒头”“妈妈点赞”“爸爸”“背景 9”元件放置在舞台上，调整到合适的位置和大小。

与 sc8 场景采用相似性转场，画面中心从 sc8 场景中妈妈和面的画面效果淡出。这个场景布局后，将“妈妈点赞”元件的大小和位置调整到与 sc8 场景中“妈妈”元件的大小和位置相似，实现相似性转场。将场景缩小实现拉镜头效果，画面中出现女孩和爸爸，如图 12-48 所示。

图 12-48 sc9 场景动画效果

12.6.10 场景 10——三十晚上熬一宿

在除夕之夜，人们要守岁，即除夕夜要熬一整夜不睡觉，以祈求新的一年身体健康、平安顺利。年夜饭是每年新年前的重头戏，不但丰富多彩，而且讲究很多寓意，例如，鱼寓意着年年有余，粉丝寓意着福绵不断，肉圆寓意着团团圆圆等，代表着人们对新一年的美好祝福和期待。

本场景的动画效果是爸爸、妈妈、爷爷、奶奶和女孩全家人坐在一起吃年夜饭，如图 12-49 所示。

图 12-49 吃年夜饭

本场景主要采用传统补间动画实现年夜饭菜肴逐渐显示的效果，如图 12-50 所示。

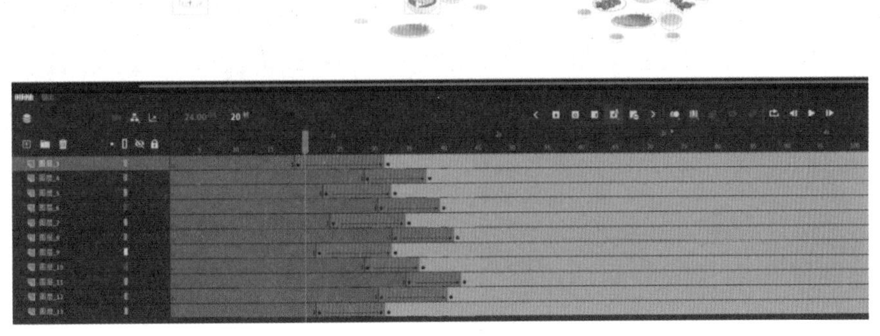

图 12-50 年夜饭菜肴逐渐显示的效果

12.6.11 场景 11——初一初二满街走

大年初一，人们通常会穿上新衣服，打扮得整整齐齐，向家中长辈拜年，祝愿长辈健康长寿，长辈给晚辈压岁钱也是一种祝福，压岁钱最初的用意是镇恶驱邪，帮助孩子平安过年，祝愿孩子在新的一年里健康、平安、顺遂。

本场景的动画效果主要是爷爷给孙女压岁钱。采用传统补间动画制作爷爷抬手拿红包的动作和女孩抬手接红包的动作，效果如图 12-51 所示。

图 12-51 sc11 场景动画效果

12.6.12 场景 12——满街走

大年初一、初二，除了相互拜年送祝福，很多地方还会有逛庙会、扭秧歌等传统民俗活动。本场景的动画效果是爸爸、妈妈和女孩出门逛庙会，庙会有舞狮子、放烟花等活动。

整个场景最后实现推镜头效果，将场景元件进行放大处理，画面中心落在烟花上，设置烟花的 Alpha 值为 0%，制作淡出的场景转换，如图 12-52 所示。

图 12-52 sc12 场景动画效果

舞狮子动画效果利用传统补间动画制作，实现狮子左右晃动的效果，如图 12-53 所示。

图 12-53 舞狮子动画效果

12.6.13 场景 13——春节快乐

最后一个场景动画比较简单，在黄色暗纹背景下，添加“春节快乐”素材，将其显示即可，如图 12-54 所示。

图 12-54 sc13 场景动画效果

知识拓展 角色的运动规律

在使用 Animate 制作动画时，经常需要制作角色走路、跑步等动画效果，在制作时需要符合角色相应的运动规律，读者可参考配套教学资源中的“知识拓展 12”文档，了解角色走路、跑步等运动规律。

本章小结

本章主要进行《春节童谣》Animate 音乐动画的制作。在制作过程中需要注意的问题包括以下几点：①由于动画比较大，使用的元件素材也比较多，因此要对库中的元件进行分类管理。②可以将场景动画在图形元件中创建，从而方便在编辑窗口中对场景动画进行测试。③在制作场景动画时，可以使用两个图层放置场景动画，通过交叉叠放来实现场景的划入/划出、淡入/淡出效果。

课后实训 12

制作《采蘑菇的小姑娘》Animate 音乐动画，读者可在“素材\第 12 章\课后实训”文件中打开“采蘑菇的小姑娘.fla”素材文件进行制作，具体操作步骤可参考配套教学资源中的“课后实训 12”文档。效果如图 12-55 所示。

图 12-55　《采蘑菇的小姑娘》动画效果

课后习题 12

1. 填空题

（1）在使用 Animate 制作音乐动画时，背景音乐的同步方式应设置为________________。

（2）如果要在编辑窗口中对场景动画进行测试，需要把场景动画保存为________________元件。

2. 简答题

（1）简单说明如何制作人物走路动画效果。

（2）简述如何实现声音与字幕的同步。